高等学校水利类教材

环境水力学基础

槐文信　杨中华　曾玉红　编著

WUHAN UNIVERSITY PRESS
武汉大学出版社

图书在版编目(CIP)数据

环境水力学基础/槐文信,杨中华,曾玉红编著.—武汉:武汉大学出版社,2014.10

高等学校水利类教材

ISBN 978-7-307-12712-8

Ⅰ.环… Ⅱ.①槐… ②杨… ③曾… Ⅲ.环境水力学—高等学校—教材 Ⅳ.X52

中国版本图书馆 CIP 数据核字(2014)第 001980 号

责任编辑:谢文涛　　责任校对:汪欣怡　　版式设计:马　佳

出版发行:**武汉大学出版社**　(430072　武昌　珞珈山)

(电子邮件:cbs22@whu.edu.cn 网址:www.wdp.com.cn)

印刷:黄冈市新华印刷有限责任公司

开本:787×1092　1/16　印张:12.75　字数:298 千字　插页:1

版次:2014 年 10 月第 1 版　2014 年 10 月第 1 次印刷

ISBN 978-7-307-12712-8　定价:28.00 元

前　言

随着社会发展和知识经济时代的到来，环境问题已经渗透到国际社会的政治、经济、贸易、文化等各个领域，同时也愈来愈威胁着人类的生存和发展。因此，环境保护和可持续发展是当今人类所面临的重要问题，也是中国的基本国策。只有当其基本思想和概念为人类作为“地球公民”都了解和掌握时，人类才能保护好环境，并保证自身的持续发展。

保护环境就是保护人类生存和发展所依赖的环境要素。因此，认识什么是环境、什么是环境污染、污染物在环境中的运移转化规律等，是解决环境问题的基础。因此，作为水利专业的工程技术人员和管理人员，必须接受环境保护的教育，学习环境保护的基础知识，确立环境意识，了解和掌握水环境和水生态的基础理论和环境治理等知识。

本书共分 11 章，第 1 章为《绪论》，主要介绍了环境水力学研究的对象和任务，环境水力学的研究内容和方法；第 2 章至第 4 章以示踪物质在水体中的迁移方式为主线，从水动力学的角度详细论述了水环境的基本理论，涉及分子扩散理论、紊动扩散理论和剪切流的离散理论；第 5 章和第 6 章分别介绍了这些理论在河流、河口和海湾中的应用；第 7 章为射流和浮力射流的理论和应用；第 8 章给出了分层流的概念及其理论；第 9 章简要地介绍了地下水的溶质运移理论；第 10 章论述了地表水水质模型及其相应的数值解法，该部分理论在水质预测预报中应用的较为广泛；为了适应环境水力学向生态学的渗透，第 11 章对鱼道的研究和植被水流特性的研究进行归纳总结，这些成果大都是散见在最新的科技论文之中，并且得到学者认可的理论。

本书第 1 章至第 7 章由槐文信执笔，第 8 章、第 9 章及第 11 章的植被水流特性由曾玉红执笔，第 10 章地表水质模型及其模拟由宋星原和杨中华执笔，第 11 章的鱼道研究成果总结由杨中华执笔。

在本书的编写过程中，各编者根据自己多年的教学和实践经验，引用了许多国内外最新的文献资料，结合水利类专业的特点编写而成。

在成书之际，特别向本书的写作给予关心和支持的水资源与水电工程科学国家重点实验室的领导和专家，向本书引用的参考文献的编著者表示感谢。

环境水力学是涉足环境领域的新问题，愿与同仁共同交流和探讨，促进这一领域的发展。

编　者

2013 年 7 月于武汉

目　录

第1章 绪 论

1.1 环境水力学的形成[1,2]

环境水力学(Environmental Hydraulics)作为一个学科的名称在国外文献中出现,自泰勒(G.I.Tayler)在1921年提出水流的紊动扩散规律算起,至今也不过只有90余年。1979年美国水力学家费希尔(Hugo Breed Fisher)等人编著的《内陆及近海水域中的混合》一书中首先使用了这个学科名称。他们对环境水力学的研究内容给出了一个大致的范围,即包括流体中的各种输移过程、浮力射流和羽卷流、分层流和地球物理流体力学、跨学科的模拟等。1986年丹麦技术大学的博佩德森(Flemming Bo Pedersen)的《环境水力学》一书专门论述分层流的问题。我国学者最近也陆续出版了这方面的专著或教材。可以说,环境水力学是一门内容正在不断丰富、研究范围日益扩大的崭新的学科。它与传统的水力学的不同之处是它以水环境为主要研究对象,以流体力学理论为基础,研究各种异质或污染物在不同纳污水域(河流、渠道、水库、湖泊、港湾、海洋及地下水域)中的扩散、输移及转化的规律,预报纳污水域中水体受污染的程度,为水质保护、水环境评价、水资源的开发利用提供科学依据。所以,可以认为环境水力学是介于流体力学和环境科学之间的边缘学科。

环境劣化问题日益严重和环境科学的产生,是与人口增长和工农业生产规模的扩大紧密相连的。地球上人类的出现约在200万年前,在其初期直至中世纪,全世界人口不超过3亿。明朝永乐元年(公元1403年),我国人口是6600万左右。当时,世界人口数量和人类活动对环境的影响还比较小。18世纪工业革命后,世界人口急剧增长,到1800年为9亿,在此之前,清朝乾隆二十九年(公元1769年)我国人口为2亿。1990年世界人口已突破52亿,中国人口已超过11亿。工业革命大大推动了社会生产力的发展,社会出现了空前的繁荣,但是忽视了经济活动对自然生态系统的反作用。煤、石油和其他不可更新的自然资源大量地被开采利用,农药化肥的广泛使用,使各种污染日益严重,破坏了自然环境并恶化了人类的生活条件。特别是近半个世纪以来,环境污染已成为全世界日益关注的重要问题,这就促进了一门新学科——环境科学的产生。

水是人类生活和生产活动不可缺少的宝贵的自然资源。地球上水的储量估计有$13.9\times10^8 km^3$,但是其中淡水只占总量的2.53%,而且淡水中的大部分又被冰川、高山所封冻或渗入地下深处,江河、湖泊和浅层地下淡水只占地球总水量的0.017%,约为$235600 km^3$。由此可见,淡水资源并不像人们所想象的那样,可以取之不尽,用之不竭,而是有一定限度的。水的可利用价值表现在两个方面,即“水量”和“水质”。

自从1978年改革开放以来,我国经济社会高速发展,工农业用水和城镇生活用水逐渐增加,生活废水和工农业污水排放量逐年加大,水质污染和生态环境问题较为突出。我国河流水生态环境主要存在以下几个主要问题。① 水质污染是我国最严重的河流水环境问题。根据《2008年国民经济和社会发展统计公报》,全国废水排放总量 571.7×10^8t,比上年增加2.7%,其中工业废水排放量 241.7×10^8t,城镇生活污水排放量 330.0×10^8t。大量的废污水排放,使我国的大部分河流都不同程度地受到工业、城市废污水和农业面源的污染,其中在北方缺水地区和经济发达地区水质污染特别严重。② 径流量减少,河道功能退化。③ 湖泊的生态环境也不容乐观,出现了富营养化,水质污染,湖面萎缩等问题。④ 地下水也出现了水位下降、水质污染、沿海地区咸水入侵等问题。⑤ 河流生态系统受到极大影响,生物多样性面临严峻挑战,大部分珍稀水生物种处于濒临灭绝的地步。⑥ 水环境保护管理中存在水环境相关管理部门协作不够、流域水资源保护机构的法律地位不明确、地方矛盾冲突需要进一步协调解决等问题。由此可见,我国将面临水资源危机的问题。罗伯特·P.安布罗吉在《水》一文中,对全球水资源的供需平衡作了权威性的剖析,他指出:到2030年将出现全球水资源危机。这绝不是杞人忧天,更不是危言耸听。为此,要积极行动起来,加强预测、制定对策,需要作出10年、20年,甚至更长时间的水源、水质及耗水情况的预测预报,所以对此进行理论研究和实际的技术研究是刻不容缓地造福人类的大好事。

1.2 环境水力学的近期发展及研究方法[1,3]

环境水力学是以水环境为主要研究对象的一门水力学的分支学科,它应用近代流体力学的基本理论和其他有关学科的理论,创造性地研究各类污染物(化学、生物、热的污染物)在不同纳污水域中的扩散、混合输移和转化的规律。首先,人们将遇到在静止水中或处于层流状态下的水中异质的分子扩散,它是分子的随机运动引起的质点散布。1855年德国学者菲克(Adolf Eugen Fick)在实验的基础上建立了经典的扩散方程,它与热传导方程在形式上是相似的,描述了物质在静止水体或处于层流状态下的扩散规律。接着人们进一步研究了紊动扩散,对紊流问题的研究一直未停止过,但是紊流从理论上尚未得到突破。

我们把紊流理解为由不同尺度的涡体所组成的,这些涡体处于随机运动之中,用分子扩散来近似地模拟紊动扩散。最后我们将碰到离散(即分散)问题。由于在流场中各点的流速是不一样的,处于不同位置的异质将随水流被分散开来,这种分散又叫离散,可用离散系数来表示其作用的强弱。由实践得知,离散系数要大于紊动扩散系数,而紊动扩散系数又远大于分子扩散系数。当然,污染源在时间上的变化有恒定源和非恒定源之分,在空间上的变化也可以有点源、线源和面源之分;而纳污水体也会有一维、二维和三维空间之分。因此污染源和受纳水体之间的耦合是一个值得研究的课题。对这种问题的研究多依赖于实验或者数值求解。

为了使污水在纳污水体中尽快稀释,人们采用一些工程措施和设备,其中最常见的是排放喷口和扩散器,从而达到污染物在近区的快速稀释。它们的出流一般均可以概化为射流、羽流和浮力射流。当喷口初始动量近似为零,而该处的流体与环境流体之间的密度差是维持流动的主要动力时,这种流动称为羽流。当喷口出流流体的密度与环境流体密度相同,维持流动的主要动力是初始动量时,这种流动称为射流。兼有上述两种流动特征的射流称为浮力射流,这类流动又属于典型的剪切型流动,在流体力学研究领域也有广泛的研究。

异质的密度很可能与纳污水体的密度不相等,这时就会出现密度分层现象,所以分层流是环境水力学的一个重要研究课题。

水质模型是描述水环境中异质的混合、输移和转化规律的数学模型。水中异质包括各类溶解质、异重悬浮物、异温水团、底质、水生物、细菌等。当水中异质超过水体承纳能力和自净能力时,水质将趋于恶化,此时人们必须采取工程措施或生物化学措施使水质状况得以改善。常用的水质参数是溶解氧(DO)和生化需氧量(BOD)。随着对环境预测预报要求的提高,多水质参数以及与环境因素的耦合模型得到了发展。

环境水力学的研究方法主要有理论分析、模型研究、现场观测和分析。各类数学方程的求解可采用多种方法,如精确解法、近似解法(如奇异摄动法)和数值解法。

1.3　环境水力学课程概况

从力学的角度看问题,有些物质混入水体中可以显著影响水的密度,从而影响水体的力学特性;而有些物质则不会。前者称为动力活性物质,后者称为动力惰性物质。动力惰性物质是密度与环境水体密度相等或几乎相等的污染物质。从物理、生化的角度看问题,有些物质混合到环境水体会起生物化学反应或生物降解,生成新的物质,而改变环境水体原有浓度,但有些物质却不会。前者被称为非保守物质,后者称为保守物质。我们将保守的动力惰性物质称为示踪质。

1.3.1　示踪质在水体内迁移的主要方式[4]

水体中含有的物质可通过各种方式发生位置的迁移,其主要方式包括以下5种:

1.分子扩散(Molecular Diffusion)

分子扩散是指物质分子的布朗运动而引起的物质迁移。当水体内含有物质存在浓度梯度时,含有物质将从浓度高的地方向浓度低的地方移动。例如,将一定浓度的盐水投放在一静止的盛有清水的玻璃杯中,盐分子会向周围扩散,这种扩散就是由分子的布朗运动(随机运动)形成的物质交换而产生的。另外分子扩散与温度和压力也有一定的关系。对研究大水体的水环境问题,分子扩散可以忽略,因为其量级远小于其他因素引起的物质迁移的量级。

2.随流输移(Advection)

含有物质随水流质点的流动而产生的迁移,称为随流输移。当然,当水体处于静止状态时,就没有随流输移。

3.紊动扩散(Turbulent Diffusion)

当水体处于紊动状态时,随机的紊动作用也可引起含有物质的扩散,这种扩散称为紊动扩散。紊动扩散作用的强弱与水流旋涡运动有关。紊动能够传递物质与其能够传递能量和动量的原理类似。

4.剪切流离散(Dispersion of Shear Flow)

剪切流是指当垂直于流动方向的横断面上流速分布不均匀或者说有流速梯度存在的流

动。在考虑流动水体的物质迁移和输送作用时,如果把随流输移按平均流速的均匀流计算,则由于实际上剪切流中各点流速与平均流速不同,将引起附加的物质分散,这种附加的物质分散就称为离散。这里的离散是处理方法带来的,即离散的产生是由于将流场作空间平均处理而引起的,若不采用空间平均的简化过程,则就不要计入离散作用。

5.对流扩散(Convection)

对流扩散是指由于温度差或密度分层不稳定性而引起的垂直方向对流运动所伴随的含有物质的迁移。

在自然界中水体多处在流动状态,各种形式的扩散常常交织在一起发生,以上仅仅是按照扩散的物理过程来划分和描述的。除上述的主要迁移方式外,在河流、湖泊、水库、海湾内,由于河床的冲刷,含有物质的淤积和悬浮都可导致水体中物质迁移。

1.3.2 本课程内容

本书的第2章至第6章主要从水动力学的角度叙述示踪质在水体中的扩散输移规律及其在河流、河口海湾等领域的应用;第7章为废水排放的理论和应用;第8章给出了分层流的概念和相应的理论;第9章就地下水的溶质运移的理论给出了简要的介绍;第10章以较大篇幅论述了地表水水质模型及其相应的数值解法,该部分理论在目前水质预测预报中应用得较为广泛;为了适应环境水力学向生态学的渗透,第11章对鱼道的研究和植被水流特性的研究进行了总结,这些成果大多散见在最新的科技论文之中,并且得到学者认可的理论。

参考文献

[1] 徐孝平.环境水力学的兴起及展望[J].湖北水力发电,1990,(2):11-14.

[2] 陈进.中国环境流研究与实践[M].北京:中国水利水电出版社,2011.

[3] 徐孝平.环境水力学[M].北京:水利电力出版社,1991.

[4] 赵文谦.环境水力学[M].成都:成都科技大学出版社,1986.

[5] 费希尔等著.内陆及近海水域的混合[M].清华大学水力学教研组译,余常昭审校.北京:水利电力出版社,1987.

[6] 张书农.环境水力学[M].南京:河海大学出版社,1989.

第2章 分子扩散

污染物在河流中的混合与输移的过程，一般来讲，包括有分子扩散、紊动扩散和随流输移，并且同时发生。污染的扩散情况如何，在最初的阶段与污染源存在的形式有关。

从污染源在水体空间的存在形式看，有点源、线源、面源和体积源。在实际问题中，真正绝对的点源、线源和面源是不存在的，只是一种近似的处理方法。

从污染源在时间分布上看，有瞬时源和时间连续源。瞬时源是指污染物在瞬时内投放于水域，实际这也是一种近似，如油轮事故突然泄放的油污染可近似为瞬时污染源。时间连续源又可分为恒定和非恒定的时间连续源。

从空间的角度看，污染物的扩散空间可能为一维扩散、二维扩散，也可能为三维扩散。

前已指出，分子扩散的量级远小于紊动扩散的量级，因而在分析河流问题时，分子扩散可以不考虑。但为了对解决紊动扩散奠定基础，首先讨论分子扩散。

2.1 分子扩散方程

1855年费克(Adolf Eugen Fick)提出了分子扩散定律：在各向同性的介质中，在一定方向上通过单位面积扩散输送的物质与该断面的浓度梯度成正比，即

$$\vec{q} = -D\frac{\partial C}{\partial n}\vec{n} \tag{2-1}$$

式中：$\vec{q}$ 为单位时间内通过单位面积的异质扩散量，称为异质通量；C 为单位水体体积内异质的含量(异质的质量或重量或体积)，称为浓度(对应地可称为质量浓度、重量浓度或体积浓度)；$\vec{n}$ 为异质扩散通过面的内法线向量；D 为分子扩散系数，量纲为$[L^2/T]$，取决于液体和异质的物理性质，可由试验决定；表2-1为一些溶质在水中的分子扩散系数，它随溶质与溶液种类和温度压力而变化，负号表示溶质扩散方向和浓度梯度方向相反。

下面我们采用欧拉法，根据质量守恒原理来建立浓度随时间和空间变化的关系式。在静止液体内部取一微小六面体(图2-1)，边长为dx，dy和dz。由于分子扩散，在dt时段内，沿x轴方向通过$abcd$面进入的扩散量为(该面内法线方向与x轴向一致)

$$-D\frac{\partial C}{\partial x}\mathrm{d}y\mathrm{d}z\mathrm{d}t$$

通过$a'b'c'd'$的扩散量为(内法线方向与x轴相反)

$$\left[D\frac{\partial C}{\partial x} + \frac{\partial}{\partial x}\left(D\frac{\partial C}{\partial x}\right)\mathrm{d}x\right]\mathrm{d}y\mathrm{d}z\mathrm{d}t$$

表2-1 **某些溶质在水中的分子扩散系数**

溶质	温度 /℃	分子扩散系数 $D/(10^{-9}\mathrm{m^2/s})$	溶质	温度 /℃	分子扩散系数 $D/(10^{-9}\mathrm{m^2/s})$
O_2	20	1.80	乙醇	20	1.00
H_2	20	5.13	甘油	10	0.63
CO_2	20	1.50	甘油	20	0.72
N_2	20	1.64	食盐	0	0.78
NH_2	20	1.76	食盐	20	1.35
H_2S	20	1.41	酚	20	0.84

则通过此两面的扩散量之和为

$$D\frac{\partial^2 C}{\partial x^2}\mathrm{d}x\mathrm{d}y\mathrm{d}z\mathrm{d}t$$

同理，沿 y 和 z 方向的扩散量分别为

$$D\frac{\partial^2 C}{\partial y^2}\mathrm{d}x\mathrm{d}y\mathrm{d}z\mathrm{d}t$$

$$D\frac{\partial^2 C}{\partial z^2}\mathrm{d}x\mathrm{d}y\mathrm{d}z\mathrm{d}t$$

在 $\mathrm{d}t$ 时段内，由于浓度的变化，六面体内异质的增量为

$$\frac{\partial C}{\partial t}\mathrm{d}x\mathrm{d}y\mathrm{d}z\mathrm{d}t$$

由质量守恒定律，该增加量应等于以上三项扩散量的总和，故得

$$\frac{\partial C}{\partial t}=D\left(\frac{\partial^2 C}{\partial x^2}+\frac{\partial^2 C}{\partial y^2}+\frac{\partial^2 C}{\partial z^2}\right) \tag{2-2}$$

上式(2-2) 常称为费克第二定律，式(2-1) 也可称为费克第一定律。

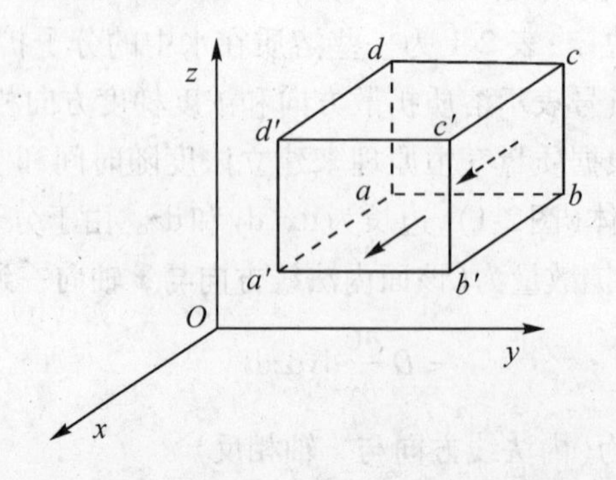

图 2-1

在上述的推导过程中，认为各向的扩散是同性的。如果为各向异性，即 $D_x \neq D_y \neq D_z$，则式(2-2) 变为

$$\frac{\partial C}{\partial t} = D_x \frac{\partial^2 C}{\partial x^2} + D_y \frac{\partial^2 C}{\partial y^2} + D_z \frac{\partial^2 C}{\partial z^2} \tag{2-3}$$

式(2-3) 即为分子扩散浓度时空关系的基本方程式，它是基于费克第一定律得到的，所以称费克型扩散方程。

如果异质主要沿两个方向或一个方向扩散，则

二维分子扩散方程为

$$\frac{\partial C}{\partial t} = D_x \frac{\partial^2 C}{\partial x^2} + D_y \frac{\partial^2 C}{\partial y^2} \tag{2-4}$$

一维分子扩散方程为

$$\frac{\partial C}{\partial t} = D_x \frac{\partial^2 C}{\partial x^2} \tag{2-5}$$

如果用温度 T 和热传导系数 k 分别代换扩散方程(2-2) 中的浓度 C 和扩散系数 D 即为热传导的傅里叶方程，这说明分子扩散与分子热传导是数学表达形式相同的两个物理过程。根据初始条件和边界条件，对一些简单的问题，可以求得解析解；对于复杂问题，只能借助于数值解法求解。扩散方程的求解不仅与定解条件有关，而且还与污染源存在的形式有关。

2.2　分子扩散方程的若干解析解

当条件适宜时常采用相似变换、分离变量等方法来求解扩散方程的解析解。相似变换法是指利用变量的某种组合，引进新的相似变量，从而把偏微分方程化为常微分方程来求解的方法。下面先介绍用相似变换法求几种基本情况下的扩散方程解析解。这些解析解在环境污染分析中有着较为广泛的应用，同时也作为分析复杂问题的基础。

2.2.1　瞬时源情形下的一维扩散方程

一维扩散方程为

$$\frac{\partial C}{\partial t} = D_x \frac{\partial^2 C}{\partial x^2}$$

其定解条件为：在 $t = 0$ 时，扩散物质全部集中在污染源点，将其取为坐标原点，即 $C(x,0) = M\delta(x)$，M 是扩散物质总质量，其中 $\delta(x)$ 为迪拉克(Dirac) δ 函数。浓缩在无限小的坐标原点位置上的扩散物质，在 x 轴的正负两个方向上向无穷远处扩散，因而有边界条件 $C(\pm\infty, t) = 0$ 和 $\left.\frac{\partial C(x,t)}{\partial x}\right|_{x\to\pm\infty} = 0$，如图 2-2(a) 所示。根据质量守恒定律，则

$$\int_{-\infty}^{\infty} C\mathrm{d}x = M \tag{2-6}$$

在上面的微分方程和边界条件中，涉及 5 个物理量，即 C、t、x、D_x、M，其中包括 3 个基本

量。根据 π 定理,这个物理过程可由 5 个物理量组成的 2 个无量纲量所表述的关系式来描述。分析这些物理量的量纲,可得到无量纲量所表达的关系式为

$$\frac{C}{\frac{M}{\sqrt{D_x t}}}=\varphi\left(\frac{x}{\sqrt{D_x t}}\right)$$

或

$$C=\frac{M}{\sqrt{4\pi D_x t}}\varphi\left(\frac{x}{\sqrt{4D_x t}}\right) \tag{2-7}$$

为了使解答更加简明,在上式中加了 4π 和 4 两个常数。

令 $\eta=\frac{x}{\sqrt{4D_x t}}$,则上式为

$$C=\frac{M}{\sqrt{4\pi D_x t}}\varphi(\eta) \tag{2-8}$$

式中:$\varphi(\eta)$ 为待求函数。将式(2-8) 代入式(2-6) 得到一个常微分方程:

$$\frac{\mathrm{d}^2\varphi}{\mathrm{d}\eta^2}+2\eta\frac{\mathrm{d}\varphi}{\mathrm{d}\eta}+2\varphi=0$$

即

$$\frac{\mathrm{d}}{\mathrm{d}\eta}\left(\frac{\mathrm{d}\varphi}{\mathrm{d}\eta}+2\eta\varphi\right)=0$$

其解为

$$\varphi(\eta)=A\exp(-\eta^2) \tag{2-9}$$

根据质量守恒这个条件求得上式中的待定系数 A。即利用式(2-8) 有

$$\int_{-\infty}^{\infty}C\mathrm{d}x=\int_{-\infty}^{\infty}\frac{M}{\sqrt{4\pi D_x t}}A\exp(-\eta^2)\,\mathrm{d}x=\int_{-\infty}^{\infty}\frac{M}{\sqrt{\pi}}A\exp\left(-\frac{x^2}{4D_x t}\right)\mathrm{d}\left(\frac{x}{\sqrt{4D_x t}}\right)$$

$$=\frac{M}{\sqrt{\pi}}A\sqrt{\pi}=MA=M$$

故 $A=1$。于是,瞬时源一维扩散方程的基本解为

$$C(x,t)=\frac{M}{\sqrt{4\pi D_x t}}\exp\left(-\frac{x^2}{4D_x t}\right) \tag{2-10}$$

该浓度分布符合高斯正态分布。若以时间 t 为参数,可以绘出浓度沿 x 轴的分布,如图 2-2(b) 所示。从图中可知,随着时间 t 的增加,扩散范围变宽而浓度峰值变小,分布曲线趋于平坦。式(2-10) 中的$\frac{M}{\sqrt{4\pi D_x t}}$是任何时刻的源点浓度。这个解对应着污染源点与坐标原点重叠的情况。

在上述的解答中,一维扩散方程的解为高斯正态分布,因而浓度分布的一些特征值常借助于浓度分布的各阶矩来表示。矩在力学中已屡见不鲜,如力矩、面积矩、惯性矩等。浓度分布的 k 阶矩定义为

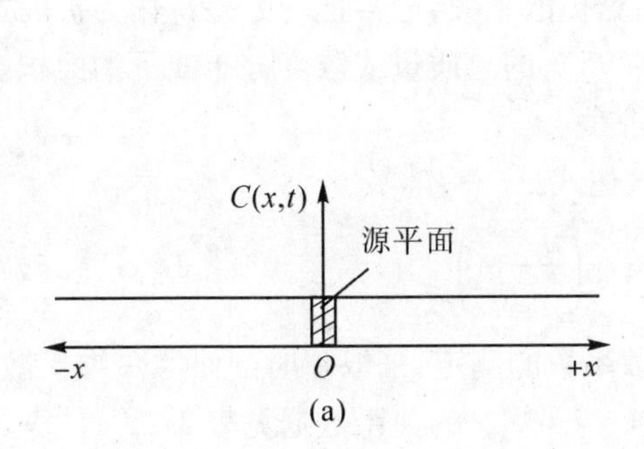

(a)

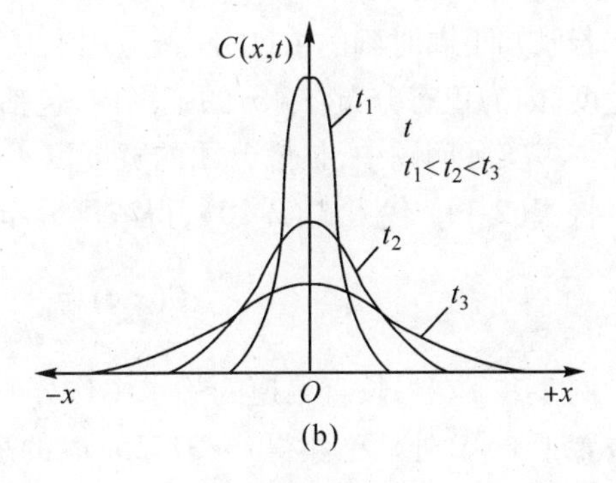

(b)

图 2-2

$$M_k = \int_{-\infty}^{\infty} x^k C(x,t)\,\mathrm{d}x \tag{2-11}$$

按照上述定义,浓度分布函数的零阶浓度矩为

$$M_0 = \int_{-\infty}^{\infty} x^0 C(x,t)\,\mathrm{d}x = \int_{-\infty}^{\infty} C(x,t)\,\mathrm{d}x \tag{2-12}$$

式(2-12)代表浓度分布曲线与 x 轴间所包围的面积,即全部扩散物质的质量 M。因此,对任何时刻,零阶浓度矩 $M_0 = M =$ 常数。

特征值方差 σ^2,在一定条件下可反映高斯正态分布曲线扩展宽度的情况,其值愈大,曲线愈趋扁平。浓度分布函数的方差 σ^2 为

$$\sigma^2 = \frac{\int_{-\infty}^{\infty} x^2 C(x,t)\,\mathrm{d}x}{\int_{-\infty}^{\infty} C(x,t)\,\mathrm{d}x} = \frac{M_2}{M_0} \tag{2-13}$$

式中:M_2 为二阶浓度矩。

将式(2-10)代入上式,并积分有

$$\sigma^2 = \frac{\int_{-\infty}^{\infty} x^2 \frac{M}{\sqrt{4\pi D_x t}} \exp\left(-\frac{x^2}{4D_x t}\right)\mathrm{d}x}{M} = 2D_x t \tag{2-14}$$

这说明方差 σ^2 随时间 t 的增加而呈线性增长,时间愈长,扩展愈宽。利用式(2-14)可推出计算扩散系数的公式:

$$\frac{\mathrm{d}\sigma^2}{\mathrm{d}t} = 2D_x \tag{2-15}$$

这是扩散方程的一个特性:任意一个有限的初始浓度分布,不管它的形状如何,最后会衰变为高斯正态分布,它的方差增长率为 $2D_x$。若在一个不长的时间间隔内,以差分代替上式的微分,则有

$$\sigma_2^2 = \sigma_1^2 + 2D_x(t_2 - t_1) \tag{2-16}$$

若已知不同时刻的浓度分布,应用上式可估算扩散系数,通常把均方差σ作为扩展宽度的量度,因为正态分布在4σ的范围内,包括了约95%的总质量或浓度分布线下的面积。因此在许多实际问题中,扩散云团的宽度以4σ来估算。

将式(2-14)代入式(2-10),得浓度分布的表达式:

$$C(x,t) = \frac{M}{\sigma\sqrt{2\pi}}\exp\left(-\frac{x^2}{2\sigma^2}\right) \tag{2-17}$$

例 2-1　在一长直渠道的静水中作分子扩散系数的测定,采取瞬时剖面源一维扩散,扩散源置于$x = 0$处。已测得$t = 31725$s时的浓度C与距离x的关系数据见表2-2,试估算分子扩散系数D的大小。

表2-2

x/cm	−3.0	−2.7	−2.4	−2.1	−1.8	−1.5	−1.2	−0.9	−0.6	−0.3	0
$C/(\mathrm{mg\cdot L^{-1}})$	0.0	0.010	0.021	0.050	0.09	0.11	0.20	0.30	0.41	0.47	0.5
x/cm	0.3	0.6	0.9	1.2	1.5	1.8	2.1	2.4	2.7	3.0	
$C/(\mathrm{mg\cdot L^{-1}})$	0.48	0.42	0.28	0.21	0.12	0.08	0.06	0.02	0.015	0	

解:

由式(2-13)有

$$\sigma^2 = \frac{\sum(x^2C\cdot\Delta x)}{\sum(C\cdot\Delta x)} = \frac{3.37131}{3.846} = 0.8766\mathrm{cm}^2$$

由式(2-16)有

$$D_x = \frac{1}{2}\left[\frac{\sigma_2^2 - \sigma_1^2}{t_2 - t_1}\right] = \frac{1}{2}\left(\frac{0.8766}{31725}\right) = 1.38\times10^{-5}\mathrm{cm^2/s}$$

2.2.2　边界有界情况下的瞬时点源

以上和这里要说的问题,其方程和边界条件都是线性的,因此可以运用叠加原理,把方程的单独解经叠加构造出新的解。上面讨论的问题是无限空间中的扩散,即边界条件为$C(\pm\infty,t)=0$,而实际水域都是有界的。污染物扩散到岸边而不被岸边所吸收或粘着形成完全反射,这种情况对水域的污染最为严重。

先讨论一边有完全反射的情况,如图2-3所示。由于完全反射,扩散物质在$x=0$处,$t=0$时瞬时投放,在$x=-L$处有一个完全反射的岸壁,则任何时刻通过该岸壁的扩散物质的净通量为零,即

$$x=-L, D_x\frac{\partial C}{\partial x}=0$$

因此,在岸壁处的浓度梯度必须为零。为此,引入"源像法"。设想有一平镜置于$x=-L$

的岸壁处,在镜的后面,$x=-2L$ 处有一反射源(又称像源),像源的投放强度和真源相同,均方差σ也相同。这等于在像源投放了质量相同的扩散物质,因而以岸壁为对称平面的分居两边的像源和真源在岸壁处造成的扩散物质的通量大小相等,但方向相反,以致达到岸壁处的净通量为零的目的,也就是该处浓度梯度为零。由这两个瞬时点源(即真源和像源)产生的浓度场叠加为本问题的解:

$$C(x,t)=\frac{M}{\sqrt{4\pi D_x t}}\left\{\exp\left(-\frac{x^2}{4D_x t}\right)+\exp\left[-\frac{(x+2L)^2}{4D_x t}\right]\right\} \tag{2-18}$$

显然,在反射岸壁($x=-L$)处的浓度等于无限边界的两倍。

如果当瞬时源的左右两侧($x=-L$ 和 $x=L$)均有完全反射岸壁的情况,如图 2-4 所示。对于这种情况读者可仿照上述处理方法求其解。这里仅给出答案。

$$C(x,t)=\frac{M}{\sqrt{4\pi D_x t}}\sum_{-\infty}^{\infty}\exp\left[\frac{-(x+2nL)^2}{4D_x t}\right] \tag{2-19}$$

式中:通常取很少的几项即可,如 $n=0,\pm1$。

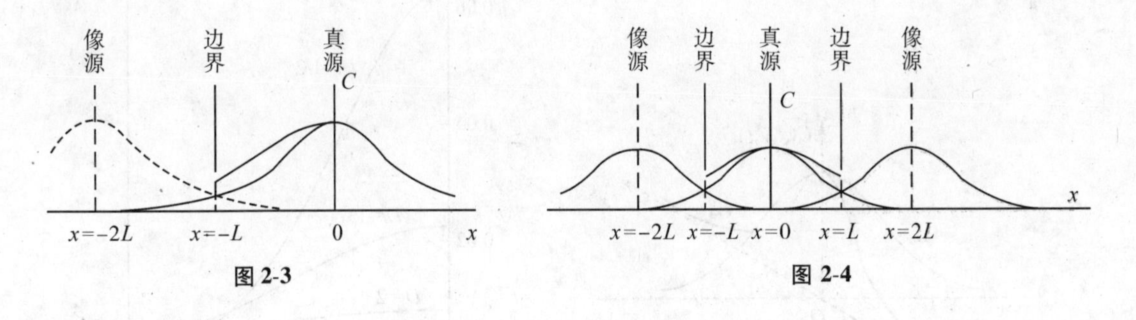

图 2-3　　　　图 2-4

2.2.3　瞬时点源二维扩散和三维扩散

先讨论二维扩散方程:

$$\frac{\partial C}{\partial t}=D_x\frac{\partial^2 C}{\partial x^2}+D_y\frac{\partial^2 C}{\partial y^2}$$

式中:D_x 和 D_y 分别是 x 和 y 方向的扩散系数,为了以后紊动扩散沿用本方程的方便,这里按 $D_x\neq D_y$ 来讨论。将质量为 M 的扩散物质在 $t=0$ 时投放于 $x\sim y$ 坐标系的原点,则有初始条件 $C(x,y,0)=M\delta(x)\delta(y)$,为瞬时点源。边界条件为 $C(\pm\infty,y,t)=0$,$C(x,\pm\infty,t)=0$。利用分离变量法,多维的扩散齐次边值问题的解可简单地写成一维问题解的乘积,其条件是:流场内(或浓度场)的初始浓度分布可表示为单个空间变量函数的乘积。上述的初始条件就能满足,因此可以运用"乘积法则",即认为二维问题式(2-4)的解由两个一维问题的解乘积给出:

$$C(x,y,t)=C_1(x,t)\,C_2(y,t) \tag{2-20}$$

式中:C_1 不是 y 的函数;C_2 不是 x 的函数。关于"乘积解"的证明,有兴趣的读者可参阅卡斯劳和耶格(Carslaw and Jaeger)以及克兰克(Crank)的有关文献。把式(2-20)代入二维扩散方程,得

$$C_2\left(\frac{\partial C_1}{\partial t}-D_x\frac{\partial^2 C_1}{\partial x^2}\right)+C_1\left(\frac{\partial C_2}{\partial t}-D_y\frac{\partial^2 C_2}{\partial y^2}\right)=0 \tag{2-21}$$

式(2-21)中两个括号内的值均为零,方程才能满足。运用一维扩散方程的解式(2-10),把两个解相乘,并注意到$\int_{-\infty}^{\infty}\int_{-\infty}^{\infty} C\mathrm{d}x\mathrm{d}y = M$,得完整解:

$$C = C_1C_2 = \frac{M}{4\pi t\sqrt{D_xD_y}}\exp\left(-\frac{x^2}{4D_xt}-\frac{y^2}{4D_yt}\right) \tag{2-22}$$

由式(2-22)即可求解任何时刻在 xOy 平面上的浓度分布。如果 x 和 y 方向的扩散系数相等,瞬时点源二维扩散的浓度分布呈一族钟形曲面体,当某一时刻 $t>0$ 时,如图 2-5 所示。源点处浓度最大,随着离点源距离的增加,浓度成负指数函数衰减。俯视图(2-5),可见其浓度等值线为同心圆。

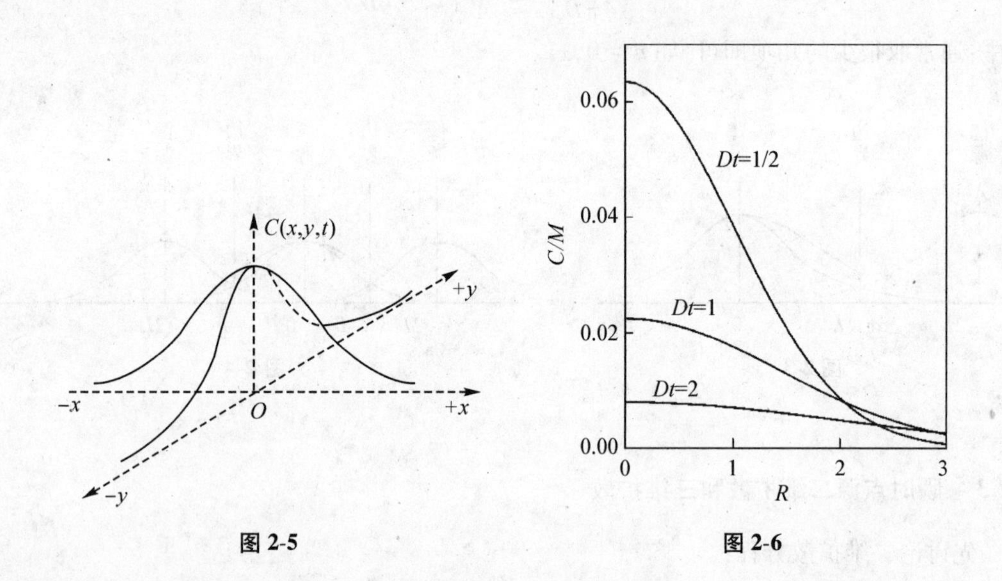

图 2-5　　　　图 2-6

应用类似于求解瞬时点源二维扩散的方法,可得瞬时点源三维扩散的解为

$$C(x,y,z,t) = \frac{M}{8(\pi t)^{\frac{3}{2}}(D_xD_yD_z)^{\frac{1}{2}}}\exp\left(-\frac{x^2}{4D_xt}-\frac{y^2}{4D_yt}-\frac{z^2}{4D_zt}\right) \tag{2-23}$$

式中: M 为三维扩散物质的总质量,即

$$M=\int_{-\infty}^{\infty}\int_{-\infty}^{\infty}\int_{-\infty}^{\infty} C\mathrm{d}x\mathrm{d}y\mathrm{d}z$$

瞬时点源三维扩散的浓度分布,当扩散为各向同性时,呈一族圆球曲面。

若对式(2-23)采用球坐标系,并且三个方向扩散系数相等,则式(2-23)写为

$$C(R,t) = \frac{M}{8(\pi Dt)^{\frac{3}{2}}}\exp\left[-\frac{R^2}{4Dt}\right] \tag{2-24}$$

式中: $R=\sqrt{x^2+y^2+z^2}$ 为自点源起算的距离。$C(R,t)$ 的变化如图2-6所示。这个解指出在

原点处的浓度为 $M/[8(\pi Dt)^{\frac{3}{2}}]$，与 $t^{\frac{3}{2}}$ 成反比。在距离 $R=4.3\sqrt{Dt}$ 处，浓度总是等于原点处瞬时浓度的百分之一。扩散影响所及的距离可以用特征长度 $\sqrt{Dt}$ 来量度。

2.2.4　起始有限分布源的扩散

1.一维起始有限分布源的扩散

某种污染物沿着一条静止等截面长渠道初始的浓度分布对于 $0<x<h$ 为 $C=C_0$，而对 $x>h$ 为 $C=0$。如果 $x=0$ 的一端关闭，求 $x>0$ 处的 $C(x,t)$；如果在 $x=0$ 处保持 $C=0$，例如与一净水的水库相连，试求 $x>0$ 处的 $C(x,t)$。

(1) 在 $x=0$ 端封闭的情形。由于 $x=0$ 处是不产生流动的，解应该是对称于原点的。这种对称性可用一虚构的(图 2-7)、对称的初始浓度形成。污染物在其初期位置处的质量可取作瞬时平面源，在 x' 处的每个平面源在 $t=0$ 时逸出的强度为 $C_0\mathrm{d}x'$。则得由于 x' 处的源在 x 处的浓度为

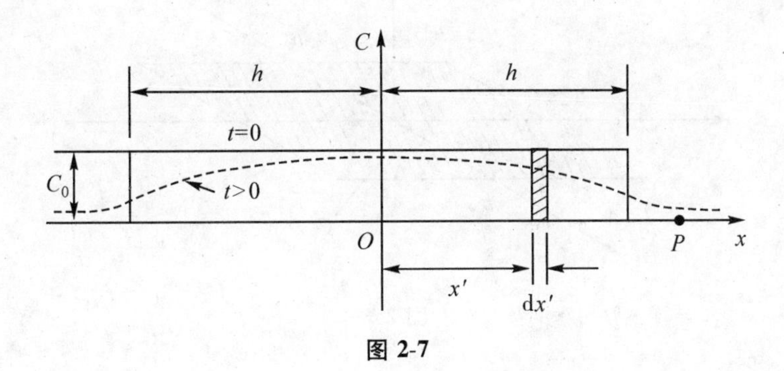

图 2-7

$$\mathrm{d}C=\frac{C_0\mathrm{d}x'}{\sqrt{4\pi Dt}}\exp\left[-\frac{(x-x')^2}{4Dt}\right]$$

于是，由于 $-h<x'<h$ 范围内所有的平面源所形成的浓度为

$$C=\frac{C_0}{\sqrt{4\pi Dt}}\int_{-h}^{h}\exp\left[-\frac{(x-x')^2}{4Dt}\right]\mathrm{d}x'=\frac{C_0}{2}\left[\mathrm{erf}\left(\frac{x+h}{\sqrt{4Dt}}\right)-\mathrm{erf}\left(\frac{x-h}{\sqrt{4Dt}}\right)\right]$$

或者写为

$$\frac{C(x,t)}{C_0}=\frac{1}{2}\left[\mathrm{erf}\left(\frac{h+x}{\sqrt{4Dt}}\right)+\mathrm{erf}\left(\frac{h-x}{\sqrt{4Dt}}\right)\right]\tag{2-25}$$

(2) 在 $x=0$ 处 $C=0$ 的情形，为了在 $x=0$ 处保持 $C=0$，虚构一个反对称的初始浓度，其分布如图 2-8 所示。于是

$$C=\frac{-C_0}{\sqrt{4\pi Dt}}\int_{-h}^{0}\exp\left[-\frac{(x-x')^2}{4Dt}\right]\mathrm{d}x'+\frac{C_0}{\sqrt{4\pi Dt}}\int_{0}^{h}\exp\left[-\frac{(x-x')^2}{4Dt}\right]\mathrm{d}x'$$

$$=\frac{C_0}{2}\left[2\mathrm{erf}\left(\frac{x}{\sqrt{4Dt}}\right)-\mathrm{erf}\left(\frac{x+h}{\sqrt{4Dt}}\right)-\mathrm{erf}\left(\frac{x-h}{\sqrt{4Dt}}\right)\right]\tag{2-26}$$

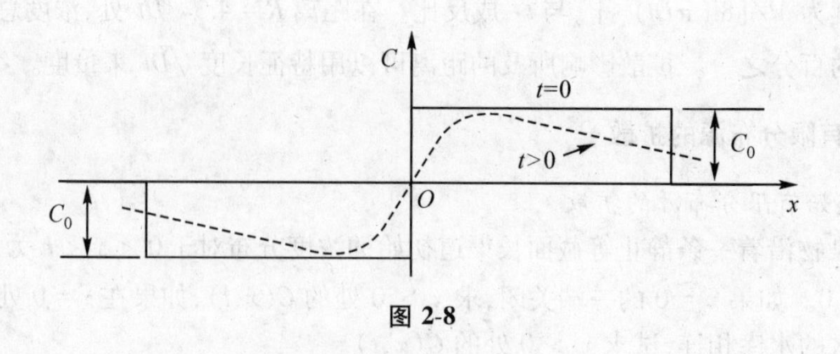

图 2-8

2.二维起始有限分布源的扩散

如图 2-9 所示,二维起始有限分布源也就是瞬时有限面源。

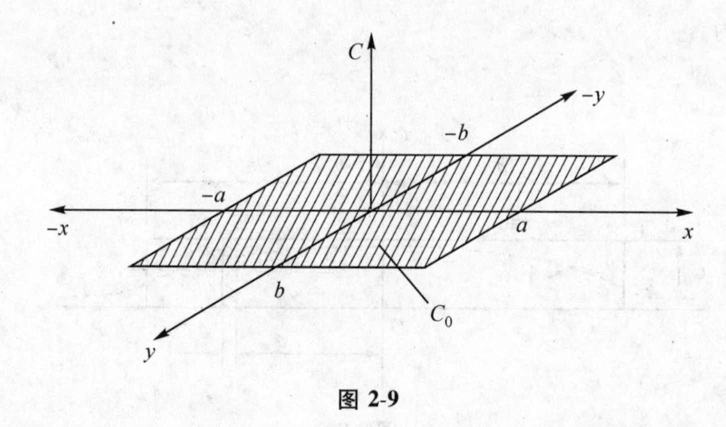

图 2-9

问题的初始条件为

$t=0$ 时,$|x| \leqslant a$,$|y| \leqslant b$,$C=C_0$;

$|x|>a$,$|y|>b$,$C=0$。

边界条件为

当 $t>0$ 时,$|x| \to \infty$,$|y| \to \infty$,$C=0$。

利用上述条件可求得解为

$$C(x,y,t)=\frac{C_0}{4}\left[\operatorname{erf}\left(\frac{a+x}{\sqrt{4Dt}}\right)+\operatorname{erf}\left(\frac{a-x}{\sqrt{4Dt}}\right)\right]\left[\operatorname{erf}\left(\frac{b+y}{\sqrt{4Dt}}\right)+\operatorname{erf}\left(\frac{b-y}{\sqrt{4Dt}}\right)\right] \tag{2-27}$$

3.三维起始有限分布源的扩散

三维起始有限分布源也就是瞬时有限体积源。设有限体积源为立方体,在 x,y,z 三方向的尺度为 $2a,2b,2d$。把坐标原点仍取在体积源的中心,则求解的初始条件为

当 $t=0$ 时,$|x| \leqslant a$,$|y| \leqslant b$,$|z| \leqslant d$,$C=C_0$;

$|x|>a$,$|y|>b$,$|z|>d$,$C=0$。

边界条件为

当 $t>0$ 时,$|x| \to \infty$ 时 $C=0$,$|y| \to \infty$ 时 $C=0$,$|z| \to \infty$ 时 $C=0$。

在上述定解条件下可求出三维起始有限分布源扩散方程的解为

$$C(x,y,z,t)=\frac{C_0}{8}\left[\mathrm{erf}\left(\frac{a+x}{\sqrt{4Dt}}\right)+\mathrm{erf}\left(\frac{a-x}{\sqrt{4Dt}}\right)\right]$$

$$\left[\mathrm{erf}\left(\frac{b+y}{\sqrt{4Dt}}\right)+\mathrm{erf}\left(\frac{b-y}{\sqrt{4Dt}}\right)\right]\left[\mathrm{erf}\left(\frac{d+z}{\sqrt{4Dt}}\right)+\mathrm{erf}\left(\frac{d-z}{\sqrt{4Dt}}\right)\right] \tag{2-28}$$

2.2.5　时间连续点源三维扩散

时间连续点源是指在某处随时间连续投放水体扩散质，现分析它在水体中的三维扩散。如投放的时段为 τ，且单位时间内投入的强度 m 保持不变，将连续时段 τ 看做由时间单元 $\mathrm{d}\tau$ 所组成，时段 $\mathrm{d}\tau$ 内投放的扩散物质则为 $m\,\mathrm{d}\tau$。时间连续源可视为由无数多个 $m\mathrm{d}\tau$ 瞬时点源的叠加，每一个 $m\mathrm{d}\tau$ 产生一个浓度场，在空间任意一点处就有一个相应的浓度。该点的总浓度即为无数多个瞬时点源在该点产生浓度的时段积分。

当扩散物质在流体中扩散为各向同性时，三维分子扩散方程式为

$$\frac{\partial C}{\partial t}=D\left(\frac{\partial^2 C}{\partial x^2}+\frac{\partial^2 C}{\partial y^2}+\frac{\partial^2 C}{\partial z^2}\right) \tag{2-29}$$

初始条件和边界条件：

$t=0, C=0, (|r|>0)$，

$t\geqslant 0, C=C_0, (r=0)$，

$t>0, C=C(x,y,z,t), (|r|>0)$，

$t<0, C=0, (r=0)$。

式中：$r^2=x^2+y^2+z^2$。

根据瞬时点源三维扩散解式(2-23)，空间任意一点 P 在 t 时浓度就应是 τ 从 0 至 t 时间间隔中的时间积分：

$$\mathrm{d}C=\frac{m\mathrm{d}\tau}{[4\pi D(t-\tau)]^{\frac{3}{2}}}\exp\left[-\frac{r^2}{4D(t-\tau)}\right]$$

$$C(r,t)=\frac{m}{(4\pi D)^{\frac{3}{2}}}\int_0^t\frac{1}{(t-\tau)^{\frac{3}{2}}}\exp\left[-\frac{r^2}{4D(t-\tau)}\right]\mathrm{d}\tau$$

这里，令 $u=\sqrt{\frac{r^2}{4D(t-\tau)}}$，则 $\mathrm{d}\tau=\sqrt{\frac{4D}{r^2}}2(t-\tau)^{\frac{3}{2}}\mathrm{d}u$，当 $\tau=0$ 时，有 $u=\sqrt{\frac{r^2}{4Dt}}=\theta(r,t)$，当 $\tau=t$ 时，有 $u=\infty$，得解为

$$C(r,t)=\frac{m}{4\pi^{\frac{3}{2}}D\sqrt{\frac{r^2}{4}}}\int_\theta^\infty\exp(-u^2)\mathrm{d}u$$

$$=\frac{m}{2\pi^{\frac{3}{2}}Dr}\left[\int_0^\infty\exp(-u^2)\mathrm{d}u-\int_0^\theta\exp(-u^2)\mathrm{d}u\right]$$

$$=\frac{m}{4\pi Dr}\mathrm{erfc}\left(\frac{r}{\sqrt{4Dt}}\right) \tag{2-30}$$

式中：$\mathrm{erfc}(x)=\frac{2}{\sqrt{\pi}}\int_{x}^{\infty}\exp(-z^{2})\mathrm{d}z$ 为余误差函数。式(2-30) 即为时间连续点源三维扩散解。

因 $\mathrm{erfc}(x)=1-\mathrm{erf}(x)$，误差函数 $\mathrm{erf}(0)=0$。所以当 $t\to\infty$ 时，$\mathrm{erfc}\left(\frac{r}{\sqrt{4Dt}}\right)=1$，式(2-30) 变为

$$C(r,\infty)=\frac{m}{4\pi Dr} \tag{2-31}$$

2.2.6　瞬时无限长线源

由于扩散方程是线性方程，瞬时线源的解可以通过瞬时点源的解的叠加得到。设考虑三维各向异性的污染物质的扩散问题，令沿 z 轴单位长度上投放的扩散物质质量为 m，根据式(2-23) 可得到由 z' 处的点源强度 $m\mathrm{d}z'$ 所产生的 P 点处的浓度为

$$\mathrm{d}C=\frac{m\mathrm{d}z'}{(4\pi t)^{\frac{3}{2}}(D_xD_yD_z)^{\frac{1}{2}}}\exp\left[-\frac{x^2}{4D_xt}-\frac{y^2}{4D_yt}-\frac{(z-z')^2}{4D_zt}\right]$$

因为是无限长线源，所以 z' 从 $-\infty$ 积分到 ∞，上式积分为本问题解：

$$C(x,y,t)=\frac{m\exp\left[-\frac{x^2}{4D_xt}-\frac{y^2}{4D_yt}\right]}{(4\pi t)^{\frac{3}{2}}(D_xD_yD_z)^{\frac{1}{2}}}\int_{-\infty}^{\infty}\exp\left(-\frac{(z-z')^2}{4D_zt}\right)\mathrm{d}z'$$

令 $u=\frac{z-z'}{\sqrt{4D_zt}}$，变更上下限，得

$$C(x,y,t)=\frac{m}{4\pi t(D_xD_y)^{\frac{1}{2}}}\exp\left[-\frac{x^2}{4D_xt}-\frac{y^2}{4D_yt}\right] \tag{2-32}$$

2.3　随 流 扩 散

分子扩散是由分子无规则运动引起的物质迁移现象。以上讨论的都是静水中的扩散。由水体的平均运动(这里指的不仅是时间平均，而且还是空间平均) 而引起的迁移现象，叫做随流传输。在层流中水体质点瞬时流速就等于时均流速，所谓的“水体的平均运动” 指的就是空间平均运动，在这种情况下物质的迁移就是分子扩散和随流传输的叠加。

大多数水体的运动是紊流，这时水体质点的瞬时流速等于时均流速与脉动流速之和，所谓“水体的平均运动”，不仅是空间平均运动，而且还是时间平均运动，在这种情况下的物质迁移主要是紊动扩散(由脉动流速引起的物质迁移现象) 和随流传输的叠加。因为紊动扩散系数远大于分子扩散系数，所以在紊流中虽有分子扩散，但可忽略。这将在下部分中予以讨论，而本节只讨论作层流运动的随流扩散和分子扩散，这里主要是为叙述紊流扩散的有关内容提供一个基础。

1.随流扩散方程

和推导分子扩散的扩散方程类似,设从三维流场中所取的微小六面体,其形心点上的流速分量为 u_x, u_y, u_z,在垂直于三个坐标方向的单位面积上含有物质通量分别为

$$F_x = u_x C + \left(-D\frac{\partial C}{\partial x}\right)$$

$$F_y = u_y C + \left(-D\frac{\partial C}{\partial y}\right)$$

$$F_z = u_z C + \left(-D\frac{\partial C}{\partial z}\right)$$

上式中第一项为移流输运引起的物质通量,第二项为分子扩散所引起的物质通量。

按照质量守恒原理,从微小六面体流入与流出的含有物质质量之差应与同时段内微小六面体内质量的增量相等,则可得

$$\frac{\partial C}{\partial t} + u_x\frac{\partial C}{\partial x} + u_y\frac{\partial C}{\partial y} + u_z\frac{\partial C}{\partial z} = D\nabla^2 C \tag{2-33}$$

式中:∇^2为哈密顿算子。式(2-33)称为随流扩散方程,简称为扩散方程。

二维随流扩散方程为

$$\frac{\partial C}{\partial t} + u_x\frac{\partial C}{\partial x} + u_y\frac{\partial C}{\partial y} = D\left(\frac{\partial^2 C}{\partial x^2} + \frac{\partial^2 C}{\partial y^2}\right) \tag{2-34}$$

一维随流扩散方程为

$$\frac{\partial C}{\partial t} + u_x\frac{\partial C}{\partial x} = D\frac{\partial^2 C}{\partial x^2} \tag{2-35}$$

2.随流扩散方程若干解析解

下面介绍均匀流场中(各点处的流速分量 $u_x = u, u_y = 0, u_z = 0$),且假定流速 u 不受异质浓度的影响时随流扩散方程的解析解。对这类问题的随流扩散方程为

$$\frac{\partial C}{\partial t} + u\frac{\partial C}{\partial x} = D\left(\frac{\partial^2 C}{\partial x^2} + \frac{\partial^2 C}{\partial y^2} + \frac{\partial^2 C}{\partial z^2}\right) \tag{2-36}$$

(1)瞬时点源。

设想观察者随流速 u 一起运动,并把坐标系放到这个观察者上,对这样的运动坐标系,观察者看到的只是单纯的扩散。这样,只要用新坐标 $x' = x - ut$ 代替原来的 x 坐标即可,运用前面的结果,有

对三维随流扩散解为

$$C = \frac{M}{(4\pi Dt)^{\frac{3}{2}}}\exp\left[-\frac{(x-ut)^2 + y^2 + z^2}{4Dt}\right] \tag{2-37}$$

对二维随流扩散解为

$$C = \frac{M}{4\pi Dt}\exp\left[-\frac{(x-ut)^2 + y^2}{4Dt}\right] \tag{2-38}$$

对一维随流扩散解为

$$C = \frac{M}{\sqrt{4\pi Dt}}\exp\left[-\frac{(x-ut)^2}{4Dt}\right] \tag{2-39}$$

上式表明,对一定的时间 t,C/M 沿流程 x 为一正态分布,如图 2-10 所示。

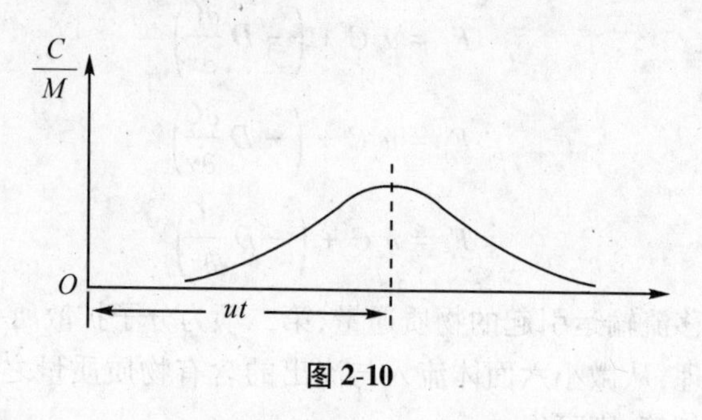

图 2-10

对于式(2-39)的解答,若初始排放示踪质为高斯分布(Gaussian Distribution)有

$$C(x,0) = \frac{M}{\sqrt{4\pi Dt}}\exp\left[-\frac{x^2}{2\sigma^2}\right] \tag{2-40}$$

这里 σ 为高斯分布的方差,则对应方程:

$$\frac{\partial C}{\partial t} + u\frac{\partial C}{\partial x} = D\frac{\partial^2 C}{\partial x^2} \tag{2-41}$$

的解答为

$$C = \frac{M}{\sqrt{2\pi(\sigma^2 + 2Dt)}}\exp\left[-\frac{(x-ut)^2}{2(\sigma^2 + 2Dt)}\right] \tag{2-42}$$

图 2-11 给出了下游不同时刻的染色浓度,方程(2-42)可助于估计河流的弥散系数。同时该方程可用于评价一些数值计算格式的精度。

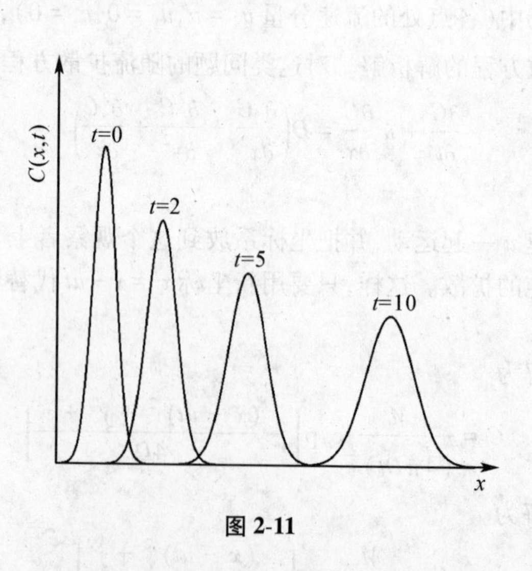

图 2-11

(2)三维空间中时间连续稳定点源。

某个单位时间内排放质量 m 为常数的稳定点源,可以视为一系列的瞬时点源沿时间积分处理,其中每个瞬时点源在微小排放时段 $d\tau$ 内坐标原点处排放的质量为 $md\tau$。我们来考察这一系列点源中的一个,如图 2-12 所示。当发生扩散时,质量也会随着水流向下迁移。在时间 t 时,空间任一点 (x,y,z) 处由于这个瞬时点源所引起的浓度可按式(2-37)写为

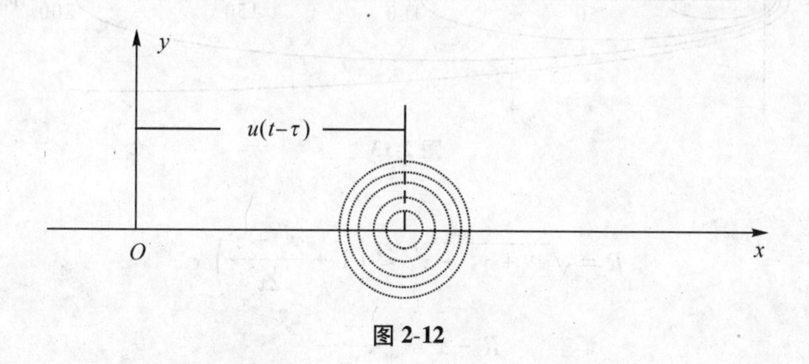

图 2-12

$$dC = \frac{md\tau}{8\left[\pi D(t-\tau)\right]^{\frac{3}{2}}}\exp\left\{-\frac{\left[x-u(t-\tau)\right]^2+y^2+z^2}{4D(t-\tau)}\right\}$$

式中:$(t-\tau)$ 是排出质量 $md\tau$ 后所经历的时间。在时间 t,点 (x,y,z) 处总的浓度是从 $\tau=0$ 到 $\tau=t$ 时间内排出的所有瞬时点源所形成的。于是

$$C = \int_0^t \frac{md\tau}{8\left[\pi D(t-\tau)\right]^{3/2}}\exp\left\{-\frac{\left[x-u(t-\tau)\right]^2+y^2+z^2}{4D(t-\tau)}\right\}$$

令 $R=\sqrt{x^2+y^2+z^2}$,$\theta=\dfrac{R}{\sqrt{4D(t-\tau)}}$,则 $d\tau=\dfrac{4\sqrt{D\,(t-\tau)^{\,3}}\,d\theta}{R}$。变换上下限:

当 $\tau=0$ 时,$\theta=R/\sqrt{4Dt}$;当 $\tau=t$ 时,$\theta=\infty$,整理上述积分,并令 $\beta=Ru/(4D)$,有

$$C = \frac{m\exp(xu/2D)}{2RD\sqrt{\pi^3}}\int_\theta^\infty \exp\left[-\left(\theta^2+\frac{\beta^2}{\theta^2}\right)\right]d\theta$$

若时间 $t\to\infty$,则 $\theta\to 0$,上述改变积分下限后为

$$C = \frac{m\exp\left(\dfrac{xu}{2D}\right)}{2RD\sqrt{\pi^3}}\int_0^\infty \exp\left[-\left(\theta^2+\frac{\beta^2}{\theta^2}\right)\right]d\theta$$

上式积分,在 $\beta>0$ 时直接可查数学手册定积分表,得

$$C(x,y,z,\infty) = \frac{m}{4\pi DR}\exp\left[-\frac{u(R-x)}{2D}\right] \tag{2-43}$$

若以无量纲 $\dfrac{u}{D}y$ 为纵坐标,$\dfrac{u}{D}x$ 为横坐标,浓度值采用无量纲浓度 $C^*=\dfrac{4\pi CD^2}{mu}$,可绘出无量纲等浓度线如图 2-13 所示,由于移流的作用成细长形。在源下游较远区域,上式中 R 值可近似为

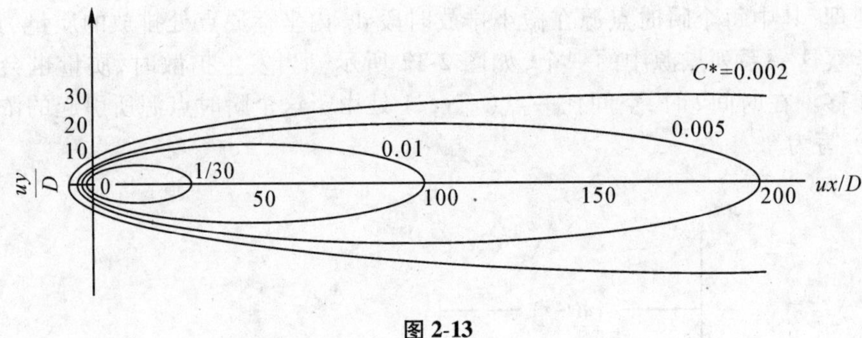

图 2-13

$$R=\sqrt{x^2+y^2+z^2}\approx\left(1+\frac{y^2+z^2}{2x^2}\right)x \tag{2-44}$$

或

$$R-x\approx\frac{y^2+z^2}{2x} \tag{2-45}$$

将式(2-45)代入式(2-43),可得简化后的解为

$$C(x,y,z,\infty)=\frac{m}{4\pi Dx}\exp\left[\frac{-u(y^2+z^2)}{4Dx}\right] \tag{2-46}$$

如果扩散不是各向同性,扩散系数分别为 D_y、D_z,则式(2-46)为

$$C(x,y,z,\infty)=\frac{m}{4\pi x\sqrt{D_yD_z}}\exp\left[-\frac{u}{4x}\left(\frac{y^2}{D_y}+\frac{z^2}{D_z}\right)\right] \tag{2-47}$$

很容易证明,时间连续点源二维随流扩散方程的解为

$$C(x,y)=\frac{\bar{m}}{\sqrt{4\pi xuD}}\exp\left(-\frac{uy^2}{4xD}\right) \tag{2-48}$$

式中:$\bar{m}$ 是 z 轴上单位长度时间连续稳定排放的扩散物质的质量,$\bar{m}$ 的量纲为[$ML^{-1}T^{-1}$]。

习　题

2-1　宽度为2.0m的矩形明槽中充满了深度 $h=1.0$m 的静水。有质量为 $M_0=2$kg 的普通盐(NaCl)投放到 $x=0$ 处的水体中,并迅速扩散到明槽全断面。已知水体中盐的分子扩散系数 $D=1.24\times10^{-5}\text{cm}^2/\text{s}$。试确定:(1)盐分随时间的纵向扩展(可分别取 $t=0,10^5$s,10^7s,10^9s,计算 $W=4\sigma_x$ 的值);(2)最大浓度随时间的变化(可分别取 $t=0,10^5$s,10^7s,10^9s 进行);(3)试绘制出时间为 10^7s 时的浓度分布。

2-2　设一矩形断面的长直明渠,渠宽(即 y 坐标,以断面中心处为 y 坐标原点)为100m,水流沿纵向(即 x 坐标)为近似均匀流,断面平均流速为0.3m/s,水深为5m。为求横向紊动扩散系数,在明渠起始断面中心处瞬时投放示踪质。当水温为15℃时,在下游450m处的横断面上,测得横向(即 y 方向的)浓度分布如表2-3所列(表中浓度 C 是对某一参考浓度的相对比值)。

表 2-3

y/m	-24	-21	-18	-15	-12	-9	-6	-3	0
C	22	30	45	52	60	66	74	87	87
y/m	3	6	9	12	15	18	21	24	27
C	86	86	80	55	42	31	22	16	17

2-3　在流速为 0.2m/s 的均匀流中，测出相隔 50m 的上下游两点 A、B 处的物质浓度分别为350ppm和300ppm，设水流方向的扩散系数为 $3\times10^3\mathrm{cm^2/s}$，求两点中间位置的物质迁移率。

2-4　某污染物沿一等截面静水直渠的初始浓度分布为 $t=0$ 时，$0<x\leqslant h$ 处，$C=C_0$，而 $x>h$ 处 $C=0$；$x=0$ 处浓度始终为零。试求 $x>0$ 处的浓度分布 $C(x,t)$。

2-5　对于静止流体中，已知瞬时点源的解可用公式(2-24) 来表示。在该解答的基础上，试证明瞬时线源的解为 $C=\dfrac{m}{4\pi Dt}\exp\left(-\dfrac{r^2}{4Dt}\right)$，式中 m 为单位线源长度投入的质量；$r=\sqrt{x^2+y^2}$。

2-6　针对 2-5 题的解答，试证明瞬时平面源的解为 $C=\dfrac{\mu}{\sqrt{4\pi DT}}\exp\left(-\dfrac{x^2}{4Dt}\right)$，式中，$\mu$ 为单位面积内瞬时面源投入的质量。

2-7　足够长的顺直圆管，横断面积为 A，水流静止，取管道的中心断面 O—O 为坐标原点断面。在距离坐标原点的左侧 L_1 处瞬时投放扩散质质量 M_1(平面源)，在距离坐标原点右侧 L_2 处瞬时投放扩散质质量 M_2(平面源)。求 $C(x,t)$ 的表达式。

2-8　在习题 2-7 中，若将右侧的瞬时源的位置移至与左侧瞬时源的位置重合，但投放滞后于原左侧源的时间为 T，其他参数保持不变，试重新给出其解答。

2-9　某顺直足够长的管道如图 2-14 所示，水流静止，在初始时刻的浓度分布为 $C_{01}=a$，$C_{02}=b$，并且 $a>b$，已知该物质的分子扩散系数为 D，求 $C(x,t)$ 的表达式。

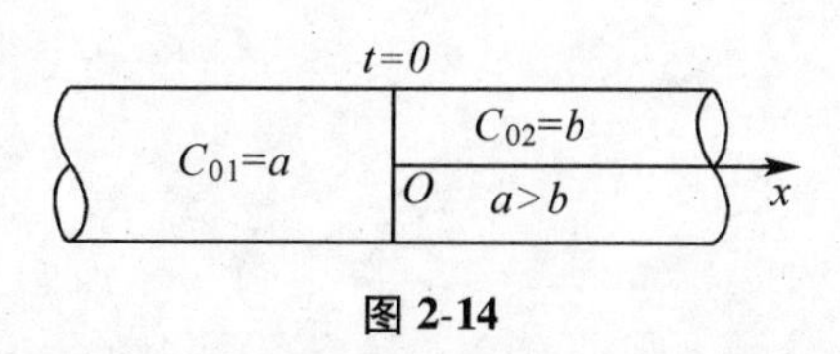

图 2-14

2-10　一足够长的顺直管道，其横断面面积为 S，水流静止，如图 2-15 所示。(1) 若从左端瞬时均匀排入浓度为 C_0(mg/L)，体积为 $V(\mathrm{m^3})$ 的污水，试推求 $C(x,t)$ 的表达式。(2) 若在排入处的左侧放一隔板，其他参数保持不变，重新给出 $C(x,t)$ 的表达式。

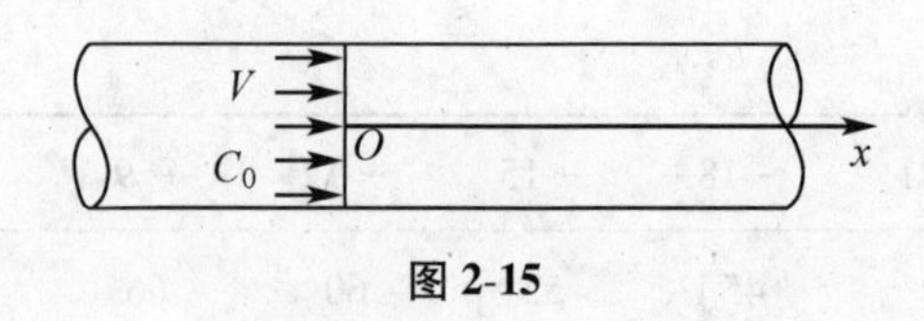

图 2-15

参考文献

[1] Taylor G I.Diffusion by continuous movements[J]. Proc. London Math.Soc.Ser A, 20:196-212,1920.

[2] 赵文谦.环境水力学[M].成都：成都科技大学出版社,1986.

[3] 徐孝平编.环境水力学[M]. 北京：水利电力出版社,1991.

[4] 费希尔等著. 内陆及近海水域的混合[M].清华大学水力学教研组译,余常昭审校.北京:水利电力出版社,1987.

[5] [美] 李文勋.水力学中的微分方程及其应用[M].韩祖恒,郑开琪译.上海:上海科学技术出版社,1982.

[6] Ji Zhen-gang.Hydrodynamics and water quality modeling rivers,lakes,and estuaries[M].Hoboken,New Jersey,John Wiley & Sons,Inc.,2008.

第3章 紊动扩散

在前面只介绍了静止液体中的分子扩散和层流运动条件下的随流扩散。但是，水环境中的水体流动大多处于紊流状态，所以研究紊动扩散更具有普遍的意义。

层流和紊流中都存在涡旋。但是，紊流中的涡旋具有显著的尺度大小的不均匀性，而且最重要的是这些涡旋在做不规则的运动，表现为由涡旋挟带着的各种物理量(如动量、质量、热量等)，在空间与时间上呈现随机特性和扩散特性。因此，对紊流场中任一空间点来说，流速的大小及方向、压强的大小、温度和浓度的大小都随时间和空间作随机的变化。紊动扩散就是由紊流的涡旋的不规则运动(脉动)而引起的物质迁移过程。

1883年著名的雷诺实验表明，紊动扩散引起的扩散物质的输移能力比层流下分子扩散的输移能力大得多。这是因为紊流涡旋的不规则运动，在尺度上和运载能力上都远比分子的无规则运动大得多。

在紊流运动中，扩散物质不仅有分子扩散、随流扩散还有紊动扩散。由于紊流运动的复杂性，紊动扩散至今仍是一大难题。目前研究紊动扩散有两种方法：拉格朗日法和欧拉法。本章首先简介基于拉格朗日观点的泰勒紊流扩散理论，进而重点讨论基于欧拉法来研究紊流扩散。

3.1 基于拉格朗日观点的泰勒紊流扩散理论[1]

泰勒于1921年发表了用拉格朗日方法研究单个质点脉动扩散的论文，奠定了紊流扩散的理论基础。泰勒考虑由一点源放出的标记质点。如果这些标志质点进入恒定且均匀的紊流场，同时该紊流场的时均流速为零。取点源的位置为坐标原点。某一标记质点由点源 O 点出发(设出发时刻 $t=0$)经时间 t 后达到的位置为 $x(t)$。量测所有各次从点源出发的标记质点出发后 t 时的位置并加以系综平均。图3-1所示为三次从点源出发的标记质点的扩散轨迹。对于各态遍历的紊流场，系综平均可用时间平均代替。以下讨论中均考虑为时间平均。

设只考虑一个坐标方向 x_1 的扩散。标记质点在 x_1 方向的流速 $v_1(t)$(这里用 v_i 表示拉格朗日法中的流速)为

$$v_1(t) = \frac{\mathrm{d}x_1(t)}{\mathrm{d}t} \tag{3-1}$$

经过时间 t，标记质点从 $t=0$ 时的位置 $x_1(0)$ 移到 $x_1(t)$，有

$$x_1(t) = x_1(0) + \int_0^t v_1(t')\,\mathrm{d}t' \tag{3-2}$$

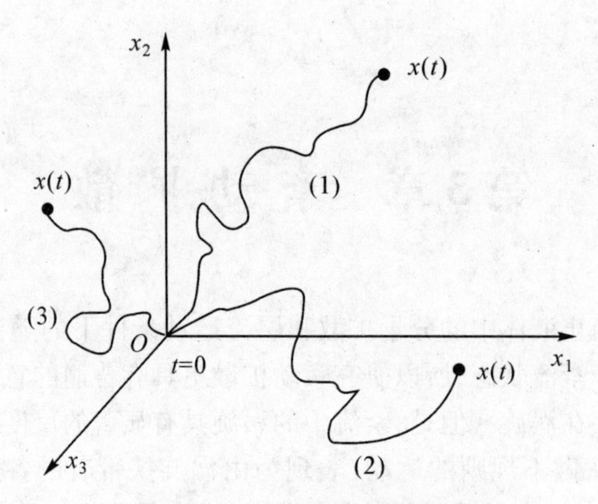

图 3-1　标记质点扩散轨迹

$x_1(0)=0$ 为坐标原点，因此

$$x_1(t)=\int_0^t v_1(t')\,\mathrm{d}t' \tag{3-3}$$

$v_1(t')$ 为随机变量，且紊流场中时均流速为零，因此 $v_1(t')$ 即为脉动流速，$\overline{x_1(t)}=0$。位移 $x_1(t)$ 的均方值随时间 t 的变化率为

$$\frac{\mathrm{d}}{\mathrm{d}x}\overline{x_1^2(t)}=2\,\overline{x_1(t)\,\frac{\mathrm{d}x_1(t)}{\mathrm{d}t}}=2\,\overline{x_1(t)\,v_1(t)}$$

$$=2\,\overline{\left[\int_0^t v_1(t')\,\mathrm{d}t'\right]v_1(t)}=2\int_0^t \overline{v_1(t')\,v_1(t)}\,\mathrm{d}t' \tag{3-4}$$

由于设定紊流为恒定的，$\overline{v_1^2(t)}$ 应与时间 t 无关。$v_1(t)$ 与 $v_1(t')$ 所组成的自相关函数只是时间差$(t-t')$ 的函数，定义：

$$R_1(\tau)\equiv\frac{\overline{v_1(t)\,v_1(t+\tau)}}{\overline{v_1^2(t)}} \tag{3-5}$$

为某一流体质点拉格朗日流速分量的自相关系数，$\tau=(t-t')$，则式(3-4) 可写为

$$\frac{\mathrm{d}}{\mathrm{d}t}\overline{x_1^2(t)}=2\,\overline{v_1^2(t)}\int_0^t R_1(\tau)\,\mathrm{d}\tau \tag{3-6}$$

积分上式有

$$\overline{x_1^2(t)}=2\,\overline{v_1^2(t)}\int_0^t \mathrm{d}t'\int_0^{t'} R_1(\tau)\,\mathrm{d}\tau \tag{3-7}$$

式(3-7) 表示位移的均方值随时间变化的情形。

对式(3-7) 进行分部积分：

$$\int_0^t \mathrm{d}t'\int_0^{t'} R_1(\tau)\,\mathrm{d}\tau=\left[t'\int_0^{t'} R_1(\tau)\,\mathrm{d}\tau\right]_{t'=0}^{t}-\int_0^t t'R_1(t')\,\mathrm{d}t'$$

$$= t\int_0^t R_1(\tau)\,\mathrm{d}\tau - \int_0^t t' R_1(t')\,\mathrm{d}t'$$

$$= \int_0^t (t-\tau)\,R_1(\tau)\,\mathrm{d}\tau$$

因此

$$\overline{x_1^2(t)} = 2\,\overline{v_1^2(t)}\int_0^t (t-\tau)\,R_1(\tau)\,\mathrm{d}\tau \tag{3-8}$$

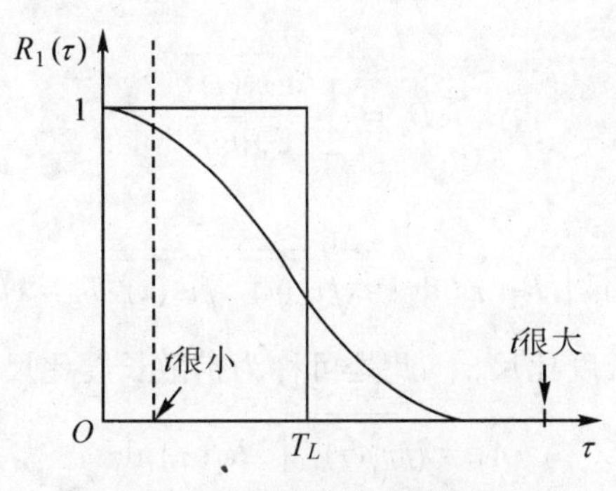

图 3-2　扩散随时间变化关系

以下研究两种极端的情况：

(1) 扩散时间很短的情况，见图 3-2。当 t 很小，$t \ll T_L$，$R_1(\tau) \approx 1$，式(3-8) 化为

$$\overline{x_1^2(t)} \approx \overline{v_1^2(t)}\,t^2 \tag{3-9}$$

两边均开方，得

$$\sqrt{\overline{x_1^2(t)}} \approx \sqrt{\overline{v_1^2(t)}}\,t \tag{3-10}$$

说明在扩散初期，位移的均方根值与 t 呈线性关系且与紊流场的脉动流速的均方根值即紊流度成正比。

(2) 扩散时间很长的情况。当 t 很大，$t \gg T_L$，式(3-8) 中 τ 与 t 相比可以忽略，

$$\overline{x_1^2(t)} = 2\,\overline{v_1^2(t)}\int_0^t t R_1(\tau)\,\mathrm{d}\tau$$

设

$$T_L \equiv \int_0^\infty R_1(\tau)\,\mathrm{d}\tau \tag{3-11}$$

为拉格朗日自相关系数 $R_1(\tau)$ 的积分时间比尺，则有

$$\overline{x_1^2(t)} \approx 2\,\overline{v_1^2(t)}\,T_L t \tag{3-12}$$

两边均开方得

$$\sqrt{\overline{x_1^2(t)}} \approx \sqrt{\overline{v_1^2(t)}}\,\sqrt{2T_L t} \tag{3-13}$$

说明在扩散发展相当长的时间($t \gg T_L$) 后，扩散的发展与$\sqrt{t}$ 成比例。这一性质与随机游动中得到的结论，均方差 $\sigma = \sqrt{2D_m t}$ 一致，都是与 $t^{\frac{1}{2}}$ 呈线性关系。这个相似的结果是因

为在t很大的情况下,标记质点已不复记忆它的初始位置$t=0$的情况;而t很短的情况下,则可以认为是完全相关,$R_1(\tau)\approx 1$。拉格朗日积分时间比尺T_L可以认为是流体质点摆脱历史影响所必须经历的时间的度量。

将紊流扩散与分子扩散相比较,分子扩散是完全随机的,不受历史情况的约束和影响,概率为正态分布,方差σ^2与扩散时间t成比例。恒定均匀紊流中,在紊流扩散的后期,$t\gg T_L$以后,紊流扩散的方差$\overline{x_1^2(t)}$也与时间t成正比。由此可以定义一个与分子扩散系数相类似的紊流扩散系数D_t,可设

$$D_t=\frac{1}{2}\frac{\mathrm{d}\,\overline{x_1^2(t)}}{\mathrm{d}t} \tag{3-14}$$

由式(3-6)得

$$D_t=\overline{v_1^2(t)}\int_0^t R_1(\tau)\,\mathrm{d}\tau=\sqrt{\overline{v_1^2(t)}}\sqrt{\overline{v_1^2(t)}}\,T_L=\sqrt{\overline{v_1^2(t)}}\,\Lambda_L \tag{3-15}$$

式中:Λ_L为拉格朗日积分长度比尺, 此处可称为扩散长度比尺,

$$\Lambda_L=\sqrt{\overline{v_1^2(t)}}\int_0^\infty R_1(\tau)\,\mathrm{d}\tau \tag{3-16}$$

同样的,在$t\gg T_L$后,可以类比菲克第二定律得到紊流扩散中,含有物质的浓度C满足以下方程式:

$$\frac{\partial C}{\partial t}=D_t\nabla^2 C \tag{3-17}$$

3.2 基于欧拉法的紊流扩散方程

在2.3节已经讨论过流动水体中的随流扩散问题,并得出了随流扩散方程(2-33)。如果把该随流扩散方程中流速和浓度的瞬时量变换为时均量及脉动量之和,则可将其转换为适合紊流情况的随流扩散方程。

令 $u_x=\overline{u_x}+u'_x,u_y=\overline{u_y}+u'_y,u_z=\overline{u_z}+u'_z,C=\bar{C}+C'$

式中:$\overline{u_x}$、$\overline{u_y}$、$\overline{u_z}$、$\bar{C}$代表任意空间点上的三个方向的流速以及浓度的时间平均值;u_x、u_y、u_z和C代表相应的瞬时值,将以上表达式代入(2-33)且各项取时间平均,化简整理后可得紊流的随流扩散方程为

$$\frac{\partial\bar{C}}{\partial t}+\overline{u_x}\frac{\partial\bar{C}}{\partial x}+\overline{u_y}\frac{\partial\bar{C}}{\partial y}+\overline{u_z}\frac{\partial\bar{C}}{\partial z}=-\frac{\partial}{\partial x}(\overline{u'_xC'})-\frac{\partial}{\partial y}(\overline{u'_yC'})-\frac{\partial}{\partial z}(\overline{u'_zC'})+D\left(\frac{\partial^2\bar{C}}{\partial x^2}+\frac{\partial^2\bar{C}}{\partial y^2}+\frac{\partial^2\bar{C}}{\partial z^2}\right) \tag{3-18}$$

式中:$\overline{u_x}\frac{\partial\bar{C}}{\partial x}$、$\overline{u_y}\frac{\partial\bar{C}}{\partial y}$、$\overline{u_z}\frac{\partial\bar{C}}{\partial z}$为时均运动所产生的随流扩散项;$-\frac{\partial}{\partial x}(\overline{u'_xC'})$、$-\frac{\partial}{\partial y}(\overline{u'_yC'})$、$-\frac{\partial}{\partial z}(\overline{u'_zC'})$为脉动引起的紊动扩散项,称为雷诺传质。关于雷诺传质,将其同分子扩散相类比,可假设有下列关系:

$$\overline{u'_x C'} = - E_x \frac{\partial \bar{C}}{\partial x} \tag{3-19a}$$

$$\overline{u'_y C'} = - E_y \frac{\partial \bar{C}}{\partial y} \tag{3-19b}$$

$$\overline{u'_z C'} = - E_z \frac{\partial \bar{C}}{\partial z} \tag{3-19c}$$

式中：E_x、E_y、E_z 分别为 x、y、z 轴方向的紊动扩散系数。在一般情况下，不同方向的紊动扩散系数具有不同的值，且可能是空间坐标的函数。将上式代入式(3-18)，得三维紊动扩散方程为

$$\frac{\partial \bar{C}}{\partial t} + \overline{u_x}\frac{\partial \bar{C}}{\partial x} + \overline{u_y}\frac{\partial \bar{C}}{\partial y} + \overline{u_z}\frac{\partial \bar{C}}{\partial z} = \frac{\partial}{\partial x}\left(E_x \frac{\partial \bar{C}}{\partial x}\right) + \frac{\partial}{\partial y}\left(E_y \frac{\partial \bar{C}}{\partial y}\right) + \frac{\partial}{\partial z}\left(E_x \frac{\partial \bar{C}}{\partial z}\right) + D\left(\frac{\partial^2 \bar{C}}{\partial x^2} + \frac{\partial^2 \bar{C}}{\partial y^2} + \frac{\partial^2 \bar{C}}{\partial z^2}\right) \tag{3-20}$$

对于二维和一维紊流扩散方程很容易写出

$$\frac{\partial \bar{C}}{\partial t} + \overline{u_x}\frac{\partial \bar{C}}{\partial x} + \overline{u_y}\frac{\partial \bar{C}}{\partial y} = \frac{\partial}{\partial x}\left(E_x \frac{\partial \bar{C}}{\partial x}\right) + \frac{\partial}{\partial y}\left(E_y \frac{\partial \bar{C}}{\partial y}\right) + D\left(\frac{\partial^2 \bar{C}}{\partial x^2} + \frac{\partial^2 \bar{C}}{\partial y^2}\right) \tag{3-21}$$

$$\frac{\partial \bar{C}}{\partial t} + \overline{u_x}\frac{\partial \bar{C}}{\partial x} = \frac{\partial}{\partial x}\left(E_x \frac{\partial \bar{C}}{\partial x}\right) + D\frac{\partial^2 \bar{C}}{\partial x^2} \tag{3-22}$$

在紊流运动中，除壁面附近紊动受到限制的区域以外，分子扩散项一般都可忽略，则式(3-20) ~ 式(3-22) 可简化为

$$\frac{\partial \bar{C}}{\partial t} + \overline{u_x}\frac{\partial \bar{C}}{\partial x} + \overline{u_y}\frac{\partial \bar{C}}{\partial y} + \overline{u_z}\frac{\partial \bar{C}}{\partial z} = \frac{\partial}{\partial x}\left(E_x \frac{\partial \bar{C}}{\partial x}\right) + \frac{\partial}{\partial y}\left(E_y \frac{\partial \bar{C}}{\partial y}\right) + \frac{\partial}{\partial z}\left(E_x \frac{\partial \bar{C}}{\partial z}\right) \tag{3-23}$$

$$\frac{\partial \bar{C}}{\partial t} + \overline{u_x}\frac{\partial \bar{C}}{\partial x} + \overline{u_y}\frac{\partial \bar{C}}{\partial y} = \frac{\partial}{\partial x}\left(E_x \frac{\partial \bar{C}}{\partial x}\right) + \frac{\partial}{\partial y}\left(E_y \frac{\partial \bar{C}}{\partial y}\right) \tag{3-24}$$

$$\frac{\partial \bar{C}}{\partial t} + \overline{u_x}\frac{\partial \bar{C}}{\partial x} = \frac{\partial}{\partial x}\left(E_x \frac{\partial \bar{C}}{\partial x}\right) \tag{3-25}$$

式(3-23) ~ 式(3-25) 也称紊流扩散方程，与相应的层流随流扩散方程式的形式相同，所以在数学上求解的方法相同，并可移用随流扩散方程的解。但它们各自所代表的物理意义有本质的区别，尤其表现在紊动扩散系数和分子扩散系数的区别上。前者与流动状态和紊流结构有关，一般地说，它在不同的位置和不同的方向上是不相同的，而后者是流体和扩散物质固有的物理属性，它与流动状态无关。

这里值得指出的是：在实际水流中，紊动扩散系数和流速在流场中是随空间和时间而变的，并且紊动扩散方程为抛物型非线性偏微分方程，一般可用数值方法求解。

至于紊动扩散系数的确定，目前只对一些较为简单的问题有一些由分析方法确定的关

系式计算,但一般需要通过实测或实验来确定。

3.3　欧拉型紊动扩散方程的某些解答

在一些简单情况下,可求出紊动扩散方程的解析解。这里就流动是一维均匀流(即$\overline{u_x} = \overline{u} = \text{const}, \overline{u_y} = \overline{u_z} = 0$)和紊动是三维的情况,且紊动扩散系数为常数,则紊动扩散方程为

$$\frac{\partial \overline{C}}{\partial t} + \overline{u}\frac{\partial \overline{C}}{\partial x} = E_x \frac{\partial^2 \overline{C}}{\partial x^2} + E_y \frac{\partial^2 \overline{C}}{\partial y^2} + E_z \frac{\partial^2 \overline{C}}{\partial z^2} \tag{3-26}$$

在$\overline{u}$、E_x、E_y、E_z分别为常数的情况下,完全可借用层流随流扩散问题给出的解,只要把分子扩散系数换成相应的紊动扩散系数即可。下面给出一些典型情况的解。

1.无限边界瞬时点源情况

显然有解式:

$$\overline{C}(x,y,z,t) = \frac{M}{[(4\pi t)^3 E_x E_y E_z]^{1/2}} \exp\left[-\frac{(x-\overline{u}t)^2}{4E_x t} - \frac{y^2}{4E_y t} - \frac{z^2}{4E_z t}\right] \tag{3-27}$$

例3-1　在三维水域中,x方向有均匀流速$\overline{u} = 0.5\text{m/s}$,在水中某点瞬时投放20kg的示踪质,求在250s后,浓度的分布式。假设紊动扩散系数$E_x = 0.3\text{m}^2/\text{s}$, $E_y = E_z = 0.05\text{m}^2/\text{s}$,并求此时空间浓度最大值及所在的位置。

解:根据题意,运用公式(3-27)求解,其中$M = 20000\text{g}$,时均浓度$\overline{C}$的单位是g/m^3(或ppm),有解:

$$\overline{C} = \frac{20000}{(4 \times 3.14 \times 250)^{3/2}(0.3 \times 0.05 \times 0.05)^{1/2}} \exp\left\{-\frac{1}{4t}\left[\frac{(x-0.5\times 250)^2}{0.3} + \frac{y^2+z^2}{0.05}\right]\right\}$$

$$= 4.151 \exp\left\{-\frac{1}{1000}\left[\frac{(x-125)^2}{0.3} + \frac{y^2+z^2}{0.05}\right]\right\}$$

从上式中可见,在$x = 125\text{m}, y = z = 0\text{m}$处浓度达$\overline{C}_m$,且等于4.151ppm。

2.无限边界时间连续点源情况

可参照式(2-47)写出当$t \to \infty$时的解:

$$\overline{C}(x,y,z,\infty) = \frac{m}{4\pi x\sqrt{E_y E_z}} \exp\left[-\frac{\overline{u}}{4x}\left(\frac{y^2}{E_y} + \frac{z^2}{E_z}\right)\right] \tag{3-28}$$

或

$$\overline{C}(x,y,z,\infty) = \frac{m}{2\pi \overline{u}\sigma_y \sigma_z} \exp\left[-\left(\frac{y^2}{2\sigma_y^2} + \frac{z^2}{2\sigma_z^2}\right)\right] \tag{3-29}$$

式中:m是单位时间在坐标原点投放扩散物质的质量;$\sigma_y = \sqrt{2E_y x/\overline{u}}$, $\sigma_z = \sqrt{2E_z x/\overline{u}}$。

例3-2　在三维水域中某一点上每秒钟涌出2kg的示踪质,平均流速$\overline{u} = 0.3\text{m/s}$,经历很长时间后可认为整个浓度场处于稳定状态,如果三个方向的紊动扩散系数都相等,并为$1.0\text{m}^2/\text{s}$,求$x = 1000\text{m}, y = z = 100\text{m}$处的浓度值。

解:根据题意,运用公式(3-28)求解,其中$M = 2000\text{g}$,时均浓度$\overline{C}$的单位是g/m^3(或ppm),有解

$$\overline{C} = \frac{2000}{4 \times 3.14 \times \sqrt{1.0 \times 1.0}} \cdot \frac{1}{x} \exp\left[-\frac{0.3(y^2+z^2)}{4 \times 1.0 \times x}\right]$$

$$= 159.2 \cdot \frac{1}{x}\exp\left[-\frac{0.075(y^2+z^2)}{x}\right]$$

当 $x = 1000\text{m}, y = z = 100\text{m}$ 时,

$$\bar{C} = 0.1592\exp\left[-\frac{0.075 \times 2 \times 100^2}{1000}\right] = 0.1592\exp(-1.5) = 0.0355\text{ppm}$$

3.时间连续点源一侧有边界的紊流扩散

对于这种情况,最为典型的实例为污染气体从烟囱排出后的扩散,在其下方受到地面的限制,一般假定污染物质扩散到地面时是完全反射。真源距边界的铅垂距离为 H,坐标为 $(0,0,H)$。现采用像源法求其解,设虚源位于地面下部,相应的坐标为 $(0,0,-H)$,且与真源完全对称,其单位时间扩散物质质量也为 m,不随时间变化的时间连续点源。参照(3-29),容易写出其解为

$$\bar{C}(x,y,z) = \frac{m}{2\pi\bar{u}\sigma_y\sigma_z}\exp\left[-\frac{y^2}{2\sigma_y^2}-\frac{(z-H)^2}{2\sigma_z^2}\right]+\frac{m}{2\pi\bar{u}\sigma_y\sigma_z}\exp\left[-\frac{y^2}{2\sigma_y^2}-\frac{(z+H)^2}{2\sigma_z^2}\right]$$

$$= \frac{m}{2\pi\bar{u}\sigma_y\sigma_z}\exp\left(-\frac{y^2}{2\sigma_y^2}\right)\left\{\exp\left[-\frac{(z-H)^2}{2\sigma_z^2}\right]+\exp\left[-\frac{(z+H)^2}{2\sigma_z^2}\right]\right\} \tag{3-30}$$

式(3-30)即为环境工程等专业中介绍的大气扩散的高架连续点源的高斯扩散模式,利用该式可求出下风向任一点的污染物浓度。

4.瞬时点源一维的情况

$$C(x,t) = \frac{M}{\sqrt{4\pi E_x t}}\exp\left[-\frac{(x-ut)^2}{4E_x t}\right] \tag{3-31}$$

5.瞬时半无限长线源一维的情况

$$C(x,t) = \frac{C_0}{2}\left[1-\text{erf}\left(\frac{x-ut}{\sqrt{4E_x t}}\right)\right] \tag{3-32}$$

6.瞬时有限长线源一维的情况

$$C(x,t) = \frac{C_0}{2}\left[\text{erf}\left(\frac{x-ut+x_1}{\sqrt{4E_x t}}\right)+\text{erf}\left(\frac{x_1-x+ut}{\sqrt{4E_x t}}\right)\right] \tag{3-33}$$

7.瞬时无限长线源二维的情况

$$C(x,y,t) = \frac{M}{4\pi t\sqrt{E_x E_y}}\exp\left[-\frac{(x-ut)^2}{4E_x t}-\frac{y^2}{4E_y t}\right] \tag{3-34}$$

8.时间连续恒定点源一维非稳态情况

$$C(x,t) = \frac{C_0}{2}\left[\text{erfc}\left(\frac{x-ut}{\sqrt{4E_x t}}\right)+\exp\left(\frac{xu}{E_x}\right)\text{erfc}\left(\frac{x+ut}{\sqrt{4E_x t}}\right)\right] \tag{3-35}$$

9.恒定点源三维稳态情况

$$C(x,y,z) = \frac{m}{4\pi R}\exp\left(-\frac{uR}{2E_x\sqrt{E_y E_z}}+\frac{xu}{2E_x}\right) \tag{3-36}$$

式中:$R = \left[\left(x\sqrt{E_y E_z}\right)^2+\left(y\sqrt{E_x E_z}\right)^2+\left(z\sqrt{E_x E_y}\right)^2\right]^{1/2}$。

10. 无限长恒定线源二维横向稳态情况

$$C(x,y)=\frac{m_z}{\sqrt{4\pi xuE_y}}\exp\left(-\frac{uy^2}{4xE_y}\right) \tag{3-37}$$

习 题

3-1 设有一火力发电厂烟囱的有效源高 $H=38\text{m}$，连续排出的 SO_2 源强 $m=0.27\text{kg/s}$，大气风速 $u=2.1\text{m/s}$，试求距离烟囱下风向600m处的地面轴线浓度 C。已知 $\sigma_y=34\text{m}$，$\sigma_z=14\text{m}$。

3-2 在一范围很大的水域中的某点上瞬时投放10kg的示踪质，在主流方向上有均匀流速 $u=0.4\text{m/s}$，求在240s后，在 $x=100\text{m}$、$y=z=0$ 处的浓度值，设紊动扩散系数分别为 $E_x=0.2\text{m}^2/\text{s}$，$E_y=E_z=0.03\text{m}^2/\text{s}$。

3-3 在三维水域中的某点上以4kg/s的速率连续投放示踪质，均匀流速 $\bar{u}=0.5\text{m/s}$，设紊动系数 $E_x=1.5\text{m}^2/\text{s}$，求扩散空间中一点（$x=500\text{m}$，$y=50\text{m}$，$z=0$）处的浓度值。

3-4 在一棱柱体的长渠中，其左端（$x=0$）处有一闸门用于控制上游水库的来水，设水库水体受到污染，其浓度为75mg/L。渠道水体没有受到污染。当时间 $t=0$ 时，打开闸门，水流速度为0.8m/s，其纵向紊动扩散系数为 $0.91\text{m}^2/\text{s}$。试绘制当 $t=840\text{s}$ 时渠内浓度与 x 的关系曲线（建议取 $x=0,500,600,650,675,700,750,800,850\text{m}$ 来计算）。

参考文献

[1] 章梓雄，董曾南. 粘性流体力学[M].2版. 北京：清华大学出版社，2011.

[2] 赵文谦. 环境水力学[M]. 成都：成都科技大学出版社，1986.

[3] 费希尔，等著. 内陆及近海水域的混合[M]. 清华大学水力学教研组译，余常昭审校.北京：水利电力出版社，1987.

第4章　剪切流动的离散

在研究示踪物质在水流中的扩散时，若流场按三维问题来分析，流速都是代表了每一空间上的实际流速，并没有作空间平均的处理，因而所得的扩散通量或浓度代表了当地的真实扩散通量或浓度。

然而，在前面的几节中，我们对随流扩散方程和随流紊动扩散方程求得的解析解，均是建立在时均流速为均匀分布的假定上的。但是实际的水流由于固壁的存在及其对水流的阻滞作用，使得水流的时均流速呈不均匀分布，这样就有流速梯度和剪切力的产生。具有流速梯度的流动称为剪切流动，由于剪切流动中时均流速分布的不均匀而导致的附加物质扩散称为离散，也称为分散或弥散(Dispersion)。

人们为了对实际问题进行简化，常常将三维剪切流简化为一维流动或二维流动，用断面平均值表述一维流动情况，用垂线平均值表述二维流动情况。对由于时均流速不均匀产生的离散则采用经验方法来处理，从而建立以断面平均值表达的一维扩散方程或以垂直平均值表达的二维扩散方程，达到容易求得解析解的目的。一般情况下，与均匀紊流相比，剪切流断面平均浓度的扩散效果更明显，流动过程中，不同时间的沿流断面平均浓度分布如图4-1所示。

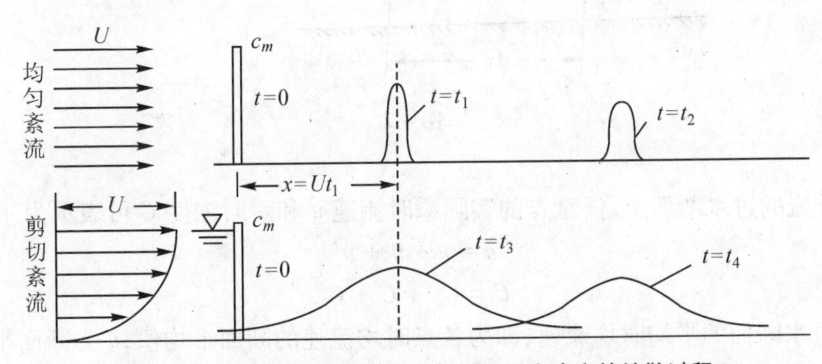

图4-1　均匀紊流与剪切紊流中断面平均浓度的扩散过程

1953年，泰勒(Taylor)首先对层流圆管的离散问题进行了分析，作出了杰出的贡献，翌年，将其思想推广至紊流圆管的离散。1959年，艾尔德(Elder)对二维明渠的紊流离散问题进行了研究。本章主要介绍实际应用最广的一维纵向离散问题和二维明渠的紊流离散问题。

4.1　一维纵向离散方程

为了方便，以明渠为例来建立剪切流的离散方程，应用的基本原理为质量守恒定律。如图4-2所示，在明渠流动中取一微分流段dx，设过水断面的面积为A，断面平均流速为v，通过过水断面单位时间内的扩散物质质量的时均值为$\overline{uC}$，这里，u和C为断面上任一点的瞬时流速和瞬时浓度，则在dt时段内流入与流出该微分流段的扩散物质质量差为

$$\int_A \overline{uC}\mathrm{d}A\mathrm{d}t - \left(\int_A \overline{uC}\mathrm{d}A + \frac{\partial}{\partial x}\int_A \overline{uC}\mathrm{d}A\mathrm{d}x\right)\mathrm{d}t = -\frac{\partial}{\partial x}\int_A \overline{uC}\mathrm{d}A\mathrm{d}x\mathrm{d}t$$

若所研究扩散物质为示踪物质，dt时段内流入与流出的扩散物质之差应当与流段内扩散物质增量相等，即

$$\frac{\partial}{\partial t}(C_a A\mathrm{d}x)\mathrm{d}t = -\frac{\partial}{\partial x}\int_A \overline{uC}\mathrm{d}A\mathrm{d}x\mathrm{d}t$$

或

$$\frac{\partial}{\partial t}(C_a A) = -\frac{\partial}{\partial x}\int_A \overline{uC}\mathrm{d}A \tag{4-1}$$

式中：C_a为断面平均浓度。

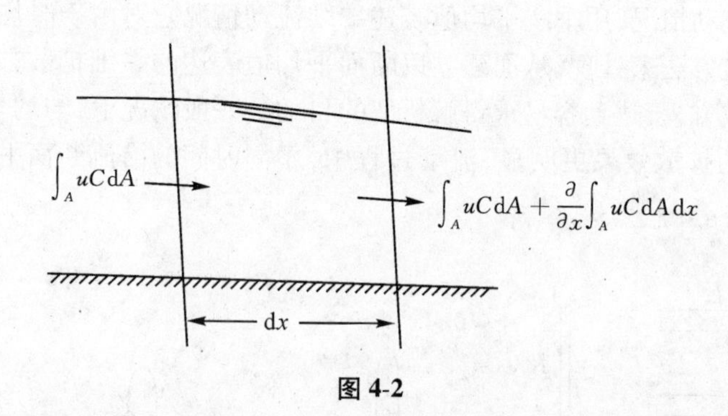

图4-2

在一维流的过水断面上，任意点的实际瞬时流速u和瞬时浓度C可表示为

$$u = v + \hat{u} + u' \tag{4-2}$$

$$C = C_a + \hat{C} + C' \tag{4-3}$$

式中：v为过水断面的平均时均流速，即为各点时均流速的断面平均值；$\hat{u}$为断面平均流速与某点时均流速的差值（简称偏离流速）；u'为脉动流速；C_a为过水断面的平均时均浓度，即为各点时均浓度的断面平均值；$\hat{C}$为断面平均流速与某点时均浓度的差值（简称偏离浓度）；C'为脉动浓度。

根据式(4-2)和式(4-3)有

$$\overline{uC} = \overline{(v + \hat{u} + u')(C_a + \hat{C} + C')} = (v + \hat{u})(C_a + \hat{C}) + \overline{u'C'} \tag{4-4}$$

在将$\overline{uC}$对断面A平均，若用$\langle\cdots\rangle$表示取断面平均值，用数学表示为

$$\langle \cdots \rangle = \frac{1}{A}\int_A (\cdots)\mathrm{d}A$$

便有$\langle u' \rangle = \langle C' \rangle = \langle \hat{u} \rangle = \langle \hat{C} \rangle = 0$,以及

$$\frac{1}{A}\int_A \overline{uC}\mathrm{d}A = \langle (v+\hat{u})(C_a+\hat{C}) + \overline{u'C'} \rangle = vC_a + \langle \hat{u}\hat{C} \rangle + \langle \overline{u'C'} \rangle \tag{4-5}$$

将式(4-5) 代入式(4-1) 得

$$\frac{\partial(C_a A)}{\partial t} = -\frac{\partial}{\partial x}[AvC_a + A(\langle \hat{u}\hat{C} \rangle + \langle \overline{u'C'} \rangle)]$$

展开上式有

$$A\frac{\partial C_a}{\partial t} + C_a\frac{\partial A}{\partial t} = -C_a\frac{\partial(Av)}{\partial x} - Av\frac{\partial C_a}{\partial x} - \frac{\partial}{\partial x}[A\langle \hat{u}\hat{C} \rangle + \langle \overline{u'C'} \rangle] \tag{4-6}$$

根据无侧向入流的明渠一维非恒定流连续性方程有

$$\frac{\partial A}{\partial t} + \frac{\partial(Av)}{\partial x} = 0$$

式(4-6) 可重写为

$$\frac{\partial C_a}{\partial t} + v\frac{\partial C_a}{\partial x} = -\frac{1}{A}\frac{\partial}{\partial x}[A(\langle \hat{u}\hat{C} \rangle + \langle \overline{u'C'} \rangle)] \tag{4-7}$$

与紊流的移流扩散方程(3-25) 相比可看出,式(4-7) 右端方括号中的第一项为由流速和浓度在断面上分布不均匀而引起的离散,第二项为紊动引起的扩散。实践证明,对于明渠或管道,离散占有很重要的地位,不可忽略,在很多情况下紊动扩散可略去。为了使式(4-7)只包含一个未知函数C_a,需要对这两项采取经验模式进行处理。

参照紊动扩散模式(3-19),可令

$$\langle \overline{u'C'} \rangle = -E_x\frac{\partial C_a}{\partial x} \tag{4-8}$$

式中:E_x为纵向紊动扩散系数。参照式(4-8),也可有

$$\langle \hat{u}\hat{C} \rangle = -K\frac{\partial C_a}{\partial x} \tag{4-9}$$

式中:K为纵向紊动离散系数。

将式(4-8) 和式(4-9) 代入式(4-7),得

$$\frac{\partial C_a}{\partial t} + v\frac{\partial C_a}{\partial x} = \frac{1}{A}\frac{\partial}{\partial x}\left[A(E_x+K)\frac{\partial C_a}{\partial x}\right] \tag{4-10}$$

式(4-10) 就是一维纵向移流离散方程。

对明渠均匀流或直径不变的管道,式(4-10) 可简化为

$$\frac{\partial C_a}{\partial t} + v\frac{\partial C_a}{\partial x} = \frac{\partial}{\partial x}\left[(E_x+K)\frac{\partial C_a}{\partial x}\right] \tag{4-11}$$

这是一维纵向离散方程的常用形式。

在实用上有时将系数K和E_x综合在一起,令$M = K + E_x$,称为综合扩散系数或混合系数,当不沿流程改变时,移流离散方程的形式变为

$$\frac{\partial C_a}{\partial t} + v\frac{\partial C_a}{\partial x} = M\frac{\partial^2 C_a}{\partial x^2} \tag{4-12}$$

几点分析：① 式(4-12) 和移流扩散方程(2-35) 在数学形式上完全一样，因而一维随流扩散方程的解可移用于一维的纵向离散，关键是确定纵向离散系数 K 值，为此要研究 K 值的基本计算问题；② 对于层流，除没有脉动值之外，其他分析方法均与上述相同，只是将 E_x 改为分子扩散系数 D，式(4-11) 和式(4-12) 均适用；③ 离散系数 K 或综合系数 M 与扩散系数 D 有着本质的区别，很显然，离散系数与断面流速分布情况有关，这就要针对不同具体情况来确定。

4.2　二维明渠均匀流的纵向离散

艾尔德(Elder) 最先于 1959 年应用泰勒的方法分析二维明渠均匀流的离散问题，下面将采用不同于原作的分析方法来简介他的成果。

第三章中已经导出了一维随流紊动扩散方程：

$$\frac{\partial \bar{C}}{\partial t} + u\frac{\partial \bar{C}}{\partial x} = \frac{\partial}{\partial x}\left(E_x\frac{\partial \bar{C}}{\partial x}\right) + \frac{\partial}{\partial y}\left(E_y\frac{\partial \bar{C}}{\partial y}\right) + \frac{\partial}{\partial z}\left(E_z\frac{\partial \bar{C}}{\partial z}\right)$$

式中：各参变数项上的横线表示对时间的平均，为了方便，下面的介绍将一律不予写出。x、y、z 分别为纵向、横向和竖向坐标。针对二维明渠均匀流对上式做些处理：① 对二维明渠流有 $\partial/\partial y = 0$；② 忽略沿纵向的紊动扩散项。上式简化为

$$\frac{\partial C}{\partial t} + u\frac{\partial C}{\partial x} = \frac{\partial}{\partial z}\left(E_z\frac{\partial C}{\partial z}\right) \tag{4-13}$$

以 $u = \hat{u} + v$ 代入式(4-13) 得

$$\frac{\partial C}{\partial t} + (\hat{u} + v)\frac{\partial C}{\partial x} = \frac{\partial}{\partial z}\left(E_z\frac{\partial C}{\partial z}\right) \tag{4-14}$$

取坐标变换，$\xi = x - vt$，$\tau = t$，并注意到关系式

$$\frac{\partial C}{\partial t} = \frac{\partial C}{\partial \tau} - v\frac{\partial C}{\partial \xi}, \tag{4-15a}$$

$$\frac{\partial C}{\partial x} = \frac{\partial C}{\partial \xi} \tag{4-15b}$$

将上式代入式(4-14) 有

$$\frac{\partial C}{\partial \tau} + \hat{u}\frac{\partial C}{\partial \xi} = \frac{\partial}{\partial z}\left(E_z\frac{\partial C}{\partial z}\right) \tag{4-16}$$

当扩散经过足够长的时间后，站在动坐标系角度看，C 随时间的变化很慢，可近似认为 $\frac{\partial C}{\partial \tau} = 0$，根据式(4-15a)，也可近似认为 $\frac{\partial C}{\partial t} + v\frac{\partial C}{\partial \xi} = 0$。这一关系式就是在研究本离散问题时做出的一个假设而直接给出的；没有给出令人信服的解释。现在从 $\frac{\partial C}{\partial \tau} = 0$ 来理解就清晰多了。这样，式(4-16) 简化为

$$\hat{u}\frac{\partial C}{\partial \xi}=\frac{\partial}{\partial z}\left(E_z\frac{\partial C}{\partial z}\right) \tag{4-17}$$

式(4-17)表明,在经过足够长的扩散历时后,纵向离散和垂向扩散保持平衡。

现对垂直方向采用无量纲坐标,令 $\eta=z/h$,为明渠水深,若从水面向下计算,则式(4-17)变为

$$\frac{\partial}{\partial \eta}\left(E_z\frac{\partial C}{\partial \eta}\right)=h^2\hat{u}\frac{\partial C}{\partial \xi} \tag{4-18}$$

以 $C=\hat{C}+C_a$ 代入式(4-18),因为$\dfrac{\partial C_a}{\partial \eta}=0$,同时假设 $\partial\hat{C}/\partial\xi=0$,则有

$$\frac{\partial}{\partial \eta}\left(E_z\frac{\partial \hat{C}}{\partial \eta}\right)=h^2\hat{u}\frac{\partial C_a}{\partial \xi}$$

对上式进行积分,并考虑式(4-15b),得

$$\hat{C}=h^2\frac{\partial C_a}{\partial x}\int_0^{\eta}\frac{1}{E_z}\left(\int_0^{\eta}\hat{u}\mathrm{d}\eta\right)\mathrm{d}\eta \tag{4-19}$$

由纵向离散而引起的扩散物质流量为

$$Q'=\int_A\hat{u}\hat{C}\mathrm{d}A$$

也可采用费克定律的类型,有

$$Q'=-K\frac{\partial C_a}{\partial \xi}A \tag{4-20a}$$

则纵向离散系数为

$$K=-\int_A\hat{u}\hat{C}\mathrm{d}A/(A\partial C_a/\partial\xi) \tag{4-20b}$$

将式(4-19)代入式(4-20b),且注意关系式 $A=bh,\mathrm{d}A=b\mathrm{d}z=bh\mathrm{d}\eta$,则有

$$K=-h^2\int_0^1\hat{u}\left[\int_0^{\eta}\frac{1}{E_z}\left(\int_0^{\eta}\hat{u}\mathrm{d}\eta\right)\mathrm{d}\eta\right]\mathrm{d}\eta \tag{4-21}$$

式中:垂向紊动扩散系数 E_z 按照雷诺比拟来确定:即

$$E_z=\tau/\rho/(-\mathrm{d}u/\mathrm{d}z)$$

并注意到　$\tau/\tau_0=z/h$,故有　$\tau/\rho=(\tau_0/\rho)\eta=u_*^2\eta$

所以
$$E_z=-\frac{zu_*^2}{h\mathrm{d}u/\mathrm{d}z}=-\frac{hu_*^2\eta}{\mathrm{d}u/\mathrm{d}\eta} \tag{4-22}$$

Elder 对二维明渠均匀流采用对数流速分布,表达式为

$$u=u_m+\frac{u_*}{\kappa}\ln(1-\eta)$$

式中:κ 为卡门常数;u_m 为最大流速。

由上式可计算出断面平均流速为

$$v=\frac{1}{h}\int_0^h u\mathrm{d}z=u_m+\frac{u_*}{\kappa}\int_0^1\ln(1-\eta)\mathrm{d}\eta=u_m-\frac{u_*}{\kappa}$$

偏离流速为

$$\hat{u} = u - v = \frac{u_*}{\kappa}[\ln(1-\eta) + 1] \tag{4-23}$$

将式(4-22)、式(4-23)代入式(4-21)可得

$$K = \frac{hu_*}{\kappa^3}\int_0^1 \frac{1-\eta}{\eta}[\ln(1-\eta)]^2 d\eta$$

对上式的积分按 γ 函数的级数计算,其值约为0.4041。若取卡门常数 $\kappa = 0.41$,则有

$$K = 5.86hu_* \tag{4-24}$$

以上在计算沿纵向扩散物质流量时,忽略了纵向的紊动扩散,若令物质沿纵向紊动扩散单宽流量为 Q'',则

$$Q'' = -h\int_0^1 E_x \frac{\partial C_a}{\partial \xi} d\eta = -E_* h \frac{\partial C_a}{\partial \xi} \tag{4-25}$$

若认为流动为各向同性紊动,则 $E_x = E_z$,并以式(4-22)模式可求出

$$E_x = E_z = \kappa hu_*(1-\eta)\eta \tag{4-26}$$

由此可知,

$$E_* = hu_*\int_0^1 \kappa\eta(1-\eta)\, d\eta = \kappa hu_*/6 = 0.067hu_* \tag{4-27}$$

纵向综合扩散系数为

$$M = K + E_* = 5.86hu_* + 0.067hu_* = 5.93hu_* \tag{4-28}$$

艾尔德分析求得的纵向离散系数仅对规则二维明渠适合,并采用了特定的流速分布公式。很多实验资料证明,艾尔德的结果虽然不能直接应用于不规则明渠或天然河道,但其获得的纵向离散系数的量级是正确的。同时,艾尔德的理论结果和小于他本人的实验结果,分析其原因,至少有两点,其一是在理论推导中对纵向紊动扩散系数估计过低,是基于各向同性湍流的假定;其二是他本人的实验雷诺数偏小。

习　题

4-1　在一条河流中进行求纵向离散系数的示踪试验。两个测量断面分别与源点距离为 $x_1 = 3180$m 和 $x_2 = 5100$m,已测得的断面平均浓度与时间的关系数据见表4-1和表4-2。试估算纵向离散系数。

表 4-1　　**断面平均浓度与时间的关系(x_1 = 3180m)**

T/min	0	3	6	9	12	15	18	21	24	27	30
C_a/(mg·L^{-1})	0.01	0.52	1.34	1.90	2.20	2.10	2.00	1.74	1.44	1.18	0.90
T/min	33	36	39	42	45	48	51	54	57	60	63
C_a/(mg·L^{-1})	0.66	0.52	0.42	0.32	0.28	0.20	0.14	0.10	0.06	0.02	0.0

表 4-2　　断面平均浓度与时间的关系(x_2 = 5100m)

T/min	35	40	45	50	55	60	65	70	75	80
$C_a/(\mathrm{mg \cdot L^{-1}})$	0.01	0.14	0.44	0.80	1.08	1.18	1.10	0.96	0.78	0.60
T/min	80	85	90	100	105	110	115	120	125	
$C_a/(\mathrm{mg \cdot L^{-1}})$	0.44	0.32	0.22	0.14	0.10	0.06	0.04	0.02	0.0	

4-2　某一二维明渠均匀流,流态为紊流。流速分布 $u = u_s(z/h)^{1/m}$,其中 u_s 为表面流速,h 为水深,坐标 z 自渠底向上为正,m 为大于 1 的常数。断面平均流速 $v = u_s m/(1+m)$,垂向紊动扩散系数 E_z 可通过雷诺比拟和普朗特的混掺长度来确定,即 $E_z = \varepsilon = (\kappa y^2)|\mathrm{d}u/\mathrm{d}y|$。试证明纵向离散系数为

$$K = \frac{C_z A}{\sqrt{g\kappa^2}} h u_*$$

式中:C_z 为谢才系数;κ 为卡门常数;u_* 为剪切流速;A 为与 m 有关的常数,有

$$A = m^2\left[\frac{1}{2(m-1)} + \frac{1}{2(m+1)} - \frac{1}{2m+1} - \frac{m^2}{(2m-1)(m+1)(m-1)}\right]。$$

4-3　在一直径为 2cm 的圆管进行水流流态的雷诺实验。已知管道的糙率为 0.01,水温 15℃,用作示踪质的分子扩散系数为 $1.5 \times 10^{-5}\mathrm{cm^2/s}$。当断面平均流速为 10cm/s,求纵向分散系数。若断面平均流速增大到 40cm/s,其他参数保持不变,分散系数又为多少?

参 考 文 献

[1] Taylor G I.Diffusion by continuous movements[J]. Proc. London Math. Soc. Ser A, 1921,20:196-212.

[2] 赵文谦. 环境水力学[M]. 成都: 成都科技大学出版社,1986.

[3] Taylor G I.The dispersion of matter in turbulent flow through a pipe[J].Proc. Roy. Soc. London,1954,(Ser. A):223(1155):446-468.

[4] Elder J W. The dispersion of marked fluid in turbulent shear flow[J].J.Fluid Mech., 1959,5(4):544-560.

第5章 河流中的混合

河流的水质直接影响着工农业和人民生活。自从人们重视环境问题以来,已对河流污染的预测和治理进行了大量的研究,经积累了经验和成果。本节的混合问题,是指污水进入环境后掺混和输移的过程。

5.1 河流中污水的混合过程

污水泄入河流后,与河水的混合一般为三个阶段。

第一阶段,污水在离开排放口后以射流(维持运动的主要是初始动量通量)或浮力射流(维持运动的是初始动量通量和浮力通量)的方式和环境水体掺混及扩散。污水经初始稀释后,初始动量通量和浮力通量逐渐减小,而进入第二阶段。第一阶段均为三维扩散,一般通过数值解来解决。

第二阶段,从污水在排放口附近的初始稀释到污水扩展至河宽,这一阶段有一较长的过程,在这一过程中污水占据河流的部分空间,形成污染带。根据具体情况,污染带可能是二维扩散,也可能是三维扩散。对大多数河流来说,水深远小于河宽,因此污水很快在垂向上完全混合,其后主要是横向扩散。若污水为中性物质,与周围水体密度相同,则此阶段的扩散可视为二维扩散问题。

第三阶段是已经在横断面上均匀混合后的下游扩散阶段。这一阶段的特点是不存在横向展宽,主要是沿纵向的扩散,且纵向扩散以离散为主。属于一维纵向离散问题。

以上的三个阶段中,第一阶段发生在排污口附近水域,常称为近区,即从污水进入河道后到垂线上浓度均匀混合的这一区间。第二阶段和第三阶段距离排放口较远,常称为远区。本节对河流在近区和远区的浓度以及混合系数等一系列问题进行简述。

5.2 河流中的紊动扩散

从前几节的讨论可知,解决紊动扩散的关键问题是寻求紊动扩散系数。我们先来介绍与确定紊动扩散系数有关的雷诺比拟假说。

1.雷诺比拟假说

前面讨论的扩散都是指污染物在水体中的扩散;但从广义上说,水流本身的一些属性由于分子运动、水流流速和水流紊动而传递到另一部分水体中去的现象都可看成是扩散现象,如水流本身具有的动量、动能和热量的扩散。这样对这些属性量的扩散过程也可用类似的扩散方程来表示。例如在式(3-19)中,对垂直方向的扩散为

$$-\overline{u_z'C'} = E_z \frac{\partial \bar{C}}{\partial z} \tag{5-1}$$

在式(5-1)中,若以主流方向的动量$\rho \overline{u_x}$代替$\bar{C}$,以$\rho u_x'$代替C',以紊动黏性系数ε代替E_z,则有

$$-\rho \overline{u_x' u_z'} = \rho\varepsilon \frac{\partial \overline{u_x}}{\partial z} \tag{5-2}$$

这就是由于紊动在z方向动量传递而产生的紊动切应力表达式,这样可把ε看成动量扩散系数。因此,也有人在浓度扩散的计算中采用值ε作为E_i值。在二维明渠均匀流动中,取垂向紊动扩散系数$E_z = \varepsilon$是符合实际的,并被一些实验资料(Jobson and Sayer,1970)所证实,对于其他方向的紊动扩散系数,对剪切流来说,只能认为与动量扩散系数同量级。对示踪物质来说,不论是哪种扩散物质,紊动对物质、热量、动能或动量的扩散系数存在着完全的比拟关系,扩散系数彼此都是相等的。这就是著名的雷诺比拟假说。

2.紊动扩散系数

(1) 垂向紊动扩散系数E_z。

在第四章讨论剪切流的离散时,曾经导出的二维明渠中垂向紊动扩散系数的表示式为

$$E_z = \kappa h u_* / 6 \tag{5-3}$$

如果取卡门常数κ为0.4,上式成为

$$E_z = 0.067 h u_*$$

这一结果是基于雷诺比拟假说,认为质量传递和动量传递具有相同性质而得到的。Crickmore在感潮河道上所进行的现场实验证实了上式是合适的,同时这一结果也被在不分层的大气边界层中的实验资料所证实,其垂向紊动系数为$E_z = 0.05 d u_*$,d为边界层的垂向厚度,u_*为地表剪切流速。

(2) 横向紊动扩散系数E_y。

在二维明渠均匀流中,因为假设不存在横向流速,不可能像Elder分析垂向紊动扩散系数那样来推出横向紊动扩散系数。那可以推知更不可能将其方法直接运用到天然河道中去,同时,由于河道纵断面及横断面的不规则性所产生的在三维尺度上的二次流,也使对这一问题的理论分析难以做到。所以这里只介绍一些实验成果。

横向紊动扩散系数一般和垂向紊动扩散系数同数量级,且具有相同的形式,可表示为

$$E_y = \alpha_y u_* h \tag{5-4}$$

式中:α_y为一系数,对于不同形式的明渠和河道,其取值范围较宽。

前人在顺直的水槽中进行了大量关于横向紊动扩散系数的研究,发现其数值变化范围并不大,α_y介于0.1和0.26之间,若取其最大值的一半,则有

$$E_y = 0.13u_* h \tag{5-5}$$

对于顺直的灌溉渠道,Elder(1959)得到的横向紊动扩散系数为

$$E_y = 0.23u_* h \tag{5-6}$$

Fischer(1973)也在同类渠道得到了与Elder相同的结果,但他在总结很多的实验资料后,建议采用:

$$E_y = 0.15u_* h \tag{5-7}$$

对于天然河道,由于弯道和边壁的不规则将使横向扩散系数增大,通过前人的研究可归纳为:在天然河道中,α_y 至少大于0.4,如果河流弯道较缓,边壁不规则度适中,α_y 一般在0.4 ~ 0.8范围。对于实际应用,Fischer建议可采用:

$$\alpha_y = E_y/hu_* = 0.6(\pm 0.5) \tag{5-8}$$

(3)纵向紊动扩散系数。

由于紊动而引起的纵向扩散大约和横向扩散具有同量级,这已经被实验所证实。但在实际应用上,可将纵向扩散忽略不计。因为由流速梯度引起的纵向离散系数比紊动扩散系数大得多。例如,在前面介绍Elder的二维明渠的分析结果,纵向离散系数为 $K = 5.86u_* h$,其数值大约为纵向紊动系数的80倍;同时这两种作用是混在一起出现,在进行实验研究时,难以将两者分开。因此将纵向紊动扩散系数计入纵向离散系数中去,我们将在下面的章节中予以阐述。

5.3 河流中的离散系数

5.3.1 横向离散系数

不少学者曾对河道中的横向离散系数进行了实验或现场量测,得到了很多有价值的成果,现整理于表5-1中。

表5-1 弯曲和不规则河渠中横向离散系数(实测值)

类型 (1)	河流名称 (2)	宽度 B/m (3)	流量/Q (m^3/s) (4)	水深 h/m (5)	流速 v/(m/s) (6)	u_* /(10^2m/s) (7)	K_y /($10^4 m^2$/s) (8)	K_y/hu_* (9)
顺直河道	Atrisco	18.3	7.4	0.68	0.63	6.3	102	0.24
		18.3	7.4	0.67	0.67	6.2	93	0.22
	Bernardo	20	17.8	1.25	1.25	6.2	130	0.30
	Kris-Raba	10	8.0	0.80	0.80	6.9	110	0.16
	Danube	415	1030	0.87	0.87	5.2	380	0.25

续表

类型 (1)	河流名称 (2)	宽度 B/m (3)	流量 /Q (m^3/s) (4)	水深 h/m (5)	流速 v/(m/s) (6)	u_* /(10^2m/s) (7)	K_y /(10^4m^2/s) (8)	K_y/hu_* (9)
蜿蜒河道	Waal	266	1480	5.25	1.06	7.4	1390	0.36
	Athabasca	320	556	2.05	0.86	7.9	670	0.41
	Bow	104	—	1.0	1.05	13.9	850	0.61
	Missouri	214	949	2.94	1.58	7.4	870	0.40
		192	524	1.99	1.39	6.10	1200	0.97
		183	966	2.74	1.75	7.4	1210	0.60
		210	1700	5.49	1.47	10.6	3420	0.59
		214	992	2.94	1.58	7.4	1500	0.70
		178	92 ~ 120	1.0	0.52 ~ 0.67	8.1	1000	1.20
		240	—	4.0	1.98	8.5	11110	3.40
		195	623	3.04	1.05	7.9	4200	1.74
	Beaver	42.7	20.5	0.96	0.5	4.5	430	1.01
	Isere	145 ~ 160	400	1.7 ~ 2.0	1.6	—	—	2.0 ~ 2.5
		60 ~ 70	250	2.25	1.40	—	—	0.5 ~ 1.60
	Wailato	210	232	2.2	0.63	4.0	950	1.10

从表 5-1 可看出,横向离散系数的范围较大。因此分类来论述。

对于顺直的渠道,横向紊动扩散系数 E_y 在混合系数中占有较大的比例,所以用横向混合系数 M_y 来表示:

$$M_y = \beta_y hu_*, \quad 0.15 < \beta_y < 0.30 \tag{5-9}$$

式中:横向混合系数 $M_y = E_y + K_y$;u_* 为摩阻流速,且 $u_* = (gRi)^{1/2}$;R 为水力半径;i 为水力坡降;h 为平均水深。

对于蜿蜒河道,由于主流的摆动,即横向流速的摆动使离散系数在混合系数中占有较大比例,所以在弯曲程度不太大的渠道中,有

$$K_y = \alpha_y hu_*, 0.3 < \alpha_y < 0.9$$

对于弯曲程度剧烈,且弯道中出现的二次环流使横向离散系数有显著的增加,可取

$$1.0 < \alpha_y < 3.0$$

1969 年,Fischer 基于罗佐夫斯基弯道横向流速分布公式,得出弯道的横向离散系数为

$$\alpha_y = \frac{1}{4\kappa^5}\left(\frac{vh}{u_* R_w}\right)^2 \tag{5-10}$$

式中:R_w 为弯道半径;v 为断面平均流速。

5.3.2　纵向离散系数

Elder 对二维明渠均匀流动的理论分析,得出纵向离散系数的计算公式,如果计入紊动

扩散,则公式为 $K = 5.93u_* h$。

但是,很多学者对河流的纵向离散系数的实际测量值远远大于 Elder 的理论值,这是因为Elder没有考虑横向速度的变化。也正像Fischer(1967)的分析所指出的是由于天然河道的宽深比很大,纵向流速在垂向不均匀分布对离散有影响,但不很大;而主要是纵向流速在横向分布的非均匀性对离散的影响却很大,这一概念是十分重要的。近来,对天然河道的纵向离散系数的研究很活跃,下面给出计算河流纵向离散系数的几种方法。

1.数值积分方法

Fischer 按照艾尔德推导二维明渠纵向离散的方法来处理天然河流的纵向离散系数,其不同之处是考虑了纵向流速的横向梯度。

令纵向流速 $u(y)$ 为断面平均流速 v 与偏离流速 $\hat{u}(y)$ 的和,即

$$u(y) = \hat{u}(y) + v$$

参照式(4-17)的推导,可得由于横向流速分布的不均匀而出现的离散作用和横向紊动扩散作用相平衡的方程为

$$\hat{u}(y)h(y)\frac{\partial C_a}{\partial x} = \frac{\partial}{\partial y}\left[h(y)E_y\frac{\partial \hat{C}}{\partial y}\right] \tag{5-11}$$

式(5-11)积分得

$$\hat{C}(y) = \frac{\partial C_a}{\partial x}\int_0^y \frac{1}{hE_y}\left(\int_0^y \hat{u}h\mathrm{d}y\right)\mathrm{d}y \tag{5-12}$$

当式(5-12)满足 $y = 0$ 或 B,$\partial\hat{C}/\partial y = 0$ 时,代入(4-20b),得

$$K = -\frac{1}{A}\int_0^B \hat{u}h\left[\int_0^y \frac{1}{hE_y}\left(\int_0^y \hat{u}h\mathrm{d}y\right)\mathrm{d}y\right]\mathrm{d}y \tag{5-13}$$

式中:$A = B\bar{h}$ 为过水断面面积;$\bar{h}$ 为断面平均水深;B 为水面宽;E_y 的大小一般随水深 $h(y)$ 而变,由前节方法来确定。用上式求 K 值,要求具备实测的流速分布资料,然后采用数值积分计算。

2.经验方法

计算纵向离散系数的经验公式较多,但这些公式有一定的局限性,很难普遍使用。更值得注意的是这些公式应用于一个具体河段时,各家公式结果相差较大,因此使用经验公式需要慎重。当然在缺乏详细的实际资料时,经验公式可给出一个宏观的概念,不同的方案比较,也可采用经验公式,因而在这些情况下利用经验公式是可取的。

(1)Elder 公式(1959)。

$$K = 5.93hu_* \tag{5-14}$$

式中:h、u_* 分别为河道平均水深和剪切流速。

(2)Fischer 公式(1975)。

$$K = 0.011\frac{u^2B}{hu_*} \tag{5-15}$$

式中:B 为河宽;u 为河道纵向平均流速,这是一个常被采用的公式,其误差在4倍以内;其余符号同前。

(3) McQuivey 和 Keefer 公式(1974)。

$$K = 0.058 \frac{Q}{iB} \tag{5-16}$$

式中:B 为河宽;Q、i 分别为河道流量和能坡。

(4) Liu 公式(1977)。

$$K = \beta \frac{u^2 B^2}{u_* A}, \beta = 0.18 \left(\frac{u_*}{u}\right)^{1.5} \tag{5-17}$$

式中:A 为河流过水断面面积;β 为无量纲系数;其余符号同前。

(5) Liu 和 Cheng 公式(1980)。

$$K = r \frac{u_* A^2}{h^3} \tag{5-18}$$

式中:r 为无量纲系数,一般取为 0.6 或 0.51;其余符号同前。

(6) Magazine 公式(1988)。

$$K = 75.86 P^{-1.632} R u \tag{5-19}$$

式中:R 为水力半径;P 为反映糙率及障碍等因素的参数,对于天然河道 Magazine 给出估计 P 的公式为

$$P = 0.4 u / u_*$$

(7) Iwasa 和 Aya 公式(1991)。

$$K = 2.0 \left(\frac{B}{h}\right)^{1.5} h u_* \tag{5-20}$$

(8) Koussis 等(1998) 公式。

$$K = 0.6 \left(\frac{B}{h}\right)^{2} h u_* \tag{5-21}$$

Seo 和 Cheong(1998) 基于美国的 26 条河流的 59 组纵向纵向离散资料(表 5-2),选用 u/u_*,B/h 为影响纵向离散系数的主要因素,运用回归分析方法得到如下公式

(9) Seo 和 Cheong 公式(1998)。

$$K = 5.915 \left(\frac{B}{h}\right)^{0.620} \left(\frac{u}{u_*}\right)^{1.428} \tag{5-22}$$

式中:符号同前。并且他们对前述的几个典型公式基于实测资料进行了比较,表 5-3 和图 5-1 给出了 Seo 和 Cheong 的分析结果。可明显看出,Seo 和 Cheong 的公式是较为合理的。

(10) 槐文信公式(2002)。

从纵向分散与拉格朗日型的湍流扩散相比拟的角度出发,得到了蜿蜒型河道纵向分散系数的公式形式,利用天然河道和室内人工规则和非规则断面形式的蜿蜒河道资料(Fukuoka and Sayre,1976;Guymer,1998) 来确定公式中的参数,得到的经验公式为

$$\frac{K_x}{(hu)} = 0.05 \left(\frac{B}{h}\right)^{2} \tag{5-23a}$$

表 5-2　　　　**美国 26 条河流中水力参数和纵向离散系数实测值**

河流 (1)	宽度 B/m (2)	水深 h/m (3)	平均流速 v/(m/s) (4)	低坡 S (5)	u_*/ (m/s) (6)	K/ (m^2/s) (7)	资料 来源 (8)
Antietam Creek, MD	12.8	0.30	0.42	0.00095	0.057	17.50	Nordin and Sabol (1974)
	24.08	0.98	0.59	0.00135	0.098	101.50	
	11.89	0.66	0.43	0.00095	0.085	20.90	
	21.03	0.48	0.62	0.00100	0.069	25.90	
Monocacy River, MD	48.70	0.55	0.26	0.00050	0.052	37.80	
	92.96	0.71	0.16	0.00045	0.046	41.40	
	51.21	0.65	0.62	0.00040	0.044	29.60	
	97.54	1.15	0.32	0.00045	0.058	119.80	
	40.54	0.41	0.23	0.00045	0.040	66.50	
Conococheague Creek	42.21	0.69	0.23	0.00060	0.064	40.80	
	49.68	0.41	0.15	0.00060	0.081	29.30	
	42.98	1.13	0.63	0.00060	0.081	53.30	
Chattahoochee River	75.59	1.95	0.74	0.00072	0.138	88.90	
	91.90	2.44	0.52	0.00037	0.094	166.90	
Salt Creek, NE	32.00	0.50	0.24	0.00033	0.038	52.20	
Difficylt Run, VA	14.48	0.31	0.25	0.00127	0.062	1.90	
Bear Creek, CO	13.72	0.85	1.29	0.02720	0.553	2.90	
Little Pincy Creek, MD	15.85	0.22	0.39	0.00130	0.053	7.10	
Bayou Anacoco, LA	17.53	0.45	0.32	0.00054	0.024	5.80	
Comite River, LA	15.70	0.23	0.36	0.00058	0.039	69.00	
Bayou Bartholomew, LA	33.38	1.40	0.20	0.00007	0.031	54.70	
Amite River, LA	21.34	0.52	0.54	0.00048	0.027	501.40	
Tickfau River, LA	14.94	0.59	0.27	0.00117	0.280	10.30	
Tangipahoa River, LA	31.39	0.81	0.48	0.00061	0.072	45.10	
	29.87	0.40	0.34	0.00069	0.020	44.00	
Red River LA	253.59	1.62	0.61	0.00007	0.032	143.80	
	161.54	3.96	0.29	0.00009	0.060	130.50	
	152.40	3.66	0.45	0.00009	0.057	227.60	
	155.14	1.74	0.47	0.00008	0.036	177.70	
Sabine River, LA	116.43	1.65	0.58	0.00014	0.054	131.30	
	160.32	2.32	1.06	0.00013	0.054	308.90	
Sabine River, TX	14.17	0.50	0.13	0.00029	0.037	12.80	
	12.19	0.51	0.23	0.00018	0.030	14.70	
	21.34	0.93	0.36	0.00013	0.035	24.20	
Mississippi River, LA	711.20	19.94	0.56	0.00001	0.041	237.20	
Mississippi River, MO	533.40	4.94	1.05	0.00012	0.069	457.70	

续表

河流 (1)	宽度 B/m (2)	水深 h/m (3)	平均流速 v/(m/s) (4)	低坡 S (5)	u_*/ (m/s) (6)	K/ (m^2/s) (7)	资料 来源 (8)
	537.38	8.90	1.51	0.00012	0.097	374.10	
Wind/Bighorn River, WY	44.20	1.37	0.99	0.00150	0.142	184.60	
	85.34	2.38	1.74	0.00100	0.153	464.60	
Copper Creek, VA	16.66	0.49	0.20	0.00135	0.080	16.84	Godfrey and Frederick
Clinch River, VA	48.46	1.16	0.21	0.00085	0.069	14.76	(1970)
Copper Creek, VA	18.29	0.38	0.15	0.00332	0.116	20.71	
Powell River,TN	36.78	0.87	0.13	0.00032	0.054	15.50	
Clinch River,VA	28.65	0.61	0.35	0.00039	0.069	10.70	
Copper Creek, VA	19.61	0.84	0.49	0.00132	0.101	20.82	
Clinch River, VA	57.91	2.45	0.75	0.00041	0.104	40.49	
Coachella Canal, CA	24.69	1.58	0.66	0.00010	0.041	5.92	
Clinch River, VA	53.24	2.41	0.66	0.00043	0.107	36.93	
Copper Creek, VA	16.76	0.47	0.24	0.00135	0.080	24.62	
Missouri River, IA	180.59	3.28	1.62	0.00020	0.078	1486.45	Yotsukra(1970)
Bayou Anacoco, LA	25.91	0.94	0.34	0.00049	0.067	32.52	McQuivey 等(1994)
	36.58	0.91	0.40	0.00050	0.067	39.48	
Nooksack River, WA	64.01	0.76	0.67	0.00963	0.268	34.85	
Wind/Bighorn River, WY	59.44	1.10	0.88	0.00131	0.119	41.81	
	68.58	2.16	1.55	0.00133	0.168	162.58	
John Day River, OR	24.99	0.58	1.01	0.00346	0.140	13.94	
	34.14	2.47	0.82	0.00134	0.180	65.03	
Yadkin River, NC	70.10	2.35	0.43	0.00044	0.101	111.48	
	71.63	3.84	0.76	0.00044	0.128	260.13	

表 5-3 **典型公式精度的对比表**

公式	精确度(%)Seo and Cheong (1988)
McQuivey and Keefer (1974)	50.0
Fischer(1975)	37.3
Liu(1977)	66.7
Magazine 等(1988)	20.3
Iwasa and Aya(1991)	58.3
Seo and Cheong(1988)	79.2

$$K_x/(hu) = \alpha_2(L/h)\text{，当 } L/h \leqslant 10, \alpha_2 = 0.03\text{；当 } L/h > 10, \alpha_2 = 0.05 \qquad (5\text{-}23b)$$

式中：u 为断面平均流速，L 为弯道长度。这里的蜿蜒河道系连续的弯道所形成的，如图 5-2a

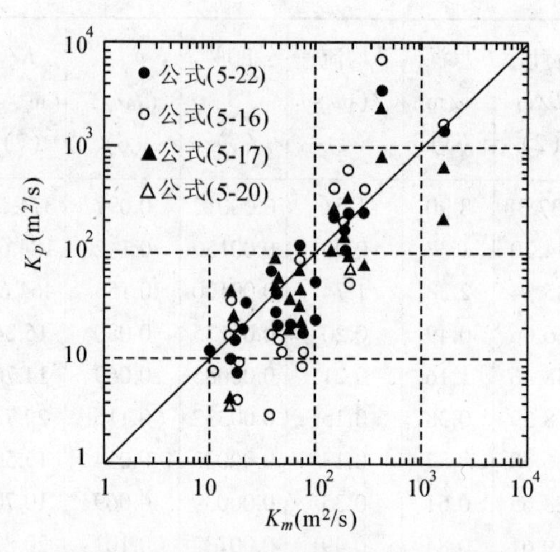

图 5-1　四个公式预报的纵向离散系数 K_P 与实测值 K_m 的对比

所示。

3. 矩法

由公式(4-20a)可知，扩散物质的质量输运率与断面平均浓度梯度成正比，这一结论类似与分子扩散规律。因此，可比拟求分子扩散系数的矩法公式(2-15)，给出矩法公式为

$$K=\frac{1}{2}\frac{\mathrm{d}\sigma_{\xi}^{2}}{\mathrm{d}t} \tag{5-24}$$

式中：空间二次矩 σ_{ξ}^{2} 是断面平均浓度 C_a 对动坐标 ξ 的方差。

$$\sigma_{\xi}^{2}=\frac{\int_{-\infty}^{\infty}C_a\xi^2\mathrm{d}\xi}{\int_{-\infty}^{\infty}C_a\mathrm{d}\xi} \tag{5-25}$$

将对(5-24)改写为差分式：

$$K=\frac{1}{2}\frac{\Delta\sigma_{\xi}^{2}}{\Delta t} \tag{5-26}$$

为了求得式中的 $\Delta\sigma_{\xi}^{2}$ 值，要先求得不同时间的两个 σ_{ξ}^{2} 值。为此，需要沿河道布设许多测量断面，对于断面 C_a 进行同步测量，才能取得某一时间的 C_a 与 x 的关系资料，达到要先求得的目的。由于这种沿河道进行同步测量的方法需要经费较大，从而提出了是否可以用时间二次矩 σ_{t}^{2} 来代替空间二次矩的问题。为此，费希尔(1966)证明了如下关系：

$$\Delta\sigma_{\xi}^{2}=v^2\Delta\sigma_{t}^{2} \tag{5-27}$$

将式(5-27)代入式(5-26)，得

$$K=\frac{v^2(\sigma_{t_2}^{2}-\sigma_{t_1}^{2})}{2(\overline{t_2}-\overline{t_1})} \tag{5-28}$$

式中：$\overline{t_1}$ 和 $\overline{t_2}$ 分别是示踪物质质点通过断面 x_1 和 x_2 的时间均值，可由下式确定：

$$\bar{t}=\frac{\int_{-\infty}^{\infty}tC_a\mathrm{d}t}{\int_{-\infty}^{\infty}C_a\mathrm{d}t}\approx\frac{\sum_i t_iC_{a_i}\Delta t_i}{\sum_i C_{a_i}\Delta t_i}=\frac{\sum_i t_iC_{a_i}}{\sum_i C_{a_i}} \tag{5-29}$$

式中：$\sigma_{t_1}^2$ 和 $\sigma_{t_2}^2$ 分别是示踪质点到达 x_1 和 x_2 的时间方差，可由下式计算：

$$\sigma_t^2=\frac{\int_{-\infty}^{\infty}(t-\bar{t})^2C_a\mathrm{d}t}{\int_{-\infty}^{\infty}C_a\mathrm{d}t}\approx\frac{\sum_i(t_i-\bar{t})^2C_{a_i}}{\sum_i C_{a_i}} \tag{5-30}$$

采用矩法求 K 值，必须将实测的浓度资料绘出如图 5-2(b) 所示，一般而言，矩法比积分方法和经验方法准确。然而，矩法的缺点是浓度线的两端在实测中不易确定，导致计算得到的 σ_t^2 的误差较大。

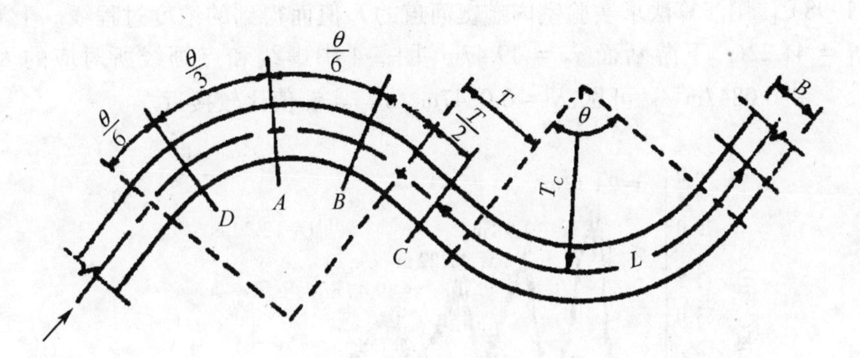

(a) 蜿蜒河道示意图

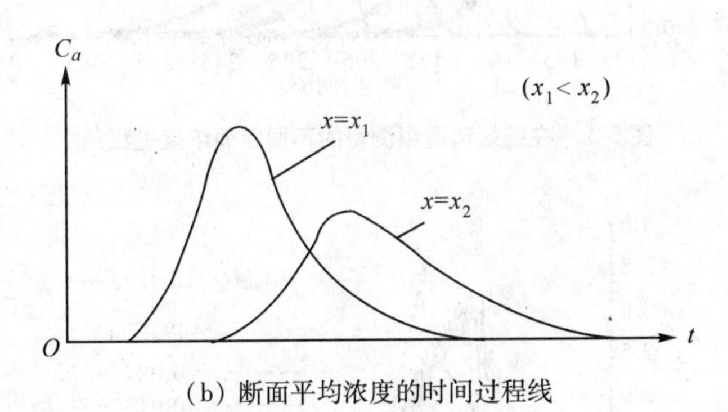

(b) 断面平均浓度的时间过程线

图 5-2

4.演算法

该方法与矩法一样也是根据实测得到的上下游两个断面的浓度时间过程线 $C_a(x_1,t)$ 和 $C_a(x_2,t)$ 进行的。该方法的基本思想是将下游断面的 $C_a(x_2,t)$ 看做是来自上游断面的时间连续源 $C_a(x_1,t)$ 的扩散结果。这样就可建立 $C_a(x_1,t)$ 与 $C_a(x_2,t)$ 的关系式（该式含有 K），然后再从该式解出 K 值。下面给出其推求方法。

瞬时点源无界空间的紊流一维离散方程的解为

$$C_a(x,t)=\frac{m}{\sqrt{4\pi Kt}}\exp\left[-\frac{(x-vt)^2}{4Kt}\right] \tag{5-31}$$

它是根据瞬时点源无界空间的一维随流扩散的解,将 K 和 v 分别代替 D 和 u 得到的。根据叠加原理,下游断面的浓度与上游断面的浓度之间关系为

$$C_a(x_2,t)=\int_{-\infty}^{\infty}\frac{C_a(x_1,\tau)}{\sqrt{4\pi K(t_2-t_1)}}\exp\left[\frac{-(x_2-x_1-v(t-\tau))^2}{4K(t_2-t_1)}\right]v\mathrm{d}\tau \tag{5-32}$$

式中:$t_1=x_1/v$, ,$t_2=x_2/v$。若把实测 $C_a(x_1,t)$ 曲线作为已知条件,假定 K,利用上式可算出一条 $C_a(x_2,t)$ 过程线,若算出的浓度过程线与实测曲线吻合较好,则所假定的 K 是所求;否则重新假定 K 值,直到满意为止。

演算法避免了矩法难以确定 σ_t^2 的缺点,但试算工作量较大。图 5-3 给出了 Guymer(1998) 使用演算法求实验室内蜿蜒河道的 K 值而得到的浓度过程线。上游断面的位置为 $x_1=41.22\mathrm{m}$,下游断面 $x_2=49.47\mathrm{m}$,图 5-4 中虚线和点画线所对应的 K 分别为 $0.0157\mathrm{m^2/s}$,和 $0.0847\mathrm{m^2/s}$,可见,$K=0.0847\mathrm{m^2/s}$ 与实测值比较接近。

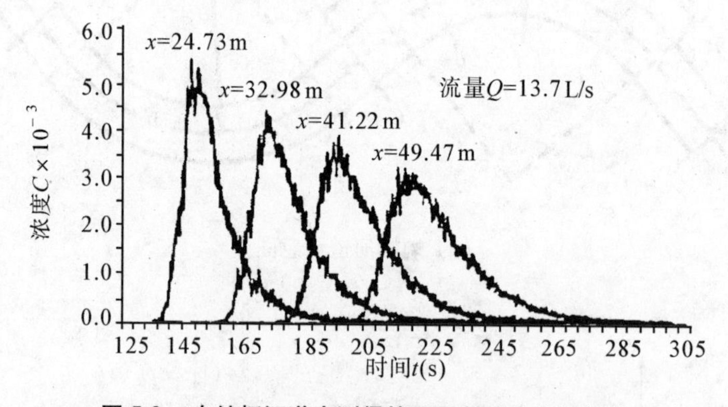

图 5-3　在蜿蜒河道中测得的不同断面浓度过程线

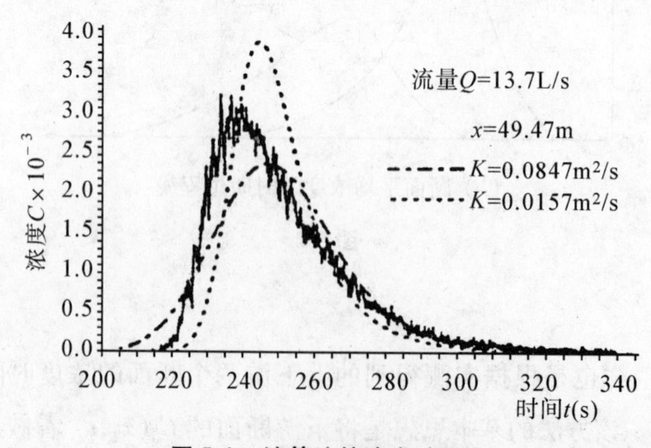

图 5-4　演算法的浓度过程线

5.4　污染带的计算

在河流混合的第二阶段,要对稳态情况下的污染带进行计算。就计算方法而言,有确定性方法和随机性方法两类。前者为基于紊动扩散为控制方程,对浓度进行求解;后者为从随机过程的观点出发,采用概率论的数学方法来处理。本节主要采用确定性方法来解决污染带的计算问题,并且分矩形和天然河道来分别论述。下面先对一些采用的假定"污染物质在开始时就是沿垂线均匀混合的"予以论证。

设完成垂向扩散的时间尺度为 T_z,完成横向扩散的时间尺度为 T_y,因 $T_z \propto h^2/4E_z$,$T_y \propto B^2/4E_y$,则

$$\frac{T_z}{T_y}=\frac{h^2}{B^2}\frac{E_y}{E_z} \tag{5-33}$$

式中:h 为水深;B 为河宽;E_y 及 E_z 分别为横向和竖向紊动扩散系数。若取 $E_y=0.6u_*h$,$E_z=0.067u_*h$,则有 $T_z/T_y\approx 10(h/B)^2$。

如果取一般河流的参数,$B=30h$,则

$$\frac{T_z}{T_y}=1/90 \tag{5-34}$$

由此可见垂向扩散所需的时间比横向扩散要短得多,可近似认为是瞬间完成的。即可假定污染物质在开始时就是沿垂线均匀混合的。

5.4.1　矩形河道污染带的计算

污染带计算的内容主要是:① 污染带内浓度的计算;② 污染带的宽度;③ 扩散到全河段和达到全断面均匀混合所需要的距离。

1.污染带内的浓度

污水进入河流后,一般很快在垂线上达到均匀混合,污染带的发展是从垂线均匀混合起算,每一条垂线可看做浓度均匀的线源。设单位时间进入线源的扩散物质的质量为 m,质量为 m 的均匀线源进入水深为 h 的水流的扩散等同于强度为 m/h 的点源在 xOy 平面上的二维扩散。坐标系如图 5-6 所示。在一般情况下,污染物的排放为时间连续源,所以可得到恒定连续点源在 xOy 的二维平面上移流紊动扩散的浓度分布关系式为

$$C(x,y,t)=\frac{m}{vh\sqrt{4\pi E_y x/v}}\exp\left(-\frac{vy^2}{4E_y x}\right) \tag{5-35}$$

式(5-35)是针对无限平面而写出的,并且坐标原点在污染源处,假定点源的位置在$(0,y_0)$。然而河道的宽度是有限的,所以应在上式考虑两边界的反射。为方便,引进无量纲坐标系和无量纲浓度关系式,即令 $y'=y/B$,$x'=E_y x/(vB^2)$,$y_0'=y_0/B$,$C_m=m/(vhB)$,这里,C_m 为污染物与河水完全混合后的浓度。

基于公式(5-35),考虑边界反射,利用镜像法得相对浓度的关系式为

$$\frac{C}{C_m}=\frac{1}{\sqrt{4\pi x'}}\sum_{n=-\infty}^{\infty}\left\{\exp\left[-\frac{(y'-2n-y_0')^2}{4x'}\right]+\exp\left[-\frac{(y'-2n+y_0')^2}{4x'}\right]\right\} \tag{5-36}$$

式中，n 取整数，在实际应用时，一般取 $n=0,1,-1$ 进行计算就可满足要求了。

2.污染带的宽度

带宽是指污染带的横向宽度。目前常用的带宽的定义有两种：

第一种：取带边的浓度为同一断面上最大浓度的5%。这样可从相对浓度关系式(5-36)中可求出不同 x 值的带边 y 值。对于中心排放，河道的各断面的中心点就对应最大浓度的出现点；对于岸边排放，最大浓度点均位于排放岸的岸边。

第二种：由于浓度在横断面上的分布呈正态分布，宽度为 $4\sigma_y$ 的正态分布曲线下的面积占总面积的95.4%，习惯上取 $4\sigma_y$ 的宽度来表征污染带的宽度。

对于中心排放，若污染物尚未扩展到河岸，此时的污染带宽为 $4\sigma_y$，即

$$W=4\sigma_y=4\sqrt{2E_y x/v} \tag{5-37}$$

对于岸边排放有

$$W=2\sigma_y=2\sqrt{2E_y x/v} \tag{5-38}$$

3.到全断面均匀混合所需要的距离(带长)

带长的定义是从源点起算，到达断面上最大浓度和最小浓度之差不超过5%的断面的距离。费希尔提出用下述的数值解来求带长：设污染源点位于河流中心线上($y_0'=1/2$)，根据式(5-36)计算出相对浓度值沿中心线($y_0'=1/2$)和岸边($y_0'=0$ 或 $y_0'=1$)的变化，绘于图5-5，由此可见，当 $x'\geqslant 0.1$，断面上各点的浓度 C 均满足最大值与最小值小于5%的要求。所以对于中心排放情况，有带长公式：

$$L_m=0.1\frac{vB^2}{E_y} \tag{5-39}$$

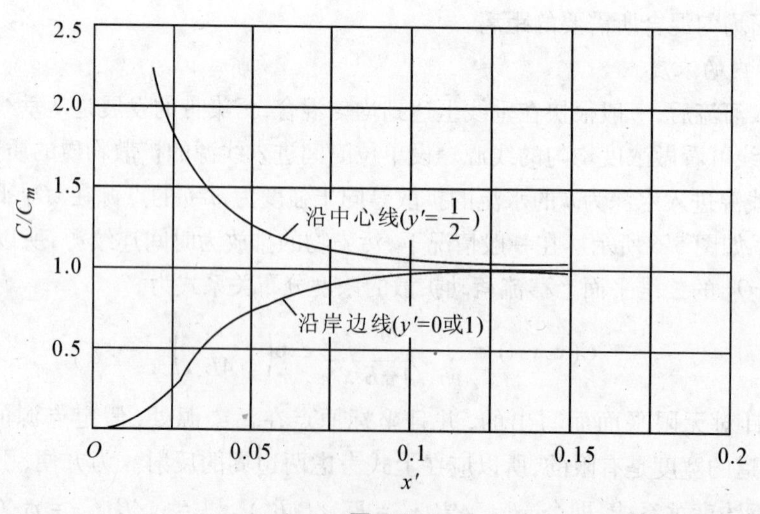

图5-5

对于岸边排放,污染物的横向扩散宽度是中心排放一侧宽度的 2 倍。因此可用 $2B$ 来代替中心排放公式中的 B,所以岸边排放的带长为

$$L_m = 0.1\frac{v\,(2B)^2}{E_y} = 0.4\frac{vB^2}{E_y} \tag{5-40}$$

由此可见,岸边排放需要 4 倍于中心排放的距离才能达到断面上的均匀混合。

黄克中和江涛(1996) 应用最大熵原理,从理论上导出了满足上述定义带长的公式:

$$L_m = \alpha\frac{vB^2}{K_y} \tag{5-41}$$

式中:α 为带长系数,根据点源或线源以及源的位置而定,对点源情形,有

$$\alpha = \frac{1}{6}\left[1 - 3\frac{y_0}{B} + 3\left(\frac{y_0}{B}\right)^2\right] \tag{5-42}$$

式中:点源的位置 y_0 见图 5-6,对于特殊情况下,当中心排放($y_0/B = 1/2$) 时,有 $\alpha = 1/24$,当岸边排放($y_0/B = 1$ 或 $y_0/B = 0$) 时,$\alpha = 1/6$。由此看来,黄克中给出的公式远小于公式(5-39) 和(5-40) 的结果。应该指出公式(5-39) 和(5-40) 是没有实验支持的,大致是浓度沿纵向变化很慢,对完全混合的标准也难以掌握,以致对带长的量测有很大的不确定性。目前对公式的检验也有困难。然而,黄克中给出的公式具有一定的理论基础和一定的实验基础,是可信的。

对横向线源情形,近似有

$$\alpha = \frac{1}{6} - \frac{y_{01} + y_{02}}{4B} + \frac{y_{01}^2 + y_{01}y_{02} + y_{02}^2}{6B^2} \tag{5-43}$$

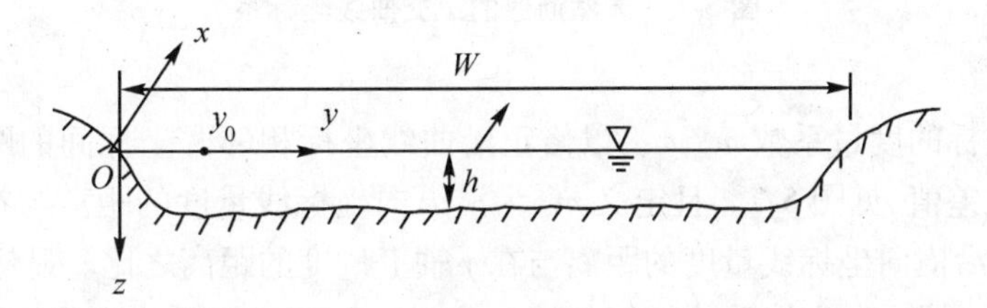

图 5-6

式中:y_{01} 和 y_{02} 分别为线源的始点和终点的横坐标,且规定 y_{01} 和 y_{02} 必须在河中心线的一侧(即 $y_{01},y_{02} < B/2$ 或 $y_{01},y_{02} > B/2$)。顺便指出,对点源情形($y_{01} = y_{02}$),式(5-43) 可转化为式(5-42)。

5.4.2 天然河道污染带的计算 —— 累积流量法

对于天然河道,断面形状沿河道变化较大,且河道具有较大的弯曲性,显然采用上述的计算污染带的方法就不适合了。1971 年,Chang 提出了累积流量法的方法,成功地解决了天然河道的污染带的计算问题。后来,Yotsukura(1972,1976) 加以完善。现介绍 Yotsukura 和

Sayre(1976) 的成果。

1.累计流量的自然坐标系

现在建立一个平面自然坐标系,如图 5-7 所示。x 坐标与流线重合,y 坐标与 x 坐标(流线)垂直。取 x 轴为河道中的一条流线,该流线将河流流量等分为二,沿 x 轴的各分段长度 Δx 彼此相等,沿 y 轴的各分段 Δy 也彼此相等。纵向坐标线都是流线,横向坐标都是过水断面线,它们处处与纵坐标线垂直。引入单宽流量的概念,即 $q = uh$,在如图 5-7 所示的坐标系中,有流量

$$Q = \int_{y_R}^{y_L} q\mathrm{d}y \tag{5-44}$$

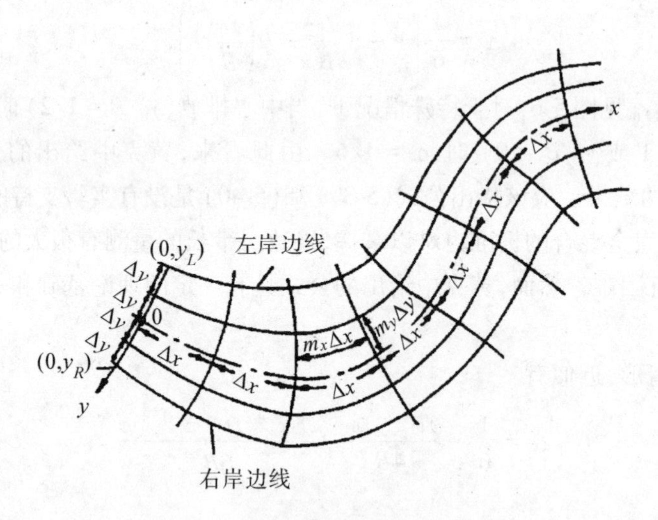

图 5-7　天然河道的正交曲线坐标系

同时引进坐标的度量系数 m_x,m_y,以修正沿曲线坐标相邻两坐标间的距离与相应的沿坐标轴的距离之差值,见图 5-7。且定义 m_x 为沿纵向坐标线量度的距离与在 x 轴上量度的距离之比,m_y 为沿横向坐标线量度的距离与在 y 轴上量度的距离之比。显然,x 轴上的 $m_x = 1$,y 轴上,$m_y = 1$。那么在坐标系的任何各处 $m_x = m_y = 1$,则坐标系为直角的笛卡儿坐标系。必须指出,对于非恒定流,上述坐标系是随时间变化的。

为了说明累计流量自然坐标系的优点,图 5-8 为 Yotsukura 和 Sayre(1976) 整理给出的于 1966 年 6 月在新墨西哥州的阿 - 德运河(Atrisco Feeder Canal) 上实测的横断面浓度分布。图 5-8(a) 则是按横向相对距离点绘的,可见实测点显示的规律性不强,图 5-8(b) 则是用无量纲累计流量值点绘的,呈现出明显正态分布规律。可见,横向累计流量坐标较好地反映了天然河道横断面不规则变化对横向扩散的影响。

2.基本方程

在上述坐标系下,Chang(1971) 给出了三维的连续性方程和污染物的随流扩散方程为

$$\frac{\partial}{\partial x}(m_y u_x) + m_x m_y \frac{\partial u_z}{\partial z} + \frac{\partial}{\partial y}(m_x u_y) = 0 \tag{5-45}$$

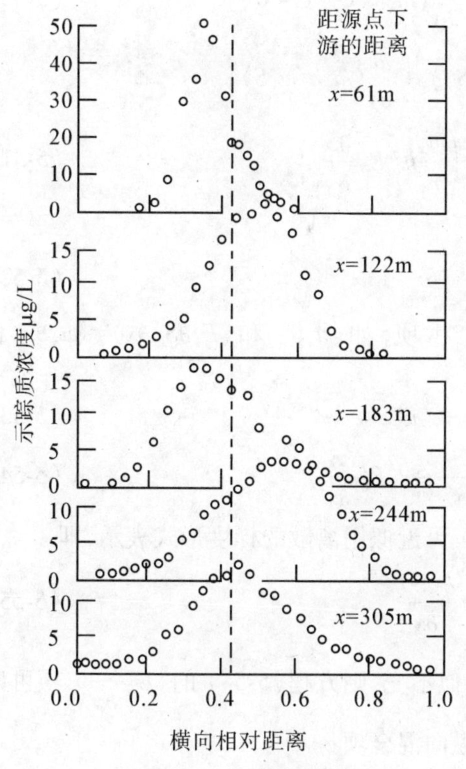

(a) 按实际相对横向距离点绘

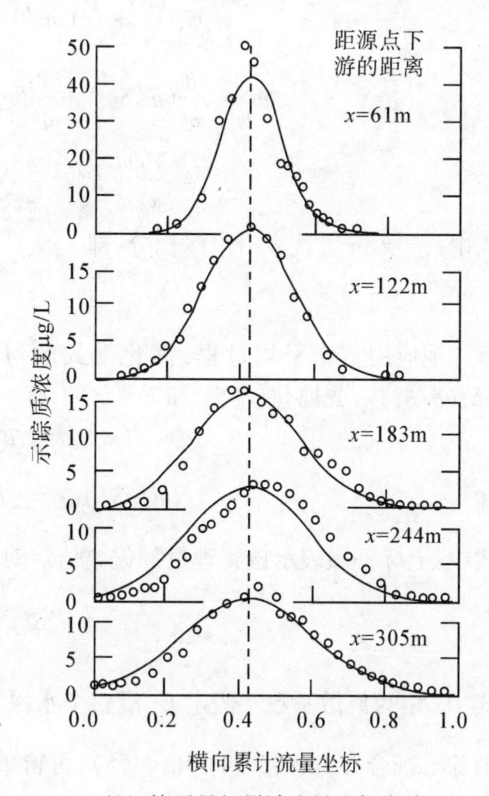

(b) 按无量纲累计流量坐标点绘

图 5-8　Yotsukura 等在新墨西哥州的阿 - 德运河所观测的横向浓度分布

$$m_x m_y \frac{\partial S}{\partial t} + \frac{\partial}{\partial x}(m_y u_x S) + m_x m_y \frac{\partial}{\partial z}(u_z S) + \frac{\partial}{\partial y}(m_x u_y S)$$

$$= \frac{\partial}{\partial x}\left(\frac{m_y}{m_x} E_x \frac{\partial S}{\partial x}\right) + \frac{\partial}{\partial y}\left(\frac{m_x}{m_y} E_y \frac{\partial S}{\partial y}\right) + m_x m_y \frac{\partial}{\partial z}\left(E_z \frac{\partial S}{\partial z}\right) \tag{5-46}$$

式中:u_x, u_y, u_z 分别为 x, y, z 方向的速度分量;E_x, E_y, E_z 依次为 x, y, z 方向的紊动扩散系数;S 为局部浓度。对上述方程沿水深积分,并注意到以下条件。

(1) 水面和河底处的运动学条件。

$$u_z|_h = \frac{Dh}{Dt} = \frac{\partial h}{\partial t} + u_i|_h \frac{\partial h}{\partial x_i} \tag{5-47}$$

$$u_z|_0 = u_i|_0 \frac{\partial h}{\partial x_i} \tag{5-48}$$

(2) 引用莱布尼兹(Leibnitz) 公式。

$$\frac{\partial}{\partial x_i}\int_a^b f \mathrm{d}x_3 = \int_a^b \frac{\partial f}{\partial x_i}\mathrm{d}x_3 + f|_b \frac{\partial b}{\partial x_i} - f|_a \frac{\partial a}{\partial x_i} \tag{5-49}$$

(3) 在水面和河底处,污染物扩散通量为零。

可得水深平均方程为

$$m_x m_y \frac{\partial h}{\partial t} + \frac{\partial}{\partial x}(m_y h\langle u_x\rangle) + \frac{\partial}{\partial y}(m_x h\langle u_y\rangle) = 0 \tag{5-50}$$

$$m_x m_y \frac{\partial}{\partial t}(h\langle S\rangle) + \frac{\partial}{\partial x}(m_y h\langle u_x S\rangle) + \frac{\partial}{\partial y}(m_x h\langle u_y S\rangle)$$

$$= \frac{\partial}{\partial x}\left(\frac{m_y}{m_x}h\left\langle E_x \frac{\partial S}{\partial x}\right\rangle\right) + \frac{\partial}{\partial y}\left(\frac{m_x}{m_y}h\left\langle E_y \frac{\partial S}{\partial y}\right\rangle\right) \tag{5-51}$$

式中：符号$\langle\cdots\rangle$代表沿水深积分，即

$$\langle\cdots\rangle = \int_0^h(\cdots)\mathrm{d}z \tag{5-52}$$

现应用雷诺平均过程，简化上式的对流和产生项，如$\langle u_x S\rangle$和$\langle E_x \partial S/\partial x\rangle$，$\langle u_y S\rangle$和$\langle E_y \partial S/\partial y\rangle$。先简化$\langle u_x S\rangle$和$E_x \partial S/\partial x$，有

$$\langle u_x S\rangle = \langle u_x\rangle\langle S\rangle + \langle u'_x S'\rangle \tag{5-53}$$

和

$$\langle E_x \partial S/\partial x\rangle = \langle E_x\rangle \frac{\partial\langle S\rangle}{\partial x} + \left\langle E'_x \frac{\partial S'}{\partial x}\right\rangle \tag{5-54}$$

式中：上标一撇表示该物理量的偏离值。对$\langle u'_x S'\rangle$可近似用离散的梯度形式表示，即

$$\langle u'_x S'\rangle = -\frac{K_x}{m_x}\frac{\partial\langle S\rangle}{\partial x} \tag{5-55}$$

式中：K_x为离散系数。假定E_x沿整个水深方向近似不变，则方程(5-54)的$\left\langle E'_x \frac{\partial S'}{\partial x}\right\rangle$项可以消除。现合并方程(5-54)和(5-55)，可得单一的纵向混合项：

$$\frac{1}{m_x}\left\langle E_x \frac{\partial S}{\partial x}\right\rangle - \langle u'_x S'\rangle = \frac{M_x}{m_x}\frac{\partial\langle S\rangle}{\partial x} \tag{5-56}$$

式中：$M_x = \langle E_x\rangle + K_x$，称为纵向混合系数，它包括了深度平均湍流扩散和离散的混合效应。同理的思路来处理$\langle u_y S\rangle$和$\langle E_y \partial S/\partial y\rangle$。

考虑上述的简化过程，并记$C = \langle S\rangle$，$u = \langle u_x\rangle$，$v = \langle u_y\rangle$，可得二维连续性方程和随流扩散方程：

$$m_x m_y \frac{\partial h}{\partial t} + \frac{\partial}{\partial x}(m_y hu) + \frac{\partial}{\partial y}(m_x hv) = 0 \tag{5-57}$$

$$m_x m_y \frac{\partial}{\partial t}(hC) + \frac{\partial}{\partial x}(m_y huC) + \frac{\partial}{\partial y}(m_x hvC)$$

$$= \frac{\partial}{\partial x}\left(\frac{m_y}{m_x}hM_x \frac{\partial C}{\partial x}\right) + \frac{\partial}{\partial y}\left(\frac{m_x}{m_y}hM_y \frac{\partial C}{\partial y}\right) \tag{5-58}$$

在上述的推导过程中，从三维的连续性方程到深度平均的二维连续性方程没有做任何假定，而对随流扩散方程的推导，却做了假定，即速度与浓度的交叉项近似表示为梯度型的离散形式，x和y方向的紊动扩散系数沿水深近似不变。

值得注意的是，方程(5-55)的成立，就要求污染物的浓度沿水深充分的混合。因此方程(5-58)适合满足上述假定的任何流动。

3.累积流量自然坐标系下的恒定二维基本方程

当河道的流动和污染物的排放速率为恒定的情况下，污染带就会处于恒定的状态。即

方程(5-57) 和(5-58) 中的时间导数项为零。同时,纵向混合项$(M_x/m_x)\partial C/\partial x$相对于同方向的随流扩散项$uC$很小。实际上,Sayre and Chang(1968) 从理论上已经证明,对于顺直的矩形水槽,除污染源的区域外,纵向离散对恒定状态的混合没有多大影响。基于这一结论,在累计流量坐标系中,纵坐标轴是顺河流的主流方向的,因而纵向混合项可忽略。这也是累计流量自然坐标系的优点所在。在上述的假定下,方程(5-57) 和(5-58) 可写为

$$\frac{\partial}{\partial x}(m_y hu) + \frac{\partial}{\partial y}(m_x hv) = 0 \tag{5-59}$$

$$m_y hu\frac{\partial C}{\partial x} + m_x hv\frac{\partial C}{\partial y} = \frac{\partial}{\partial y}\left(\frac{m_x}{m_y}hM_y\frac{\partial C}{\partial y}\right) \tag{5-60}$$

在累计流量的自然坐标系中,有累计流量的关系式:

$$q_c = \int_{y_L}^{y} q\mathrm{d}y = \int_{y_L}^{y} m_y hu\mathrm{d}y \tag{5-61}$$

对单宽流量q而言沿流管是沿程不变的,那么q_c沿x方向的偏导数也为零。对连续性方程(5-59) 沿横断面积分,有

$$m_x hv = -\frac{\partial}{\partial x}\int_{y_L}^{y} m_y hu\mathrm{d}y = -\frac{\partial q_c}{\partial x} = 0 \tag{5-62}$$

于是式(5-60) 的第二项为零。并将该式通过复合函数表示为

$$m_y hu\frac{\partial C}{\partial x} = \frac{\partial}{\partial q_c}\left(\frac{m_x}{m_y}hM_y\frac{\partial C}{\partial q_c}\frac{\partial q_c}{\partial y}\right)\frac{\partial q_c}{\partial y} \tag{5-63}$$

由式(5-61) 得,$\partial q_c/\partial y = m_y hu$,故上式变为

$$\frac{\partial C}{\partial x} = \frac{\partial}{\partial q_c}\left(m_x h^2 uM_y\frac{\partial C}{\partial q_c}\right) \tag{5-64}$$

为了计算方便,可以进一步将累计流量坐标q_c加以无量纲化,令

$$\eta(y) = \frac{q_c(y)}{Q} \tag{5-65}$$

式中:$\eta(y)$称为无量纲累计流量坐标;Q为河流流量。式(5-64) 改写为

$$\frac{\partial C}{\partial x} = \frac{1}{Q^2}\frac{\partial}{\partial \eta}\left(m_x h^2 uM_y\frac{\partial C}{\partial \eta}\right) \tag{5-66}$$

令

$$D_y(x,\eta) = m_x h^2 uM_y \tag{5-67}$$

称$D_y(x,\eta)$为横向扩散因素,量纲为$[L^5T^{-2}]$。一般讲,D_y综合反映了水流的流动,包括纵向流速、紊动、二次环流以及水深、河床地形、河道弯曲等因素对横向扩散输移的影响。于是有

$$\frac{\partial C}{\partial x} = \frac{1}{Q^2}\frac{\partial}{\partial \eta}\left[D_y(x,\eta)\frac{\partial C}{\partial \eta}\right] \tag{5-68}$$

式(5-68) 就是在累计流量自然坐标系下计算污染带的基本方程。将该式与式(5-60) 比较可知,由于累计流量的自然坐标线与流线重合,使得$hv = 0$,式(5-68) 不会出现横向流速v。这样,既通过使用累计流量坐标对v加以考虑,而同时又在计算中避免了当v出现的麻烦,这样就将河槽矩形化了,使计算大为简化,这就是累计流量法的精髓。

4.无量纲累计流量坐标的建立及横向扩散因素 D_y 的处理

在使用累计流量法时,必须建立无量纲坐标,也就是要建立 η 和 y 的数值关系,最后将解得的 $C(x,\eta)$ 转化为 $C(x,y)$。

对于有实测流速、流量、水深和断面形状等资料的情形,先求出 q_c,再由式(5-65)求得 η。

若没有流速资料,仅有流量、水深和断面形状资料,可采用 Sium 提出的求单宽流量的经验公式:

$$q = b_0\bar{q}\,(h/\bar{h})^{\,b_1} \tag{5-69}$$

式中:$\bar{q}$ 为平均单宽流量,$\bar{q} = q/B$,B 为水面宽;$\bar{h}$ 为断面平均水深,$\bar{h} = A/B$,A 为过水断面面积;b_0 和 b_1 为经验系数。当 $b_0 = 1$,$b_1 = 5/3$,这和曼宁公式一致。对于顺直河道,当 $50 < B/\bar{h} < 70$,$b_0 = 1$,$b_1 = 5/3$;当 $B/\bar{h} > 70$,$b_0 = 0.92$,$b_1 = 7/4$。

将式(5-69)代入式(5-65),有

$$\eta(y) = \frac{q_c}{Q} = \frac{1}{Q}\sum_{i=1}^{j} q_i \Delta y_i \tag{5-70}$$

式中:$y = \Delta y_1 + \Delta y_2 + \cdots + \Delta y_j$。为了使上式满足 η 在 $y = B$ 处等于1,在计算中可对经验参数值进行一些修改。

横向扩散因素 D_y 是 M_y 和 $(m_x h^2 u)$ 的乘积,它是一个变数。Lau 等人认为,对 M_y 取分段平均,保持 $(m_x h^2 u)$ 是 x 和 y 的函数,来计算 D_y 的效果较好。

若 D_y 是 x 和 η 的函数时,一般只能对式(5-58)求其数值解。若对 M_y 和 $(m_x h^2 u)$ 都取全长平均,则 D_y 是常数,则式(5-58)变为

$$\frac{\partial C}{\partial x} = \frac{D_y}{Q^2}\frac{\partial^2 C}{\partial \eta^2} \tag{5-71}$$

令

$$D = \frac{D_y}{Q^2} = \frac{m_x h^2 u M_y}{Q^2} \tag{5-72}$$

有

$$\frac{\partial C}{\partial x} = D\frac{\partial^2 C}{\partial \eta^2} \tag{5-73}$$

式中:D 也称为横向扩散因素,其量纲为$[\mathrm{L}^{-1}]$。

习　　题

5-1　有一宽浅的河道,水流为均匀流,平均水深 h 为 2.1m,断面平均流速 $v = 0.83\mathrm{m/s}$,剪切流速 $u_* = 0.061\mathrm{m/s}$。废水排放采用中心排放,横向混合系数为 $M_y = 0.4hu_*$。试分别采用两种不同的带宽定义来估算排污口下游 400m 处的带宽(按不受岸壁影响考虑)。

5-2　已知矩形渠道,底宽 $B = 10\mathrm{m}$,水深 $h = 2\mathrm{m}$,糙率 $n = 0.02$,断面平均流速 $u = 1\mathrm{m/s}$。求纵向混合系数。

5-3　在微弯河流宽阔断面的中心,有一个工业废水排放口,废水流量 $q = 0.2\mathrm{m^3/s}$,废水中含有守恒的有害物质,其浓度 $C_0 = 100\mathrm{ppm}$,河流水深 $h = 4.0\mathrm{m}$,平均宽度 $B = 100\mathrm{m}$,流速

$v=1.0$m/s，摩阻流速 $u_*=0.061$m/s，假定废水排放后垂向均匀混合，横向扩散系数 $E_y=0.4hu_*$(m^2/s)。试近似估算排放口下游400m处的污染带宽度，有害物的最大浓度和断面平均浓度。

5-4　在顺直矩形断面渠道的岸边有一污水排放口，连续排放污水。渠宽50m，底坡为0.0002，水深为2m，断面平均流速为0.8m/s，为明渠均匀流。横向紊动扩散系数 $E_z=0.4hu_*$，估算达到断面上完全混合的距离。

5-5　有一顺直河段，测得其中一个断面的资料见下表，过水断面面积为88.1m^2，水面宽度为81.5m，求无量纲累计流量坐标 η 与坐标 y 的关系。

i	0	1	2	3	4	5	6	7	8
Δy_i	0	10	10	10	10	10	10	10	11.5
y_i	0	10	20	30	40	50	60	70	81.5
h_i	0	0.81	1.23	2.24	1.76	1.47	0.85	0.62	0.41

参考文献

[1] 费希尔等著. 内陆及近海水域的混合[M].清华大学水力学教研组译，余常昭审校. 北京：水利电力出版社，1987年.

[2] 赵文谦，环境水力学[M]. 成都：成都科技大学出版社，1986年.

[3] 黄克中，环境水力学[M]. 广州：中山大学出版社，1997年.

[4] Yotsukura N and Sayre W W.Transverse mixing in natural channels[J],Water Resources Research,1976,12(4):695-704.

[5] Chang Y C.Lateral mixing in meandering channels[D].Ph. D. Dissertation, University of Iowa,1971.

[6] Sium O.Transverse flow distribution in natural streams as influenced by cross-sectional shape[D].M.S. Thesis,University of Iowa,1975.

[7] Seo I W and Cheong T S. Predicting longitudinal dispersion coefficient in natural streams[J].J. of Hydraulic Engineering,1998,124(1):25-32.

[8] Guymer I. Longitudinal dispersion in sinuous channel with changes in shape[J].J. of Hydraulic Engineering,1998,124(1):33-40.

[9] Koussis A D and Jose R M. Hydraulic estimation of dispersion coefficient for streams[J].J. of Hydraulic Engineering,1998,124(3):317-320.

[10] Fuhuoka S,Sayer W W. Longitudinal dispersion in sinuous channels[J].J. of hydraulics Div.,1973,99(HY1):195-217.

[11] McQuivey R S,Keefer T N. Simple method for predicting dispersion in streams[J]. J. of Env. Engr. Div. Proc. ASCE,1974,100(EE4):997-1011.

[12] Fischer H B. Discussion of Simple method for predicting dispersion in streams by McQuivey R S,Keefer T N[J].J. of Env. Engr. Div. Proc. ASCE,1975,101(EE3):453-455.

[13] Liu H. Predicting dispersion coefficient of streams[J].J. of Env. Engr. Div. Proc. ASCE,1977,103(EE1):59-69.

[14] Liu H,Cheng A H D. Modified Fickian model for predicting dispersion[J].J.. of Hydr. Div. Proc.ASCE,1980,106(Hy6):1021-1040.

[15] Jobson H E,Sayre W W. Vertical transfer in open channel flow[J].J. of Hydr. Div. Proc. ASCE,1970,96(HY3):1983-1996.

[16] Fischer H B. A note on the one-dimensional dispersion model[J].Air and Water Pollution Int. J.,1966,10,443.

[17] 黄克中,江涛.明渠均匀流污染带的最大信息熵理论[J].水利学报,1996年,26(5):61-68.

[18] 槐文信等.蜿蜒河道中纵向分散系数的水力估测[J].武汉大学学报(工学版),2002,35(4):9-12.

第6章 河口中的混合

所谓河口,是指入海河流受到潮汐作用的一段河段,即感潮河段。我国海岸线很长,入海河流多。在河口地区,工农业一般比较发达,人口密度也较大,水环境问题受到特别的重视和关注。

河口中污染物质的扩散和输移规律比内陆河流复杂得多。虽然已经有许多的研究成果,但对其混合机理的认识仍很不够,目前还没有普遍可靠的分析方法,尚需进一步研究。本章对河口中的混合问题做一初步叙述,重点介绍扩散输移的一维问题的分析方法。

6.1 河口的分类

河口由于地质、地貌、水流和泥沙条件的不同,演变和污染物混合输移的规律亦不同。将不同性质的河口进行分类,有利于系统地概括河口河床演变的普遍规律,有利于分析河口中污染物质的输移规律。目前对河口的分类主要有两大类:

第一种为按地貌分为河口湾、三角洲河口和峡江三类,这样的分类对认识河口的形成和发育过程是有益的,但从河口河床演变的角度看,这样的分类是不够的。而现代河口按地貌的分类是以河口河床演变为依据,1969年西蒙斯(H. B. Simmons)基于混合指数M(其定义为在一个全潮内注入河口径流量与潮流量之比)和河床演变分类指标α,将河口分为4类:

(1) 混合指数$M < 0.1$,而泥沙主要来自海域,$\alpha < 0.01$,称为强混合海相河口,如钱塘江河口。(2)$0.1 < M < 0.2$,而泥沙以海域沙为主,$0.01 < \alpha < 0.05$,称为缓混合海相河口,如射阳河、黄浦江等。

(3)$0.2 < M < 1$,陆相泥沙增加与海相来沙共同参与造床,$0.05 < \alpha < 0.5$,称为缓混合陆海双相河口,如长江口。

(4)$M > 1$,而泥沙以流域沙为主,$\alpha > 0.5$,称为弱混合陆相河口,如黄河河口。

其中,α值包括了水流因素和泥沙因素,可较好地反映河口河床演变特性,其表达式为

$$\alpha = \frac{Q_m T S_m}{Q'_m T' S'} \tag{6-1}$$

式中:Q_m为多年平均径流量,m^3/s;Q'_m为多年平均涨潮平均流量,m^3/s;T为全潮周期,s;T'为涨潮流历时,s;S_m为多年平均含沙量,kg/m^3;S_m'为涨潮平均含沙量,kg/m^3。上述4类的示意如图6-1所示。

第二种为按河口水动力学分类,分为明显分层河口、部分分层河口和混合良好河口。如图6-2所示。

(1) 明显分层河口:包括峡江河口及盐楔河口等,即与弱潮汐海相连的河口。如日本海

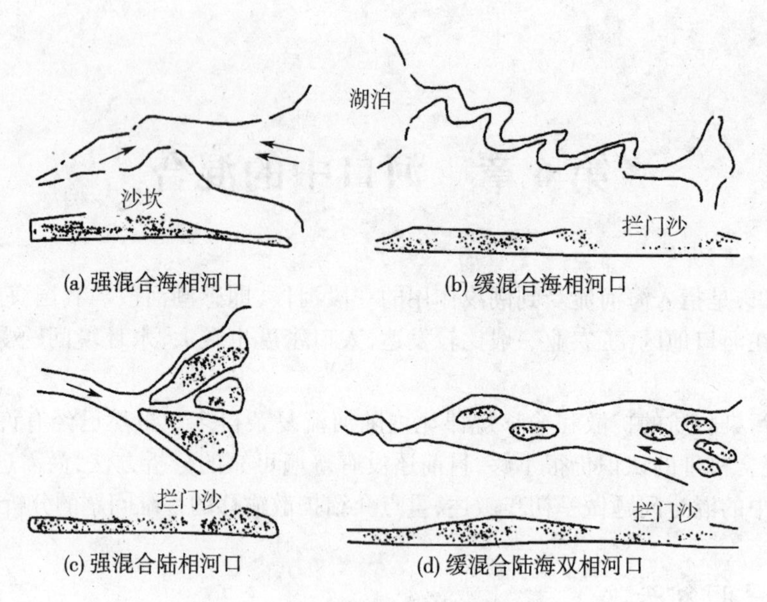

图 6-1 河口四种类型(按地貌分类)

和地中海沿岸河口,我国的广东珠江磨刀门河口均为分层明显河口。其特征是河流淡水漂浮在海水之上,海水呈盐楔自近海向内陆入侵,两层间存在强烈的物质交换。如图6-2(a) 所示。在潮流明显的海域,盐楔会随着潮流的进退,而上下游移动,潮汐动能愈

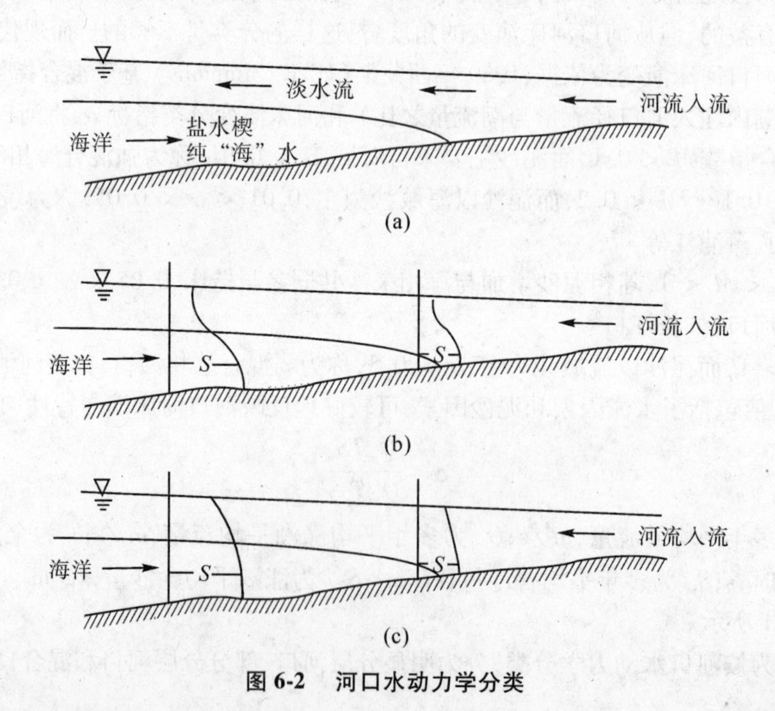

图 6-2 河口水动力学分类

大,盐楔运动愈强烈,淡水与海水的交界面就会破坏,产生紊动混合,有加强污染物质扩散稀释的作用。

为了判别淡水和盐水分层和混合的程度,Richardson 提出一个无量纲数:

$$R_i = \frac{\Delta\rho g Q_f}{\rho B u_t^3} \tag{6-2}$$

式中:$\Delta\rho$ 为海水与河水的密度差;ρ 为河水密度;Q_f 为河水流量;u_t 为潮流流速;B 为河宽;g 为重力加速度;R_i 为河口里查森数。R_i 愈大,表示分层愈明显。根据实测资料,从混合很好变为强烈分层的过渡范围是 $0.08 < R_i < 0.8$。显然,当 $R_i \geqslant 0.8$,为明显分层,$R_i \leqslant 0.08$,为混合良好的河口。

(2) 部分分层河口:大部分河口属于部分分层河口,即过渡类型。其特征为等盐度线向上倾向海洋,从而出现典型河口环流。这对河口中物质的输移有很大的影响,在环流中心易形成高浓度区,淡水和盐水交汇处、击荡处,容易发生沉降作用。

(3) 混合良好河口:在潮流强烈的河口,混合一般良好。其特征为等盐度线几乎垂直分布,但在水平方向存在密度梯度。河口中物质输移取决于潮流。

6.2 河口中混合的成因

在大多数情况下,河口混合的成因主要是风、潮汐和由于海水与河水有密度差而产生的密度分层,其中具有周期性的潮汐影响最大。所以,河口中的混合成因比河流复杂得多。本节将分别对风、潮汐、密度分层这三种成因导致的混合进行初步分析。

6.2.1 风引起的混合

风通常是海洋、大湖等能量的主要来源之一。风在水面上施加拉力,最明显的结果是产生波浪和破碎波。虽然波浪和破碎波只对小尺度的混合产生影响,但是在宽阔的河口中,风对混合也能产生较大的影响。例如,风在水面形成曳力,推动漂浮物质、浮油沿着风向运动。因此,油沫的扩散输移直接受到当地风的影响。

在具有深槽和浅槽的河口中,稳定的岸风可产生环流,如图 6-3 所示。实践证明,浅水

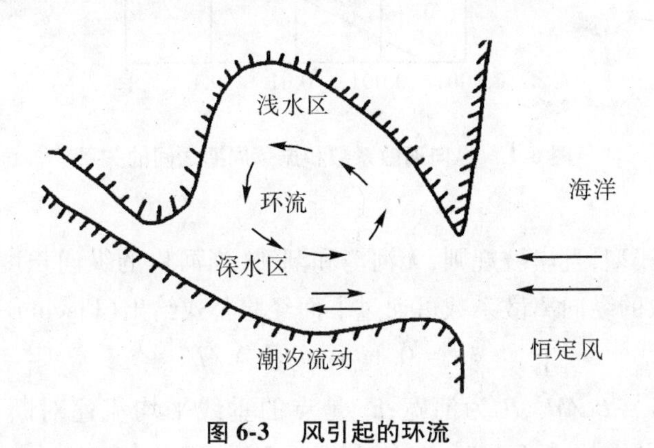

图 6-3 风引起的环流

一边的流向与风向一致,深水一边的流向与潮水的流向一致,这样就会在浅水区产生立轴环流。

关于风引起河口水体的流动从而导致的混合问题,一般都需要通过非恒定流运动方程和随流扩散方程进行求解。

6.2.2　潮汐引起的混合

潮汐有两种方式来影响河口中物质的混合:一是通过潮水在沿河床底部流动时产生摩擦引起紊动而导致的紊动混合;二是通过潮汐波产生的大尺度流动而引起的混合。大尺度流动包括与河流相似的剪切流动(切力作用)的离散以及一些所谓的"余环流"。下面先对切力作用引起的离散进行讨论,进而讨论潮汐抽吸作用(Pumping)产生的余环流引起的混合和潮汐"截污"(Trapping)作用引起的混合。

1.潮汐流速梯度引起的纵向离散

潮流形成的剪切流区别于河流中的剪切流的显著特征是往复流动。根据剪切流理论和往复效应对纵向离散系数 K 的影响,可得潮汐剪切流的离散系数为

$$K = K_0 f(T') \tag{6-3}$$

式中:T' 为横断面混合的无量纲时间尺度,$T' = T/T_C$,T 为潮周期,T_C 为横断面混合时间;K_0 为潮周期 T 远大于 T_C 时的离散系数,即

$$K_0 = \frac{1}{240}\frac{\bar{u}^2 h^2}{D} \tag{6-4}$$

式中:h 为剪切流的特征横向尺度;D 为分子扩散系数;$\bar{u}$ 为平均流速。

$f(T')$ 与 K/K_0 之间关系见图 6-4。

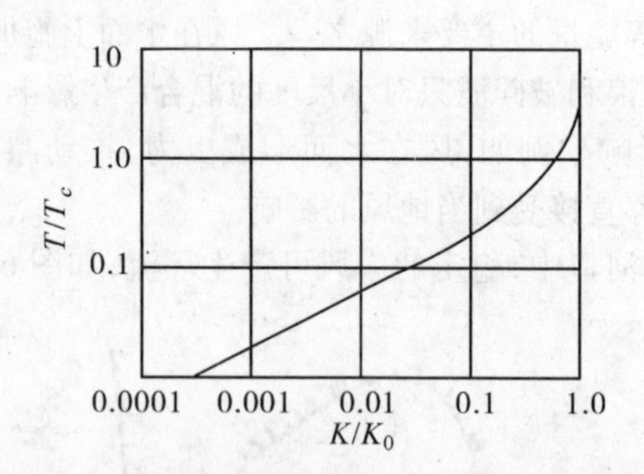

图 6-4　纵向离散系数和振荡周期之间的关系

若河口属于宽浅型,且岸坡规则,无河湾和潮滩,当河口的纵向长度比横向长度大得多时,由流速梯度导致的纵向离散系数可通过下面经验公式给出(Fischer 等,1979):

$$K = 0.1\langle u_b^2\rangle T f(T')/T' \tag{6-5}$$

式中:$T' = T/T_C$,$T_C = B^2/M_y$,B 为河宽;u_b 是点的垂线平均流速对断面平均流速的偏差值;$\langle\cdots\rangle$ 表示断面平均;函数 $[f(T')/T']$,如图 6-5 所示。

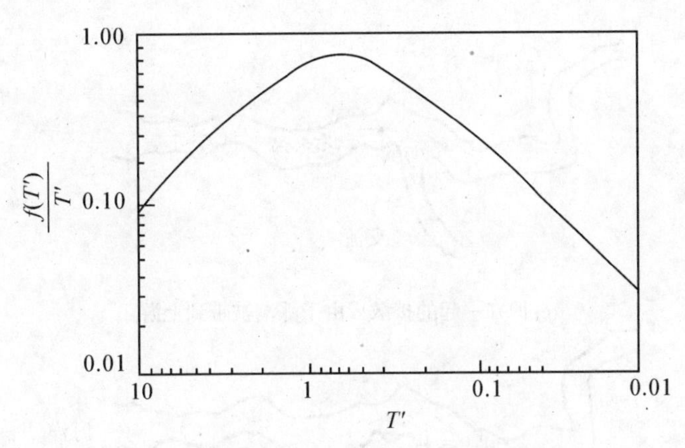

图 6-5 [$f(T')/T'$] 与 T' 之间的关系

从图 6-5 可知,当 T' 在 0.6 附近时,[$f(T')/T'$] 函数有一极大值,约为 0.8,即由潮汐横向流速梯度引起的离散系数最大。河口很宽(T' 小)或很窄(T' 大),离散系数均小。但由式(6-5)计算所得的 K 值一般比河流中的 K 的最大值要小。例如,有一沼泽长约 20km,宽约 100m,与海洋相连。该沼泽无淡水流入,所以含盐度与海洋相同。潮汐时的平均水深约为 3m,潮汐周期为 12.5h,潮水在半周期内的移动距离为 7km。设 $u_* = 0.1u_t$,$M_y = 0.6hu_*$,则可由式(6-5)估算靠近海洋一端的纵向离散系数为 $43m^2/s$。

需要值得注意的是式(6-5)算出的 K 值仅是潮汐横向流速梯度引起的,还有其他原因引起的离散将使纵向离散系数值还要增大。

2.潮汐的抽吸作用产生残余环流引起的分散

对大多数潮汐而言,都会有一种残余环流。它是指河口每一点上的流速在一个潮汐周期内的平均值组成的速度场所导致的流动。潮流虽然是一种往复流,但不具有完全的周期性,其中含有非周期的成分,该成分的时间平均流速便组成该流速场。潮汐在产生残余环流的过程中好像是起了一个往复泵的抽吸作用。在近海工程中,人们就利用这一机理来达到改善局部环境的目的。

在大的河口,形成残余环流有两个原因:一是由柯氏力引起的,在北半球引起水流偏右,南半球偏左,因此涨潮流在北半球偏向左岸(向海看),落潮流偏向右岸,从而形成净环流,成逆时针旋转。这也是平均盐度东岸高于西岸的原因;二是潮流与河口的不规则地形相互作用而引起的。

3.潮汐的截污作用引起的离散

截污作用是用来描述边槽和小支流对混合影响的术语,其机理可采用下面的例子加以说明。

图 6-6 为一个典型的海岸型河口平面图,具有一个主槽和许多岸边分支。在主河槽中,由于惯性作用,水位与流速有相位差,但在边槽和小支流内,相位差比较小。这是因为在主槽中水流具有较大的动量,而这一动量使得水流在水位开始下降后的一定时间内也继续向上游流动;与此相反,在边槽和小支流内,水流的动量较小,当水位开始下降之后,水流的方

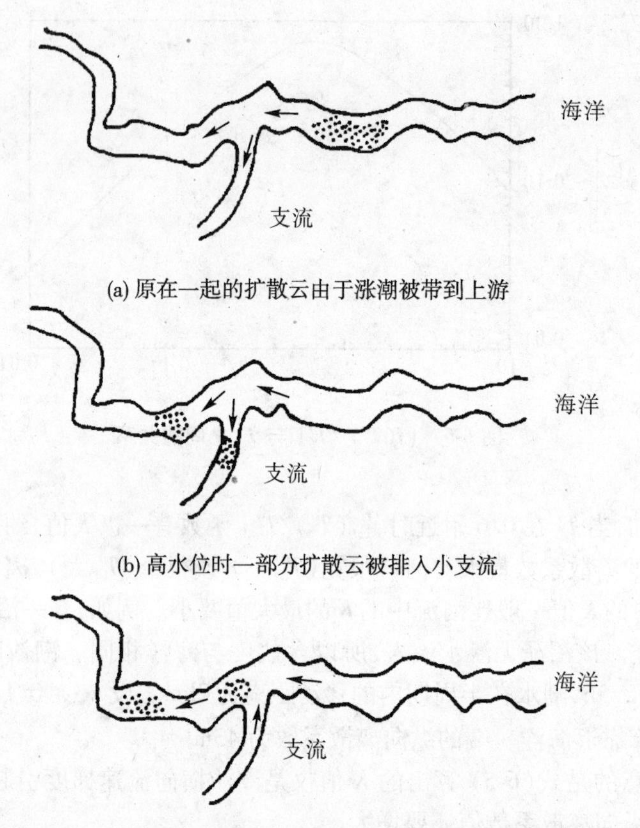

(a) 原在一起的扩散云由于涨潮被带到上游

(b) 高水位时一部分扩散云被排入小支流

(c) 退潮初期，主槽扩散云继续流向上游，而小支流的扩散云重新进入主槽，使涨潮时在一起的扩散云在退潮时分开了

图 6-6　支流对离散的影响

向将较快地就跟着发生改变，这样就使原来在一起的扩散云团当水位下降之后重新回到主槽时就分散了。这种潮汐的截污作用是在河口中使离散加大的重要原因。

1973 年，奥库博（Okubo）提出下列有效纵向扩散系数 K_e 计算式，阐明截污作用对污染物纵向扩散的影响：

$$K_e = \frac{K'}{1+r} + \frac{ru_0^2}{2k\,(1+r)^2(1+r+\sigma/k)} \tag{6-6}$$

式中：K' 为主流的纵向扩散系数；主流中均匀流速 $u = u_0\cos(\sigma t)$；r 为截污水体体积与主槽（主水道）体积之比；k^{-1} 为截污和主流间的特征交换时间；σ 为圆频率。取英国的 Mersey 河口作为例子，有最大潮汐流速 $u_0 = 1.5\text{m/s}$，潮汐流速的圆频率 $\sigma = 1.4\times10^{-4}\ \text{s}^{-1}$，假设 $r = 0.1$ 和 $k^{-1} = 10^4\text{s}$，则得 $K_e = 0.91\,K' + 372\text{m}^2/\text{s}$。

6.2.3　密度分层引起的混合

内陆河水的密度比海水的密度小，当河水流入海水时，河水位于海水的上部，海水在河水的下部。图 6-7(a) 给出一典型的分层河口的纵剖面,含盐度以 S(‰) 表示。等盐度线从上方倾向海洋,自然趋势是逐渐趋于水平,因为这是分层液体的稳定条件。上部淡水流向海洋,下部盐水流向内陆,形成顺时针的立面环流,一般称为重力环流或斜压环流,它对混合的影响甚大。应该注意,即使混合很好的河口,但因含盐度的等值线是垂直的,存在一个水平密度梯度,此时在河口的纵剖面上仍会产生顺时针的重力环流。由于河口的横断面在纵向上有变化,水深在横断面上也有变化,从而导致重力环流在水平面上和在横断面上都会发生,情况甚为复杂。图 6-7(b) 给出了河口立面二维流动引起混合的示意图。

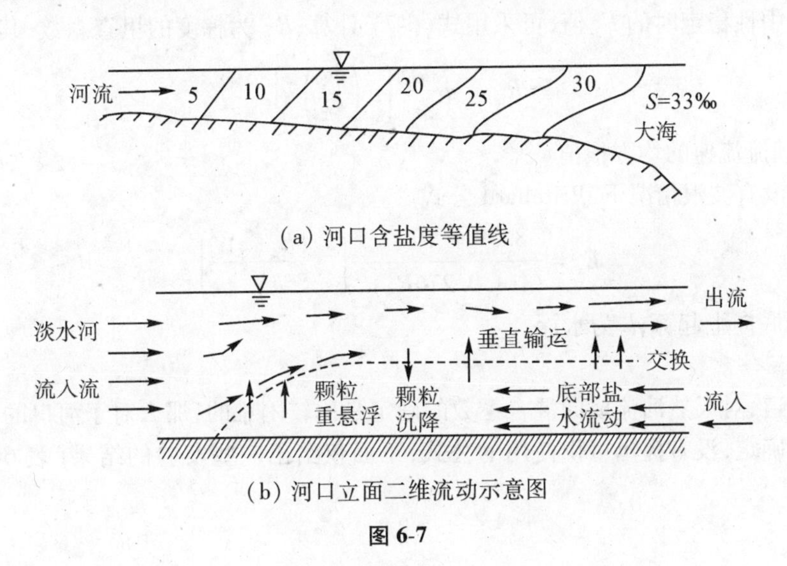

图 6-7

前面讨论了引起混合的三个主要成因及其影响。在实际河口中,它们并不是单一存在的,可能有一个或两个成因是主要的;甚至有的成因是随季节而变。具体的河口问题要具体分析,以便选用正确的方法来处理。

6.3 河口的紊动扩散系数和纵向离散系数

一些河口十分宽阔和不规则,以致很难辨认横断面,这就不能用河流的横向和纵向扩散的概念及其相应的扩散系数来进行讨论。但是,有一些河口是比较狭长和比较均匀的,可以使用与河流相似的方法来处理这类河口问题。可以使用垂向扩散系数 K_z、横向混合系数 M_y 和纵向离散系数 K。对于河口的紊动扩散和离散的研究成果不多,下面介绍的一些成果,也仅供参考使用。

1.垂向扩散系数

河口为等密度潮流时,垂直混合主要决定于由河床切应力引起的湍流。因此,垂直扩散系数可采用河流中的公式,即

$$E_z = 0.067u_*h \tag{6-7}$$

重要的是 u_* 的计算,在平潮时,u_* 接近零,潮流速度最大时,u_* 最大,因此,在实际计算时,取其平均值来代入即可。

对于非恒定流，切应力不易测定，通常将上式中的 u_* 用潮水的垂线平均的纵向流速来代替，1967 年，鲍登(Bowden)提出了下列关系式：

$$E_z = 0.0025u_a h \tag{6-8}$$

对于稳定密度分层河口的垂直扩散系数的研究不多，很难给出合适的 E_z 值，下面介绍两个时常引用的公式：

(1) Munk and Andarson 公式。

$$E_z = E_{z0}(1 + 3.33R_{ig})^{-1.5} \tag{6-9}$$

式中：E_{z0} 为中性稳定时的 E_z 值，可采用式(6-7)计算；R_{ig} 为梯度的里查森数，其计算式为

$$R_{ig} = g\frac{\partial \rho}{\partial z} \Big/ \left[\rho\left(\frac{\partial u_t}{\partial z}\right)^2\right] \tag{6-10}$$

式中：u_t 为潮流流速的均方根值。

(2) 在没有波浪情况下，Pritchard 公式。

$$E_z = \frac{8.59\times 10^{-3}u_t}{(1+0.276R_{ig})^2}\left[\frac{z^2(h-z)^2}{h^3}\right] \tag{6-11}$$

式中：z 从河底向上起算；h 为水深。

2. 横向混合系数

我们知道，对天然河流横向混合系数的确定是比较困难的，那么对于河口的横向混合系数就更难以确定，没有提出可供使用的公式，下面仅给出一些实验的结果(表 6-1)，以供参考。

表 6-1　**河口和海湾的横向混合系数**

河口名称	Fraser	Fraser	Cordova	Gironde	旧金山海湾	Delaware
M_y/hu_*	0.44	1.61	0.42	1.03	1.00	1.20
说明	平潮期	退潮期				

3. 纵向离散系数

对长而窄的河口，如果横向混合较为充分，污染物的扩散输移可按一维来处理。对盐分而言，可视为保守物质。如果将坐标原点取在出海口，x 轴自海口指向内陆，那么在一个潮汐周期内，当含盐度 S 达到稳定状态时，河水流动使盐分向下游的随流输移与其他全部机理所导致的输移相平衡，用数学式描述为

$$u_f S = -K\frac{\mathrm{d}S}{\mathrm{d}x} \tag{6-12}$$

式中：K 为纵向离散系数，包括了除随流扩散外的所有导致混合的因素；u_f 为一个潮汐周期内平均的河水断面平均流速。将上式积分，可得

$$K = u_f x\left[\ln\left(\frac{S}{S_0}\right)\right]^{-1} \tag{6-13}$$

式中：S_0 为出海口处的含盐度。式(6-13)可作为测量河口纵向离散系数的计算公式。例

如,有一窄长河口,$Q_f = 447.3\text{m}^3/\text{s}$,平均过水断面面积 $A = 1026\text{m}^2$,已测得出海口处 $S_0 = 33\text{g/L}$,离出海口500、1500、2000、4000和7000m处的S平均值分别为20、10、5、1和0.1 g/L,试计算河口的离散系数。利用上式,分别求出不同x处的K值,然后求其算术平均后得到$K = 494\text{m}^2/\text{s}$。

当缺乏含盐度的实测资料时,可利用 Hefling 和 Connell 的公式给出K值。

$$K = 156u_{t\max}^{4/3} \tag{6-14}$$

式中,$u_{t\max}$为河口入海处的最大潮汐速度,其单位以哩/小时(nautical mile/h)计;K以m^2/s计。

将式(6-14)的速度换算为m/s,则可写为

$$K = 378.45u_{t\max}^{4/3} \tag{6-15}$$

表6-2给出河口纵向离散系数的某些观测资料,以便对其量级和大小有一了解。

表6-2　**河口纵向离散系数(经验数据)**

地点	$K/(\text{m}^2\cdot\text{s}^{-1})$	说明
旧金山河口(美国)	200	
纽约港(美国)	300 ~ 720	
Potomac(美国)	180 ~ 300	下游80km河段
Delaware(美国)	210 ~ 330	下游至河口
Mersey(英国)	160 ~ 360	
Severn(英国)	54 ~ 122	夏季
Severn(英国)	124 ~ 535	冬季
Waccasassa(美国)	60 ~ 81	
泰晤士河口(英国)	53 ~ 84	小流量
泰晤士河口(英国)	338	大流量
鹿特丹(荷兰)	280	

6.4　污染物离散的一维分析

在实际工程中,要求采用的方法简明而敏捷,得出结果的精度能满足工程的需要,即能回答实际问题。污染物离散的一维分析就是一个很有用的方法。该方法适用于窄而长的河口,用于宽而大的河口时,要慎重。对属于浅滩和深槽相间的宽河口,还是可以使用的。

1.河口中停滞时间

污染物在河口中停滞的时间是一个很重要的参数。因为潮流的一进一退,某些污染物在感潮河段和河口中来回漂移,可能停留一定的时间。对于不同的河口,在不同的潮流作用下,具有不同的停滞时间,有的长达一年多,有的只需几天。一般而言,污染物在河口停留几十天是常事。

先引进一个淡化度的概念(Freshness),其定义为

$$f = (S_0 - S)/S_0 \tag{6-16}$$

式中:S_0 为海水盐度;S 为河口中的平均盐度。纯淡水的淡化度为1,纯海水的淡化度为0。在河口中不同断面的盐度是变化的,因此应该逐断面算出横断面的盐度,再求出其平均值。

在 $x = L$ 的给定断面和河口入海处($x = 0$)之间淡水总量可由河口中总水量乘以它的淡化度而确定。即

$$V = \int_0^L \int_A f \mathrm{d}A \mathrm{d}x \tag{6-17}$$

式中:V 为纯淡水的总体积。则在 $x = L$ 的横断面和入海口之间的平均停滞时间为

$$T_f = V/Q_f \tag{6-18}$$

该时间是淡水流入量完全置换在横断面($x = L$)与入海口间的全部淡水所需要的时间。

2.河口内的潮汐交换和稀释流量

(1) 交换比。感潮河段和河口物质的输移决定于河流的径流和潮流两种因素相互作用的结果,常用潮流交换比(Tidal Exchange Ratio)R 来表示。定义为

$$R = V_0/V_f \tag{6-19}$$

式中:V_0 为涨潮时进入河口海水的体积;V_f 为涨潮时进入河口总水体积。如果进入淡水量远比涨潮量小,V_f 可近似为

$$P = u_t AT/2 \tag{6-20}$$

式中:u_t 为潮流速度;A 为河口横断面面积;T 为潮周期;V_f 也可为落潮排出河口水的体积 V_e 减去潮循环进入河口淡水总量 V_Q,即

$$V_f = V_e - V_Q \tag{6-21}$$

对于 V_Q 的计算,若有废水流入时,其大小等于 Q_f 与废水流量之和再乘以潮周期;否则,等于 Q_f 乘以潮周期。V_f 也可为涨潮进入河口的海水的体积 V_0 与前次落潮排出河口的部分水的体积 V_{fe},即

$$V_f = V_0 + V_{fe} \tag{6-22}$$

(2) 稀释流量。对图6-8所示的水情系统,在河湾处有一污水口,其出流量为 Q_e,排放物质的强度为 M,试估计污水出口处附近的平均浓度。

为便于分析,可以假定来自海洋的纯海水流到污水排放点,与污水及支流的来水相混合后,再流回大海。

设 Q_0 为海水的循环流量;Q_f 为污水排放点上游所有支流汇入的流量。则河口的盐量平衡必须满足:

$$Q_0 S_0 = (Q_0 + Q_e + Q_f) S \tag{6-23}$$

式中:S_0 为海水盐浓度。解得 Q_0 为

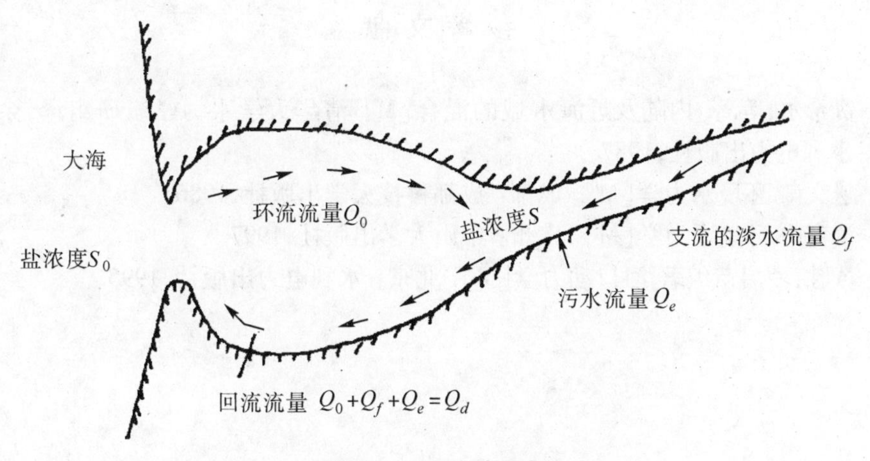

图 6-8　河口水情示意图

$$Q_0 = \frac{(Q_e + Q_f)\,S}{(S_0 - S)} \tag{6-24}$$

稀释污水的总流量为

$$Q_d = Q_0 + Q_e + Q_f = \frac{(Q_e + Q_f)\,S_0}{(S_0 - S)} \tag{6-25}$$

在污水排放口附近的平均浓度为

$$C_d = \frac{\dot{M}}{Q_d} \tag{6-26}$$

式中:$\dot{M}$ 为单位时间单位质量物质的排放率。

本部分的河口一维分析均是建立在恒定情况下的,并且所得结果是仅适合于保守物质的混合输移,给出的浓度是平均浓度,在排放口处的浓度峰值会大大超出其平均浓度。

习　　题

6-1　一沼泽长为 20km,宽 100m,与海洋相连。该沼泽无淡水流入,所以含盐度与海洋相同。潮汐时的平均水深为 3m,潮汐周期为 12.5h,潮水在半周期内的移动距离为 7km,试估计靠近海一端的纵向离散系数。

6-2　一窄长河口,径流量为 447.3m^3/s,平均过水断面面积为 1026m^2。已知海口处 S_0 = 33g/L,距离海口 500、1500、2000、4000 和 7000m 处的 S 平均值分别为 20、10、5、1 和 0.1g/L,求该河口的平均分散系数。

6-3　解释近海水域中残余流的概念。给出利用残余流改善近海水域水质的例子,并给出其改善环境水质的机理。

6-4　阐述影响近海水域污染物质输移的因素,并分析影响因素作用于物质输移的机理。

参考文献

[1] 费希尔,等著. 内陆及近海水域的混合[M].清华大学水力学教研组译,余常昭审校. 北京:水利电力出版社,1987.

[2] 赵文谦.环境水力学[M]. 成都: 成都科技大学出版社,1986.

[3] 黄克中.环境水力学[M]. 广州: 中山大学出版社,1997.

[4] 黄胜,卢启苗编著.河口动力学[M]. 北京: 水利电力出版社,1995.

第7章 射流和浮力射流

废水废气从排放口多以射流的形式排入受纳流体。

一股流体从几何尺寸远小于受纳流体所占空间尺寸的喷口流入受纳流体,并同其混合的流动状态,叫做射流。

若从喷口流出的流体与其周围的受纳流体的物理性质相同,射流形成主要是喷口处初始动量的作用,这类射流称为纯射流(简称为射流)。若射流形成是喷口处流体与受纳流体的密度差产生浮力的作用,这类射流称为卷流或羽流。若射流不仅具有初始动量,而且还受浮力的作用,这类射流称为浮力射流或强迫卷流。

按环境流体所处状态,射流可分为静止环境中的射流和流动环境中的射流;按环境流体所占空间,可分为有限空间射流和自由射流;按环境流体的密度分布,可分为均匀环境中的射流和分层环境中的射流;按射流喷口形状,可分为平面射流(二维)、圆形射流(轴对称)和矩形射流(三维);按喷口的法线方向,可分为水平射流、铅垂射流及倾斜射流;按流动形态,射流又可分为层流射流和湍流射流;另外,同一般流动一样,射流还可分为不可压缩的和可压缩的,非恒定的和恒定的。

7.1 静止均匀环境中的浮力射流

1.静止均匀环境中的射流

图7-1为静止环境中的纯射流,其特征量的变化规律列于表7-1中。

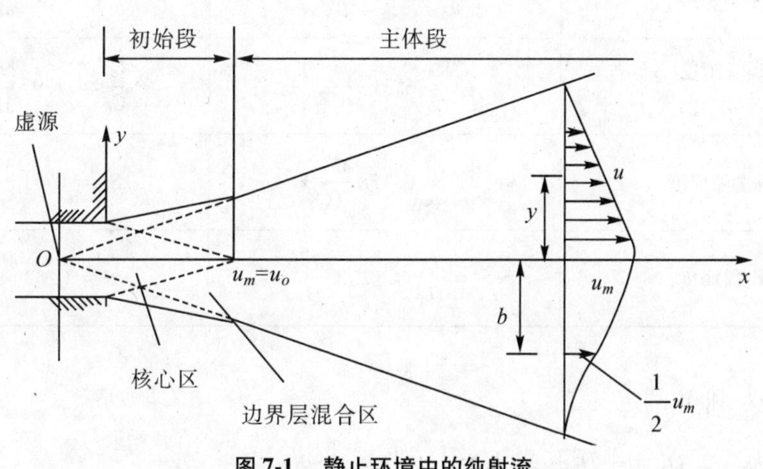

图7-1 静止环境中的纯射流

表 7-1　　用喷口几何参数表示的射流公式

特性	圆射流($x \geqslant 6.2D$)	平面射流($x \geqslant 5.2B$)
射流半宽	$b = 0.114x$	$b = 0.154x$
中心线流速	$\frac{u_c}{u_0} = 6.2\left(\frac{D}{x}\right)$	$\frac{u_c}{u_0} = 2.28\left(\frac{B}{x}\right)^{1/2}$
中心线浓度(不计本底浓度)	$\frac{C_c}{C_0} = 5.59\left(\frac{D}{x}\right)$	$\frac{C_c}{C_0} = 1.97\left(\frac{B}{x}\right)^{1/2}$
中心线稀释度	$S_c = \frac{C_0}{C_c} = 0.18\left(\frac{x}{D}\right)$	$S_c = 0.51\left(\frac{x}{B}\right)^{1/2}$
平均稀释度	$\bar{S}_c = \frac{Q}{Q_0} = 0.32\left(\frac{x}{D}\right)$	$\bar{S} = 0.62\left(\frac{x}{B}\right)^{1/2}$

表 7-1 中,b 为射流半宽,定义为在射流的横断面上从射流中心线算起的某一距离上的纵向流速等于该断面上射流中线流速一半的距离;B 为平面射流的出口宽度;D 为圆形射流的出口直径;脚标 c 表示中心线上的值;C 为浓度;S 为稀释度。若用出口流量 Q_0 和动量 M 表示其特征量,其结果列于表 7-2。

表 7-2　　用出口通量 Q_0 和动量 M 表示的射流公式

特性	圆射流($x \geqslant 6.2D$)	平面射流($x \geqslant 5.2B$)
Q_0 的量纲	L^3T^{-1}	L^2T^{-1}
M 的量纲	L^4T^{-2}	L^3T^{-2}
射流半宽	$b = 0.114x$	$b = 0.154x$
中心线流速	$\frac{u_c}{u_0} = 7.0\frac{Q_0}{M^{1/2}x}$	$\frac{u_c}{u_0} = 2.28\frac{q_0}{M^{1/2}}\frac{1}{x^{1/2}}$
中心线浓度(不计本底)	$\frac{C_c}{C_0} = 6.31\frac{Q_0}{M^{1/2}}\frac{1}{x}$	$\frac{C_c}{C_0} = 1.97\frac{q_0}{M^{1/2}}\frac{1}{x^{1/2}}$
中心线稀释度	$S_c = 0.158\frac{M^{1/2}}{Q_0}x$	$S_c = 0.51\frac{M^{1/2}}{q_0}x^{1/2}$
平均稀释度	$\bar{S} = \frac{Q}{Q_0} = 0.28\frac{M^{1/2}}{Q_0}x$	$\bar{S} = 0.62\frac{M^{1/2}}{q_0}x^{1/2}$

公式中 Q_0 和 M 的定义是

圆射流为　　$Q_0 = \frac{\pi}{4}D^2u_0$,　$M = \int_A u^2\mathrm{d}A = \frac{\pi}{4}D^2u_0^2$

平面射流 $q_0 = Bu_0$, $M = \int_{-\infty}^{\infty} u^2 \mathrm{d}y = Bu_0^2$

2.静止均匀环境中的羽流

羽流的特征是在出口处浮力通量占主导地位,流动主要依靠浮力来驱动,其流动示意见图 7-2。其流动的主要特征量列于表 7-3。

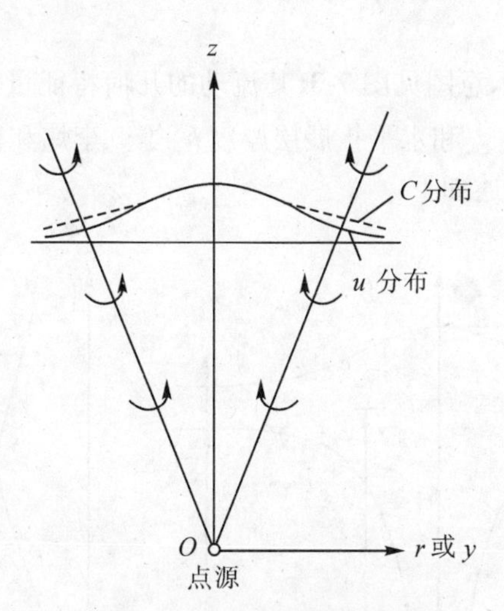

图 7-2 静止环境中的羽流

表 7-3 **羽流特性计算公式**

特性	圆形羽流	平面羽流
比浮力通量量纲	L^4T^{-3}	L^3T^{-3}
浮力羽流半宽	$b = 0.102z$	$b = 0.147z$
体积流量	$Q = 0.156P^{1/3}z^{5/3}$	$Q = 0.535P^{1/3}z$
比动量通量	$M = 0.37P^{2/3}z^{4/3}$	$M = 0.774P^{2/3}z$
中心线流速	$u_c = 4.74P^{1/3}z^{-1/3}$	$u_c = 2.05P^{1/3}$
中心线浓度	$C_c = 11.17Q_0c_0P^{-1/3}z^{-5/3}$	$C_c = 2.40q_0c_0P^{-1/3}z^{-1}$
中心线稀释度	$S_c = c_0/c_c = 0.089Q_0^{-1}P^{1/3}z^{5/3}$	$S_c = c_0/c_c = 0.417q_0^{-1}P^{1/3}z$
平均稀释度	$\bar{S} = Q/Q_0 = 0.156Q_0^{-1}P^{1/3}z^{5/3}$	$\bar{S} = q/q_0 = 0.535q_0^{-1}P^{1/3}z$

式中:比浮力通量 P 对圆形断面浮力羽流为

$$P = \frac{\Delta\rho}{\rho_a} g Q_0 = P_0$$

对平面浮力羽流为

$$P = \int_{-\infty}^{\infty} \frac{\Delta\rho}{\Delta\rho_a} gu\mathrm{d}y = \frac{\Delta\rho_0}{\rho_a} gq_0 = P_0$$

7.2　静止分层环境中的浮力射流

静止环境中的浮力射流示意图见图 7-3,其流动的几何特征量包括最大上升高度 x_m,零浮力高度 x_n,扩展层底缘高度 x_a 和水平扩展层厚度 h_s 等。李炜和槐文信通过量纲分析总结了多种情况下的特征量,现分述如下:

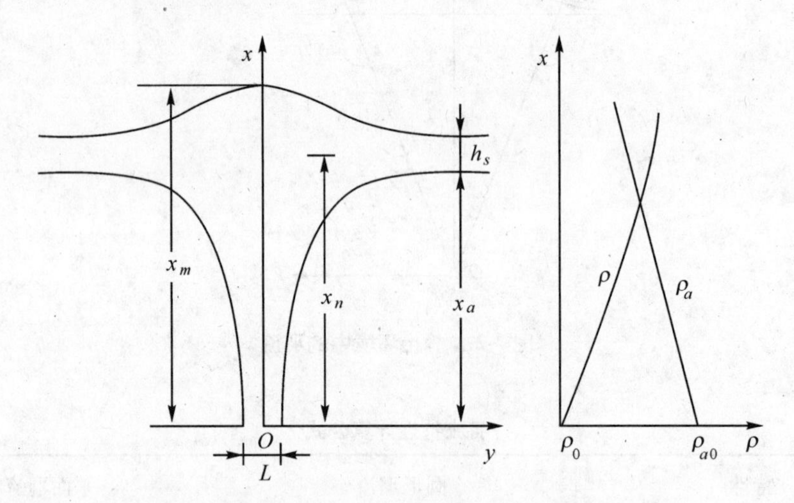

图 7-3　静止分层环境中的浮力射流

1.铅垂平面浮力射流

基于 Wright and Wallace(1979),Wallace and Wright(1984) 分别给出的线性分层环境中的浮力射流特征量的资料,李炜和槐文信提出[4]:

最大上升高度

$$x_m = 7.95\,(F_0S)^{-2/7} b\sqrt{F_0} \tag{7-1}$$

零浮力点高度

$$x_n = 4.12\,(F_0S)^{-1/3} b\sqrt{F_0} \tag{7-2}$$

扩展层厚度

$$h_s = 4.6\,(F_0S)^{-2/9} b\sqrt{F_0} \tag{7-3}$$

扩展层底缘高度

$$x_a = 1.7\,(F_0S)^{-1/2} b\sqrt{F_0} \tag{7-4}$$

最小稀释度

$$S_m = 0.59\,(F_0S)^{-1/2} \sqrt{F_0} \tag{7-5}$$

式中：b 为平面射流孔口宽度，喷口处密度弗劳德数 $F_0=\frac{T_{a0}u_0^2}{g(T_0-T_{a0})L}$；$S=\frac{L}{T_0-T_{a0}}\frac{\mathrm{d}T_a}{\mathrm{d}x}$；$T_{a0}$ 为射流出口高度处的环境温度；T_a 为环境温度；L 为特征长度，对于圆形射流取射流的出口直径，对于平面射流取射流的出口宽度；$\mathrm{d}T_a/\mathrm{d}x$ 为环境的温度梯度。

2.倾斜排放平面浮力射流

基于 Lee and Cheung(1986) 对排放角为 45° 的线性分层环境中的浮力射流特征量的资料，李炜和槐文信提出[4]：

最大上升高度为

$$x_m=8.6\,(F_0S)^{-2/7}b\sqrt{F_0} \tag{7-6}$$

零浮力点高度为

$$x_n=2.9\,(F_0S)^{-3/7}b\sqrt{F_0} \tag{7-7}$$

最小稀释度为

$$S_m=0.62\,(F_0S)^{-4/9}\sqrt{F_0} \tag{7-8}$$

3.铅直圆形浮力射流

基于 Crawford 等(1962)、Fan(1967)、Abraham 等(1969)、Fox(1970)、Ogino 等(1980) 对线性分层环境中的圆形浮力射流特征量的资料，李炜和槐文信提出[4]：

最大上升高度为

$$x_m=4.8\,(F_0S)^{-1/3}D\sqrt{F_0} \tag{7-9}$$

零浮力点高度为

$$x_n=2.9\,(F_0S)^{-2/5}D\sqrt{F_0} \tag{7-10}$$

4.水平排放的圆形浮力射流

基于 Wright 等(1982) 对线性分层环境中的水平排放圆形浮力射流特征量的资料，李炜和槐文信提出[4]：

最大上升高度为

$$x_m=2.87\,(F_0S)^{-4/9}D\sqrt{F_0} \tag{7-11}$$

零浮力点高度为

$$x_n=1.3\,(F_0S)^{-5/9}D\sqrt{F_0} \tag{7-12}$$

扩展层底缘高度为

$$x_a=2.38\,(F_0S)^{-2/5}D\sqrt{F_0} \tag{7-13}$$

最小稀释度为

$$S_m=0.8\,(F_0S)^{-5/9}\sqrt{F_0} \tag{7-14}$$

7.3　静止局部分层环境中的浮力射流

Wallace 和 Sheff(1984) 对如图 7-4 所示的局部分层环境中铅垂平面浮力射流进行了试验，给出了最大上升高度、扩展层厚度及其底缘高度和最小稀释度的试验资料。应用量纲分析方法于局部分层环境的浮力射流,可得到一组与线性分层环境中的浮力射流相同的参考量,而其中喷口处密度弗劳德数和分层强度分别定义为

$$F_0 = \rho_1 u_0^2/[g(\rho_1 - \rho_0)b] \tag{7-15}$$

$$S = \frac{\rho_1 - \rho_2}{\rho_1 - \rho_0}\frac{b}{\Delta x_1}\frac{H_1}{H} \tag{7-16}$$

式中的物理量参见图 7-4。

李炜和槐文信用这些参考量整理 Wallace 和 Sheff(1984) 的资料,提出经验公式[4]:

最大上升高度为

$$x_m = 24\ (F_0 S)^{-1/6} b\sqrt{F_0} \tag{7-17}$$

扩展层厚度为

$$h_s = 11.1\ (F_0 S)^{-1/4} b\sqrt{F_0} \tag{7-18}$$

扩展层底缘高度为

$$x_a = 10.2\ (F_0 S)^{-1/9} b\sqrt{F_0} \tag{7-19}$$

最小稀释度为

$$S_m = 5.53\ (F_0 S)^{-1/9}\sqrt{F_0} \tag{7-20}$$

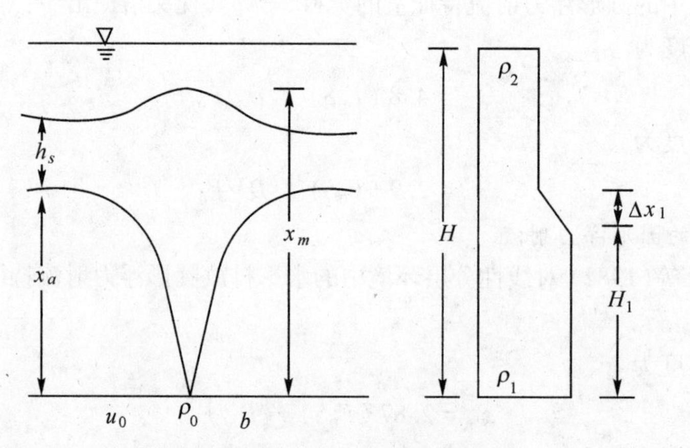

图 7-4　局部分层环境中浮力射流

7.4　横流环境中的浮力射流

横流中的射流和浮力射流理论在河流及海岸的排污工程中极为常见,也有较多的成果。就其排放的形式主要有铅垂出流和水平出流两种形式。因而下面就按这两种形式分别予以介绍。

1.横流中垂直出流的射流

由于水流的推动作用,从底部排放的垂直射流将发生弯曲,整个射流可分为三段,如图 7-5 所示,在出口后存在一个射流核心区,这一段称为起始段 Ⅰ。起始段以后射流逐渐改变

方向,由垂直于底部逐渐转化为平行于水流方向,这一段称为弯曲段 Ⅱ,弯曲段以后射流基本和水流方向一致,称为顺流贯穿段 Ⅲ。段 Ⅰ 和段 Ⅱ 属于近区,又称为初始稀释区,段 Ⅲ 属于远区,又称为再稀释区。

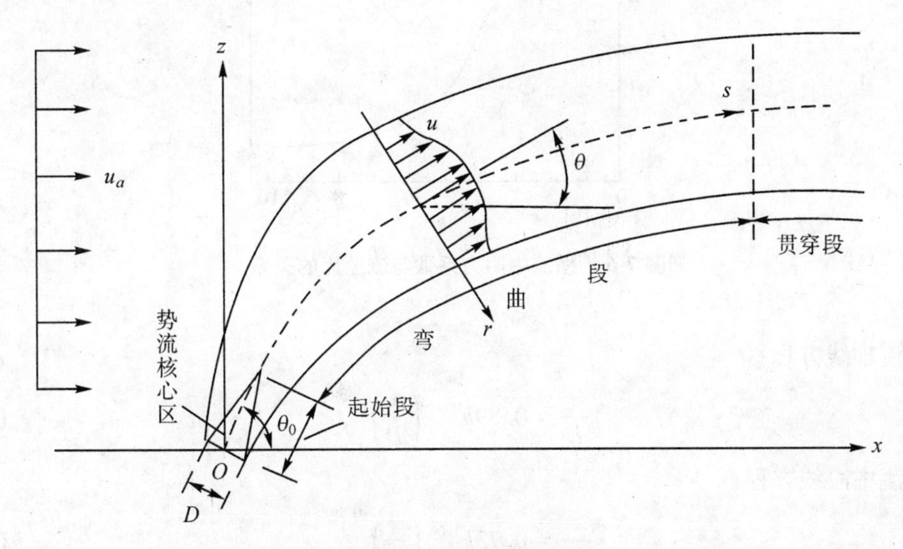

图 7-5 横流中的射流

由图 7-5 可看出,由于射流外的绕流前后不对称,所以射流各断面上最大流速的连线(即射流的轴线)和射流的中心线不一致。一般来说,射流的中心线是基于示踪物质在各断面上最大浓度的连线来确定的。

1984 年,Subramanya 等人通过理论分析和试验[1],得到了射流断面的宽度 Δy 为

$$\frac{\Delta y}{D} = 2.07\left(\frac{z}{D}\right)^{0.27} \tag{7-21}$$

起始段射流的轴线为

$$\frac{z}{D} = 1.40\left(\frac{k^2 x}{C_D D}\right)^{0.44} \tag{7-22}$$

弯曲段射流的轴线为

$$\frac{z}{D} = 1.45\left(\frac{k^2 x}{C_D D}\right)^{0.31} \tag{7-23}$$

弯曲段终点坐标为

$$\frac{z_t}{D} = 1.65k \tag{7-24}$$

上述各式中:$k = u_0/u_a$ 为流速比;u_0 为射流出口流速;u_a 为环境流速;D 为射流出口直径;C_D 为绕流阻力系数,由试验确定,参见图 7-6。

1998 年槐文信等采用湍流模型,结合数值计算给出了横流中垂直射流的近区射流的轴线和射流中心线的公式分别为[2]

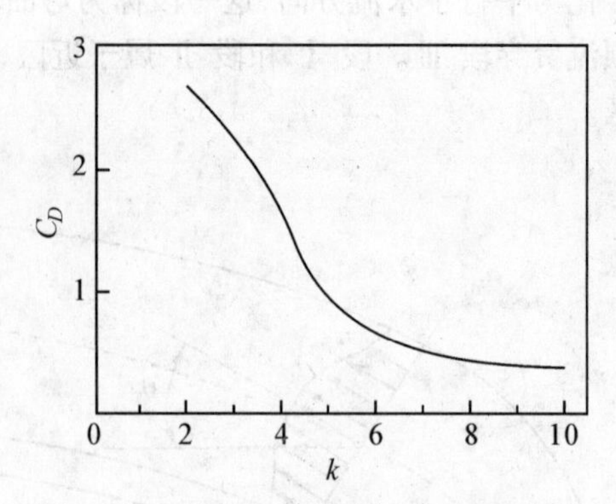

图7-6　横流中阻力系数与流速比的关系

射流轴线方程：

$$\frac{z}{D} = 0.89k^{0.94}\left(\frac{x}{D}\right)^{0.36} \tag{7-25}$$

射流中心线方程：

$$\frac{z}{D} = 0.73k^{1.04}\left(\frac{x}{D}\right)^{0.29} \tag{7-26}$$

2.横流中垂直出流的浮力射流

比起射流来,浮力射流的影响因素就多了浮力的作用,其流动过程仍可分为起始段、弯曲段和顺流贯穿段。前两段称为初始稀释区,后一段称为再稀释区。

对于浮力射流特性的研究,可采用数值分析和试验研究的手段来进行。但为了实用,人们通过量纲分析和试验来建立一些估算轴线和稀释度的经验公式。在叙述这些成果之前,先定义几个特征长度：

(1) 对于圆形射流,定义特征长度。

$$l_{am} = M_0^{1/2}/u_a \tag{7-27}$$

其物理意义是指由动量引起的垂向速度(由 $M_0^{1/2}/z$ 来体现) 已衰减到出现与横流流速同一量级时射流到达的高度。

(2) 对于圆形卷流,定义特征长度。

$$l_{ab} = P_0/u_a^3 \tag{7-28}$$

其物理意义是指由浮力引起的垂向速度(由$(P_0/z)^{1/3}$ 来体现) 已衰减到出现与横流流速同一量级时卷流到达的高度。

(3) 对于圆形浮力射流,定义特征长度。

$$l_{ad} = (M_0^2/u_aP_0)^{1/3} \tag{7-29}$$

其物理意义是指由浮力射流引起的垂向速度已衰减到出现与横流流速同一量级时浮力射流到达的高度。

(4) 采用 l_m 来表示静止环境中浮力射流的特征尺度。

$$l_m = M_0^{3/4}/P_0^{1/2} \tag{7-30}$$

上述式中:M_0 为出口动量;P_0 为出口浮力通量;u_a 为环境流速。

在近区取水平断面,在远区取垂直断面分析,分别用动量方程及含有物质守恒方程,可得横流中浮力射流的无量纲关系式。

(1)$l_{am} > l_{ab}$,即浮力射流的动量作用大于浮力的作用。其轴线方程和断面平均稀释度为

$z \leqslant l_{am}$(起始段)

$$\frac{z}{l_{am}} = C_1 \left(\frac{x}{l_{am}}\right)^{1/2} \tag{7-31}$$

$$S = \frac{C_1}{D_1}\frac{u_0}{u_a}\left(\frac{x}{l_{am}}\right)^{1/2} = 0.9\frac{u_0}{u_a}\left(\frac{x}{l_{am}}\right)^{1/2} \tag{7-32}$$

$l_{am} < z \leqslant l_{ad}$(弯曲段)

$$\frac{z}{l_{am}} = C_2 \left(\frac{x}{l_{am}}\right)^{1/3} \tag{7-33}$$

$$S = \frac{C_1^2}{D_1 C_2}\frac{u_0}{u_a}\left(\frac{x}{l_{am}}\right)^{2/3} = 0.49\frac{u_0}{u_a}\left(\frac{x}{l_{am}}\right)^{2/3} \tag{7-34}$$

$z > l_{ad}$(贯穿段)

$$\frac{z}{l_{ab}} = C_4 \left(\frac{x}{l_{ab}}\right)^{2/3} \tag{7-35}$$

$$S = \frac{C_1^2 C_4^2}{D_1 C_2^3}\frac{u_0}{u_a}\left(\frac{x}{l_{am}}\right)^{4/3}\left(\frac{l_{ab}}{l_{am}}\right)^{2/3} = 0.38\frac{u_0}{u_a}\left(\frac{x}{l_{am}}\right)^{4/3}\left(\frac{l_{ab}}{l_{am}}\right)^{2/3} \tag{7-36}$$

(2)$l_{am} < l_{ab}$,即浮力射流的浮力作用大于动量的作用。其轴线方程和断面平均稀释度为

$z \leqslant l_m$(起始段)

$$\frac{z}{l_{am}} = C_1 \left(\frac{x}{l_{am}}\right)^{1/2} \tag{7-37}$$

$$S = \frac{C_1}{D_1}\frac{u_0}{u_a}\left(\frac{x}{l_{am}}\right)^{1/2} = 0.9\frac{u_0}{u_a}\left(\frac{x}{l_{am}}\right)^{1/2} \tag{7-38}$$

$l_m < z \leqslant l_{ab}$(弯曲段)

$$\frac{z}{l_{ab}} = C_3 \left(\frac{x}{l_{ab}}\right)^{3/4} \tag{7-39}$$

$$S = \frac{C_3^3}{D_1 C_2^2}\frac{u_0}{u_a}\left(\frac{x}{l_{am}}\right)^{5/4}\left(\frac{l_{ab}}{l_{am}}\right)^{3/4} = 0.53\frac{u_0}{u_a}\left(\frac{x}{l_{am}}\right)^{5/4}\left(\frac{l_{ab}}{l_{am}}\right)^{3/4} \tag{7-40}$$

$z \leqslant l_{ab}$(弯曲段后的羽流)

$$\frac{z}{l_{ab}} = C_4 \left(\frac{x}{l_{ab}}\right)^{2/3} \tag{7-41}$$

$$S = \frac{C_3^4}{D_1 C_1^2 C_4}\frac{u_0}{u_a}\left(\frac{x}{l_{am}}\right)^{4/3}\left(\frac{l_{ab}}{l_{am}}\right)^{2/3} = 1.17\frac{u_0}{u_a}\left(\frac{x}{l_{am}}\right)^{4/3}\left(\frac{l_{ab}}{l_{am}}\right)^{2/3} \tag{7-42}$$

以上各式中的系数由试验给出，据现有试验成果，推荐其取值为

$$C_1 = 1.8 \sim 2.5, C_2 = 1.6 \sim 2.1, C_3 = 1.4 \sim 1.8, C_4 = 0.90 \sim 1.43, D_1 = 2.4$$

3.横流中水平出流的浮力射流

目前有较多的中小型工厂将废水采用圆形管道在河流的岸边水平排放，出流与来流垂直，如图 7-7 所示。

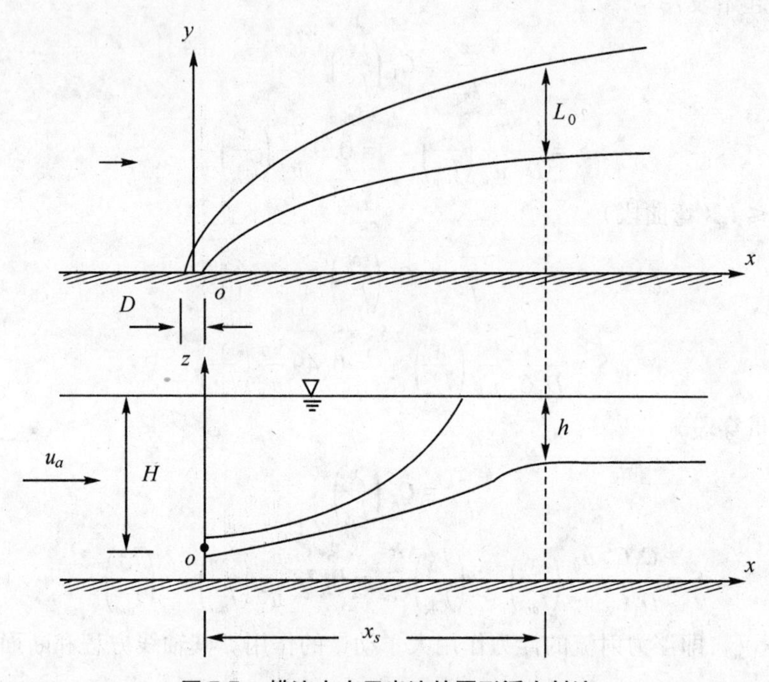

图 7-7　横流中水平出流的圆形浮力射流

由图 7-7 可知道，浮力射流在水平面内受到出口动量 M_0 和环境水流的驱动，在铅垂平面上则主要受到浮力和环境水流的作用。因此在铅垂面内，据横流和浮力的长度比尺 l_{ab} 为标准，将浮力射流分为三段：(Lee 等)[3]

(1) 以浮力为主的近段　($z < 5l_{ab}$)。

在该段内的最小稀释度为

$$S_m = 0.31\frac{P_0^{1/3}H^{5/3}}{Q_0} \tag{7-43}$$

式中：Q_0 为污水流量；H 为出口处的水深；P_0 为射流出口处浮力通量。

(2) 以浮力为主的远段($z \geqslant 5l_{ab}$)。

在该段内的最小稀释度为

$$S_m = 0.32\frac{u_aH^2}{Q_0} \tag{7-44}$$

水面上的时间平均最小稀释度和对应的空间位置分别为

$$S_m = 1.1\frac{u_a H^2}{Q_0} \tag{7-45}$$

$$x = 1.1\frac{H^{3/2}u_a^{3/2}}{P_0^{1/2}} \tag{7-46}$$

(3) 以浮力为主的过渡段($[2 \sim 5]l_{ab}$)。

在该段内采用公式(7-43) 或公式(7-44) 均可使用,因为用这两式计算的结果很接近。

参考文献

[1] Subramanya K and Proey P D. Trajectory of a turbulent cross jet[J]. J. of Hydr. Res.,IAHR,1984,22(5):343-354.

[2] 槐文信,李炜,彭文启. 横流中单圆孔紊动射流计算与特性分析[J]. 水利学报,1998(4):7-14.

[3] Lee J H W and Peter N J.Initial dilution of horizontal jet in cross-flow[J]. J. Hyd. Eng,ASCE,1987,113(5):615-629.

[4] 李炜,槐文信著. 浮力射流的理论及应用[M].北京:科学出版社,1997.

[5] Wright S J, Wallace R B.Two-dimensional buoyant jets in stratified fluid,ASCE J. Hydraul Div,1979,105(11):1393-1406.

[6] Wallace R B, Wright S J.Spreading layer of two-dimensional buoyant jet. Journal of Hydraulic Engineering,1984,110(6):813-828.

[7] Lee,Joseph H W,Cheung,Valiant W L.Inclined plane buoyant jet in stratified fluid[J]. Journal of Hydraulic Engineering,1986,112(7):580-589.

[8] 李炜主编.水力计算手册[M].北京:中国水利水电出版社,2006.

第8章 分 层 流

8.1 概 述

自然界中的水体普遍存在分层现象,如海洋、湖泊、水库中的温度和浊度分层,河口区域的盐度分层,电厂排水口周围的热分层流等。在水环境中,分层流又可分为稳定密度分层和不稳定密度分层两种情况,前者常形成上下层有密度差,中间有过渡层,垂向上密度连续分布的连续分层流(部分分层流)和上下层密度不同且具有明显密度交界面的分层流。根据这些现象,可将分层流定义为:在重力场中密度非均匀的水体形成的有层次的流动,其铅垂方向的密度变化形成近似水平的层次。如果穿过交界面的流速存在突变,则习惯上称这种二层流为异重流,这也是本章主要讨论的内容。

分层流由密度在垂向的非均匀性引起,为了描述方便,此处引入分层流的一个重要参数密度折减系数:

$$\varepsilon = \Delta\rho/\rho \tag{8-1}$$

此参数可用于描述层间的相对密度差,对应的引入折减重力加速度或有效重力加速度,即由来流和环境水流之间的密度差所造成的重力加速度的减少量[1]:

$$g' = (\Delta\rho/\rho)g = \varepsilon g \tag{8-2}$$

密度的非均匀性形成的主要原因为温度、浊度或盐度的差异。如冷热水的温度差 $\Delta T = 10℃$ 时,两者的相对密度差为 $\varepsilon \approx 0.003$;含沙浑水与清水的 $\varepsilon \approx 0 \sim 0.02$;海水和淡水的 $\varepsilon \approx 0.02 \sim 0.03$。

对于不可压缩水体,其运动运动方程为

$$\rho\left(\frac{\partial u_i}{\partial t} + u_j\frac{\partial u_i}{\partial j}\right) = -\frac{\partial p}{\partial x_i} + \rho X_i \tag{8-3}$$

式中:u_i,u_j 为速度分量;p 为静水压力;X_i 为质量力分量;ρ 为水体密度。

从上述方程可以看出,密度的不均匀性会导致:① 均匀的压力梯度产生在空间上不均匀的加速度;② 在流体内部形成涡旋运动;③ 流体的垂向掺混导致流体动能与势能间的相互交换。显然,密度的非均匀程度对流动的分层特性起到决定性作用,浮力的存在一方面会加速分层失稳,而同时又会对分层起到抑制作用。因此,分层流体的运动规律明显异于均质流体,十分复杂。

8.2 静止水体中的分层与稳定

1.静止水体中的分层现象

对于较浅的静止水体,水体密度沿水深变化不大,多不考虑分层。而对于水库等较深的水体,水体的垂向温度分布随季节而变化。早春时,气温较低,库内水体上下混合,水温接近等温状态,这种水温状态又称混合型。其后因太阳辐射受热,表层变暖,邻近表面的涡旋和对流作用产生垂向混合,形成一个温度均一的近面水层,称为表温层或表面混合层,一般位于水面下0 ~ 5m的范围。在深层的水体仍保持低温状态,称为深水层。两者之间有一层温度急剧变化的过渡水层,称为温跃层或斜温层,一般位于水下5 ~ 20m的范围,该层中温度梯度最大的点称为温倾点,如图8-1所示。

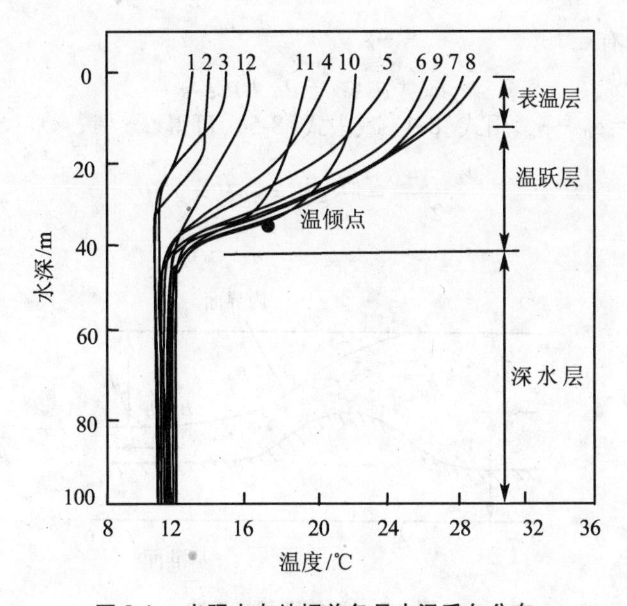

图8-1 光照水电站坝前各月水温垂向分布

海洋中同样存在分层现象,且因为海水很深,层的尺度更大。海水温度的垂向分布规律随地理位置和季节的不同而有差异。低纬度地区全年和中纬度地区的夏季,温度垂向剖面呈现三层结构,即表层的表温层,中间的温跃层和底层的深水层。而南、北极地区,则只有单一的冷水层。低纬度地区,海水的盐度也存在三层结构,表层有一个较薄的均匀的高盐度层,紧接着一个盐度迅速减小的盐跃层,底层是较均匀的低盐度深层。

2.分层流体平衡的稳定

分层流的稳定性,是指在一定条件下,上下层流体能否互不干扰、相互独立的流动,层间是否存在物质与能量交换。对于不可压缩流体,当密度随高度增加而减小时($d\rho/dz < 0$),如果流体中的一个微团受到扰动向上运动,其周围流体的密度小于微团本身的密度,即微团受到的浮力小于重力,微团将下沉;反之,若微团向下运动,浮力将大于重力而使微团回升,

微团恢复到平衡位置。这种状态下的分层是稳定的。相反,若 $d\rho/dz > 0$,则这种分层是不稳定的。

8.3　明槽中的二层异重流

本节及下节部分内容摘自余常昭主编的《环境流体力学导论》。在很多情况下分层水体可简单视为明槽中的二层流动。如图 8-2 所示,在静止水体的下部潜入一股较重的流体,翻越障碍物向下游流动。流体的上层密度为 ρ_a,下层密度为 ρ_0,显然 $\rho_0 > \rho_a$,两层流体间具有明显的内界面。忽略黏滞性,则内界面上流速可不连续,但压强是连续的。取内界面在障碍物上下游的两点 A 和 B,对下层流体应用伯努利方程可写为

$$p_A + \rho_0 \frac{u_A^2}{2} + \rho_0 g z_A = p_B + \rho_0 \frac{u_B^2}{2} + \rho_0 g z_B \tag{8-4}$$

对于上层静止流体有

$$p_A + \rho_a g z_A = p_B + \rho_a g z_B \tag{8-5}$$

令 $H = z_A - z_B$,$\Delta\rho = \rho_0 - \rho_a$,用式(8-4) 减去式(8-5),可得

$$\frac{u_B^2 - u_A^2}{2} = \frac{\Delta\rho}{\rho_0} g H = \varepsilon g H = g' H \tag{8-6}$$

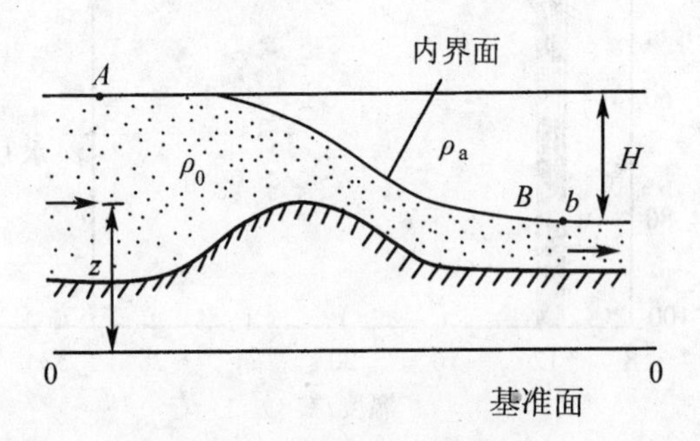

图 8-2　明槽两层异重流

如果上层流体为空气,下层流体为水,则 $\Delta\rho/\rho_0 \approx 1$,式(8-6) 就与有自由表面的明槽水流的方程一致了。由此可以推断,异重流的下层流动可用一般明槽水流比拟,只需将重力加速度 g 用 g' 替代。

下面分别对几种典型的恒定两层异重流进行介绍。

8.3.1　下层均匀流动

当浑水潜入深水库底部,在底坡上作长距离的等速均匀流动时,上层水体基本静止,且由下层水体拖曳产生的上层流速很小,可以忽略,就会近似出现图 8-3 所示的上层静止,而下层均匀流动的分层流现象。

对于均匀流,在流动方向上重力与阻力相平衡,其动量方程为

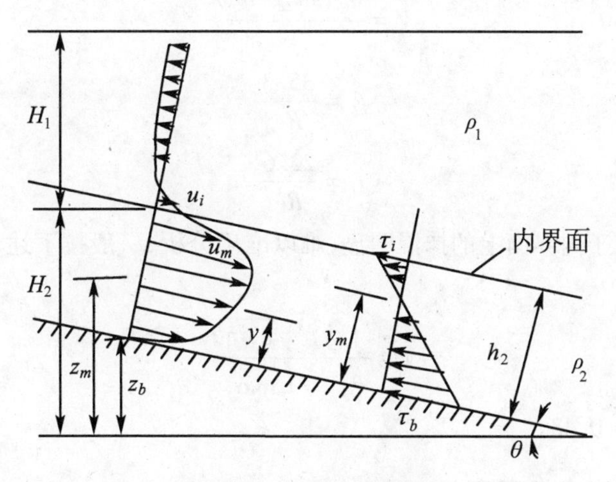

图 8-3　下层均匀异重流

$$\tau_b + \tau_i = \rho_2 g' h_2 \sin\theta \tag{8-7}$$

式中：τ_b 为床面切应力，与明槽均匀流自由面上的界面阻力予以忽略不同，此处内界面上的阻力用 τ_i 表示；h_2 为底层流动水深（层厚）；θ 为底壁与水平面的夹角；ρ_1 和 ρ_2 分别为上下层水体的密度。

切应力呈线性分布，从底面最大值 τ_b 递减至最大流速 u_m 处变为零，再增至内界面处为 τ_i，令 $\tau_i = \alpha\tau_b$，由图 8-3 可推导得

$$\alpha = \frac{\tau_i}{\tau_b} = \frac{1 - y_m/h_2}{y_m/h_2} \tag{8-8}$$

显然，τ_i 取决于槽底切应力和最大流速点的位置，将式(8-8) 代入式(8-7)，消去 τ_i 得到

$$\tau_b = \frac{1}{1+\alpha}\rho_2 g' h_2 \sin\theta \tag{8-9}$$

同时，τ_b 还可用槽底摩阻损失系数 f_b 表达：

$$\tau_b = \frac{f_b}{8}\rho_2 V^2 \tag{8-10}$$

V 为下层断面的平均流速，比较式(8-9) 和式(8-10) 可得

$$V = \sqrt{8g' \frac{h_2 \sin\theta}{f_b(1+\alpha)}} \tag{8-11}$$

式(8-11) 即为明槽均匀流平均流速的通式，对于有自由表面的明槽水流，式(8-11) 即为常用的谢才公式：

$$V = C\sqrt{Ri_b} \tag{8-12}$$

式中：$i_b = \sin\theta$；R 为水力半径，对于宽浅型明渠，$R \approx h_2$；谢才系数 $C = \sqrt{8g/f_b}$。

对于层流，内界面光滑而清晰，Ippen and Harleman(1952) 年曾分析得到了摩阻系数 f 与雷诺数的关系，以及平均流速的表达式：

$$V = \frac{0.14h_2^2 g' \sin\theta}{\nu} \tag{8-13}$$

$$f_b = \frac{35.3}{Re} \tag{8-14}$$

$$f_i = \frac{22.6}{Re} \tag{8-15}$$

而对于紊流，由于内界面上的掺混明显，难以准确分析，一般按下述公式给出平均流速的近似值：

$$V = \frac{1}{n} \frac{h_2^{2/3} \sqrt{\varepsilon \sin\theta}}{\sqrt{1+\alpha}} \tag{8-16}$$

式中：n 为糙率，$\alpha \approx 0.43$。

8.3.2　两层定常非均匀渐变流

水库中的泥沙异重流以及冷却水排放的温差异重流多为非均匀流。如图 8-4 所示的两层非均匀渐变异重流，上下层水体密度分别为 ρ_1 和 ρ_2，且 $\rho_1 < \rho_2$，底坡和内界面坡度均不大，属渐变流，断面上的压强为静压分布，动能修正系数取为 1.0，现对两层分别列出其运动方程：

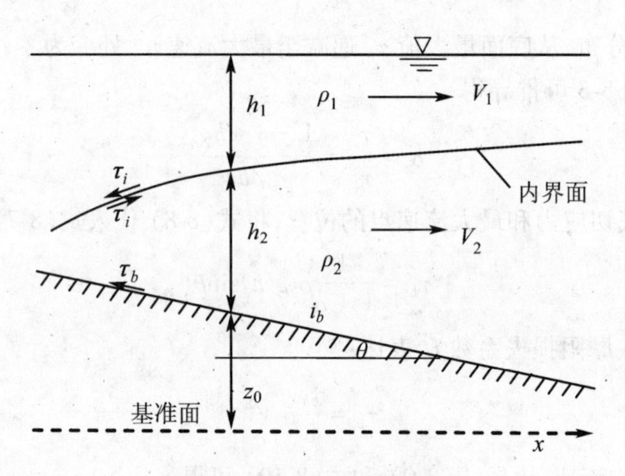

图 8-4　两层非均匀分层流

(1) 上层流动。

连续性方程：

$$\frac{\partial A_1}{\partial t} + \frac{\partial Q_1}{\partial x} = 0 \tag{8-17}$$

对于宽矩形明渠，则为

$$\frac{\partial h_1}{\partial t} + \frac{\partial}{\partial x}(V_1 h_1) = 0 \tag{8-18}$$

能量方程：

$$\frac{1}{g}\frac{\partial V_1}{\partial t} + \frac{\partial}{\partial x}\left(\frac{V_1^2}{2g}\right) + \frac{\partial}{\partial x}\left(z_1 + \frac{p_1}{\rho_1 g}\right) + \frac{\partial h_{f_1}}{\partial x} = 0 \tag{8-19}$$

因$\dfrac{\partial}{\partial x}\left(z_1 + \dfrac{p_1}{\rho_1 g}\right) = \dfrac{\partial}{\partial x}(z_0 + h_1 + h_2)$，$\dfrac{\partial z_0}{\partial x} = -i_b$，$\dfrac{\partial h_{f_1}}{\partial x} = -i_{f_1}$，故能量方程可写为

$$\frac{1}{g}\frac{\partial V_1}{\partial t} + \frac{\partial}{\partial x}\left(\frac{V_1^2}{2g}\right) + \frac{\partial h_1}{\partial x} + \frac{\partial h_2}{\partial x} - i_b + i_{f_1} = 0 \tag{8-20}$$

(2) 下层流动。

连续性方程：
$$\frac{\partial A_2}{\partial t} + \frac{\partial Q_2}{\partial x} = 0 \tag{8-21}$$

对于宽矩形明渠，则为
$$\frac{\partial h_2}{\partial t} + \frac{\partial}{\partial x}(V_2 h_2) = 0 \tag{8-22}$$

能量方程：
$$\frac{1}{g}\frac{\partial V_2}{\partial t} + \frac{\partial}{\partial x}\left(\frac{V_2^2}{2g}\right) + \frac{\partial h_2}{\partial x} + \left(1 - \frac{\Delta\rho}{\rho_2}\right)\frac{\partial h_1}{\partial x} - i_b + i_{f_2} = 0 \tag{8-23}$$

式中：A_1、A_2 分别为上下层的过水断面面积；Q_1、Q_2 分别为上下层的流量；i_{f_1}、i_{f_2} 分别为上、下层的摩阻坡度。

对定常流动，$\dfrac{\partial}{\partial t} = 0$，并引入密度弗劳德数 $F_{d1} = V_1/\sqrt{g'h_1}$，$F_{d2} = V_2/\sqrt{g'h_2}$，同时：

$$\frac{\mathrm{d}}{\mathrm{d}x}\left(\frac{V^2}{2g}\right) = \frac{\mathrm{d}}{\mathrm{d}x}\left(\frac{q^2}{2gh^2}\right) = -\frac{q^2}{gh^3}\frac{\mathrm{d}h}{\mathrm{d}x} = -\frac{\varepsilon}{\varepsilon g}\frac{V^2}{h}\frac{\mathrm{d}h}{\mathrm{d}x} = -\varepsilon F_d^2\frac{\mathrm{d}h}{\mathrm{d}x} \tag{8-24}$$

式中：q 为单宽流量。$q = Vh$，代入能量方程(8-20) 和(8-23)，分别得

上层：
$$(1 - \varepsilon F_{d1}^2)\frac{\mathrm{d}h_1}{\mathrm{d}x} + \frac{\mathrm{d}h_2}{\mathrm{d}x} = i_b - i_{f1} \tag{8-25}$$

下层：
$$(1 - \varepsilon)\frac{\mathrm{d}h_1}{\mathrm{d}x} + (1 - \varepsilon F_{d2}^2)\frac{\mathrm{d}h_2}{\mathrm{d}x} = i_b - i_{f2} \tag{8-26}$$

从上两式可以解出：

$$\frac{\mathrm{d}h_1}{\mathrm{d}x} = \frac{-F_{d2}^2(i_b - i_{f1}) + \dfrac{1}{\varepsilon}(i_{f2} - i_{f1})}{1 - F_{d1}^2 - F_{d2}^2 + \varepsilon F_{d1}^2 F_{d2}^2} \tag{8-27}$$

$$\frac{\mathrm{d}h_2}{\mathrm{d}x} = \frac{-F_{d1}^2(i_b - i_{f2}) + \dfrac{1}{\varepsilon}(i_{f1} - i_{f2}) + i_b - i_{f1}}{1 - F_{d1}^2 - F_{d2}^2 + \varepsilon F_{d1}^2 F_{d2}^2} \tag{8-28}$$

式中：上、下两层的摩阻坡度(单位距离上的沿程水头损失) 为

$$i_{f1} = \frac{\tau_i}{\rho_1 g h_1} = \frac{f_i}{8}\frac{|V_1 - V_2|(V_1 - V_2)}{gh_1} \tag{8-29}$$

$$i_{f2} = \frac{\tau_b - \tau_i}{\rho_2 g h_2} = \frac{f_b}{8}\frac{|V_2|V_2}{gh_2} - \frac{f_i}{8}\frac{|V_1 - V_2|(V_1 - V_2)}{gh_2} \tag{8-30}$$

式(8-27)、式(8-28) 即为两层恒定非均匀渐变流的基本关系式。一般情况下，此式求解较为困难，但在特殊情况下，如一层的流速为零，并设 f_i 和 f_b 均为常数，则能求解出水深的变化，从而定出内界面的形状。水库中的含沙异重流是上层 $V_1 = 0$ 的例子，而河口的盐水楔

及工业冷却水沿深湖表面排放的温差异重流则是 $V_2=0$ 的实例。

8.3.3　内水跃

两层流的内界面在一定条件下会出现突然升高或降低的现象,这种局部水力现象就称为内水跃。易家训、徐孝平和吕文堂等均对内水跃的扩散性、稳定性以及发生条件等进行了研究,下面主要对他们的成果进行介绍。总体上讲,他们的分析均基于一维的动量方程和连续方程,并假设内界面和底面的摩擦阻力可以忽略,认为水跃前后流动断面上的压强分布符合静压分布。下面分别就底坡为零以及不为零的渠道进行介绍。

1.平底渠道

如图 8-5 所示的平底渠道,图(a) 为内界面突升的情况,(b) 为内界面突降的情况。$q=Vh$ 为单宽流量,其余符号意义同前。下标 1 和 2 分别表示上下层水体,上标"′" 表示跃后的物理量。

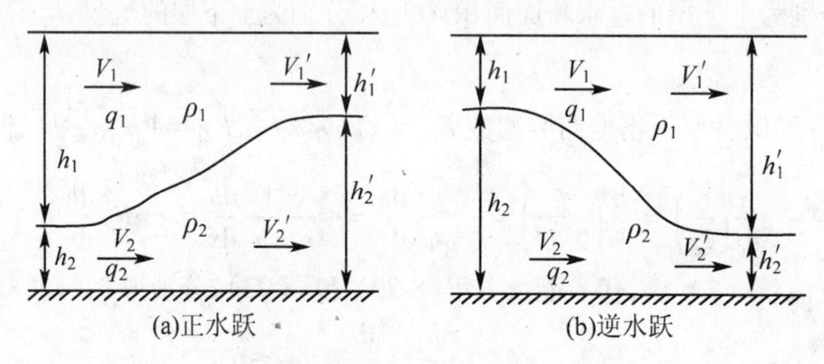

图 8-5　内水跃

对下层水体在水平方向应用动量方程,得

$$\rho_2 q_2^2\left(\frac{1}{h_2'}-\frac{1}{h_2}\right)=h_2h_1\rho_1 g+\frac{1}{2}h_2{}^2\rho_2 g+\frac{1}{2}(h_1+h_1')(h_2'-h_2)\rho_1 g-h_2'h_1'\rho_1 g-\frac{1}{2}h_2'^2\rho_2 g \tag{8-31}$$

式(8-31) 左边为动量通量的变化,右边为作用于上游断面、水跃面及下游断面的压力。令

$$\alpha_2=\frac{q_2^2}{g},r=\frac{\rho_1}{\rho_2}$$

代入式(8-31),可得

$$2\alpha_2(h_2-h_2')=h_2h_2'(h_2+h_2')[r(h_1-h_1')+(h_2-h_2')] \tag{8-32}$$

对上层水体应用动量方程,同理可得

$$2\alpha_1(h_1-h_1')=h_1h_1'(h_1+h_1')[(h_1-h_1')+(h_2-h_2')] \tag{8-33}$$

式中:$\alpha_1=\dfrac{q_1^2}{g}$。

给定 h_1,h_2 后,联立求解上两式,即可求解出对应的共轭水深 h_1'、h_2'。根据易家训等人的研究成果,上述方程组最多只有3个有效解,即3个共轭状态。如果其中一层的密度弗劳德数特别大,那么就只存在一种共轭状态。

在特殊的情形下,若有一层水体静止,则内水跃方程和自由水面的水跃方程相似,只需将共轭方程中的弗劳德数 Fr 改为密度弗劳德数 F_d,共轭方程为

$$\frac{h_2'}{h_2}=\frac{1}{2}(\sqrt{1+8F_{d2}{}^2}-1) \tag{8-34}$$

即为正水跃。

若下层水体静止,则共轭方程为

$$\frac{h_1'}{h_1}=\frac{1}{2}(\sqrt{1+8F_{d1}{}^2}-1) \tag{8-35}$$

即逆水跃。

2.底坡不为零的渠道

对于如图8-6所示的正坡和逆坡渠道,θ 为渠底与水平面间的夹角,L 为内水跃段的斜坡长,以 ΔE 表示出流和入流断面的机械能之差,其余条件同前。根据动量原理,通过受力分析得上下两层单宽液体的动量方程。

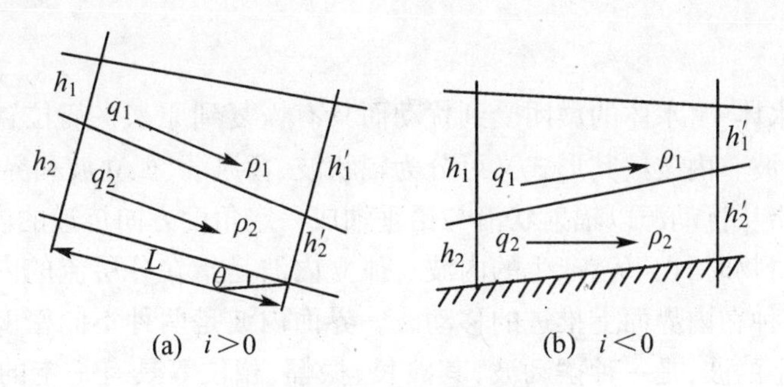

图8-6 底坡不为零的渠道

上层的动量方程:

$$q_1(V_1'-V_1)/g=\frac{1}{2}[h_1^2-h_1'^2+(h_2-h_2')(h_1+h_1')]\cos\theta+\frac{1}{2}(h_1+h_1')L\sin\theta \tag{8-36}$$

下层的动量方程:

$$q_1(V_2'-V_2)/g=\frac{1}{2}[h_2^2-h_2'^2+(h_1-h_1')(h_2+h_2')r]\cos\theta+\frac{1}{2}(h_2+h_2')L\sin\theta \tag{8-37}$$

能量方程:

$$\Delta E=\rho_1gq_1[(V_1^2-V_1'^2)/2g+(h_1-h_1')\cos\theta+L\sin\theta+(h_2-h_2')\cos\theta+$$
$$\rho_2gq_2[(V_2^2-V_2'^2)/2g+(h_1-h_1')r\cos\theta+L\sin\theta+(h_2-h_2')\cos\theta] \tag{8-38}$$

为便于分析,可利用连续性原理并引入跃前断面弗劳德数 F_{d1},将方程(8-36)~(8-38)化简:

$$2F_{d1}{}^2=h_1'(h_1+h_1')/h_1{}^2\{[(h_1-h_1')+(h_2-h_2')]\cos\theta+L\sin\theta\}/(h_1-h_1') \tag{8-39}$$

$$2F_{d2}{}^2 = h_2'(h_2 + h_2')/h_2{}^2\{[(h_1 - h_1')r + (h_2 - h_2')]\cos\theta + L\sin\theta\}/(h_2 - h_2') \quad (8\text{-}40)$$

$$\Delta E = \rho_1 g q_1\{[(h_1 - h_1') + (h_2 - h_2')]\cos\theta + L\sin\theta\}\left[1 - \frac{1}{4}(h_1 + h_1')2/(h_1' h_1)\right] +$$

$$\rho_2 g q_2\{[(h_1 - h_1')r + (h_2 - h_2')]\cos\theta + L\sin\theta\}\left[1 - \frac{1}{4}(h_2 + h_2')2/(h_2' h_2)\right] \quad (8\text{-}41)$$

若 $h_1 = h_1'$，则式(8-39) 为

$$(h_2 - h_2')\cos\theta + L\sin\theta = 0 \quad (8\text{-}42a)$$

若 $h_2 = h_2'$，则式(8-40) 为

$$(h_1 - h_1')r\cos\theta + L\sin\theta = 0 \quad (8\text{-}42b)$$

已知 q, L, h_1 和 h_2 后，就可对对应的共轭水深进行求解。

茹玉英、吕文堂、马继业根据以上方程，以 $Fr_1{}^2 > 0, Fr_2{}^2 > 0$ 和 $\Delta E > 0$ 为控制条件，就正坡和反坡上内水跃的存在条件进行了分析，认为在正坡渠道上可以发生 4 种类型的内水跃，而在反坡上也可以发生 4 种类型的内水跃。

8.4　内波及内界面的稳定

1.内波种类

稳定的分层水体中，水体的微团受到扰动而具有恢复到原来平衡位置的倾向所产生的内部波动，称为内波。内波按其形式又可分为辐状波、背风波、孤立波和界面波等。

辐状内波是指从扰动源以辐射状沿与铅垂轴成一定角度方向传递的内波。背风波是指分层流体越过障碍物时，在下游产生的内波。孤立内波是指在分层流的内界面上有一定波高的单波，它是一种在内界面上推进的移动波。界面内波是两种不同密度流体的内界面上在重力作用下发生的波，是一种摆动波，其波长、振幅、相位等具有一定的规律（Helmholtz, 1868）。

2.界面内波的运动

将坐标原点取在无波时的界面上，沿流向为 x 轴，y 轴竖直向上，η 为波面坐标，c 为波速，其他符号意义同前。考虑理想液体的二维流动，忽略黏滞性，将波动时的流速分解为平均速度和扰动速度，平均速度表示为 $U_1(y)$ 和 $U_2(y)$，$V_1 = V_2 = 0$；扰动速度用 u_j, v_j 表示（$j = 1, 2$，分别代表上层和下层液体）。忽略高阶项后，描述运动的欧拉方程写为

$$\frac{\partial u_j}{\partial t} + U_j\frac{\partial u_j}{\partial x} + v_j\frac{\partial U_j}{\partial y} + \frac{1}{\rho_j}\frac{\partial p_j}{\partial x} = 0$$

$$\frac{\partial v_j}{\partial t} + U_j\frac{\partial v_j}{\partial x} + g + \frac{1}{\rho_j}\frac{\partial p_j}{\partial y} = 0 \quad (8\text{-}43)$$

上层液体的连续方程为

$$\frac{\partial u_1}{\partial x} + \frac{\partial v_1}{\partial y} = 0 \quad (8\text{-}44)$$

下层液体的连续方程为

$$\frac{\partial u_2}{\partial x}+\frac{\partial v_2}{\partial y}=0 \tag{8-45}$$

边界条件为

$$y=h_1,v_1=0;y=-h_2,v_2=0 \tag{8-46}$$

在内界面：

$$y=\eta,p_1=p_2 \tag{8-47}$$

由界面上质点运动的条件有

$$v_j=\frac{\mathrm{d}\eta}{\mathrm{d}t}=\frac{\partial\eta}{\partial t}+U_{j0}\frac{\partial\eta}{\partial x}\quad(j=1,2) \tag{8-48}$$

式中：U_{j0} 为界面上两层的流速。

从(8-43)两式中消去压强 p，并考虑到式(8-44)和(8-45)得到

$$\frac{\partial\omega}{\partial t}+U\frac{\partial\omega}{\partial x}+v\frac{\partial^2U}{\partial y^2}=0\quad\left(\omega=\frac{\partial u}{\partial y}-\frac{\partial v}{\partial x}\right) \tag{8-49}$$

将界面上发生的内波波形用复数表示为

$$\eta=a\mathrm{e}^{ik(x-ct)} \tag{8-50}$$

将二维流动的流函数 $\psi(x,y,t)$ 用分离变量的形式表示为

$$\psi=\varphi(y)\mathrm{e}^{ik(x-ct)} \tag{8-51}$$

由式(8-51)计算得到流速 u,v 和 ω，则式(8-49)可写为

$$(U-c)\left\{\frac{\mathrm{d}^2\varphi}{\mathrm{d}y^2}-k^2\varphi\right\}-\frac{\mathrm{d}^2U}{\mathrm{d}y^2}\varphi=0 \tag{8-52}$$

此式中有 $\frac{\mathrm{d}^2U}{\mathrm{d}y^2}$ 项，一般情况下难以求解，但如假设流速为直线分布，如 $U_1=U_{10}+\alpha_1y,U_2=U_{20}+\alpha_2y$，则可求出 ψ 如下：

在 $\frac{\mathrm{d}^2\varphi}{\mathrm{d}y^2}-k^2\varphi=0$ 的解 $\varphi=Ae^{ky}+Be^{-ky}$ 中，应用水面和水底的边界条件式(8-46)和(8-47)可求出：

$$\varphi_1=C_1\mathrm{sh}k(y-h_1),\varphi_2=C_2\mathrm{sh}k(y+h_2)$$

再由内界面的条件式(8-48)确定常数 C_1 和 C_2，得到结果如下：

在上层：

$$\psi_1=a(c-U_{10})\frac{\mathrm{sh}k(y-h_1)}{\mathrm{sh}kh_1}e^{ik(x-ct)} \tag{8-53}$$

在下层：

$$\psi_2=a(U_{20}-c)\frac{\mathrm{sh}k(y+h_2)}{\mathrm{sh}kh_2}e^{ik(x-ct)} \tag{8-54}$$

根据流函数得到 u,v，将其代入方程(7-57)中，对上层和下层分别得到

$$\frac{p_1}{\rho_1}=-gy+\frac{a(c-U_{10})}{\mathrm{sh}kh_1}\{k(U_{10}-\alpha_1y-c)\mathrm{ch}k(y-h_1)-\alpha_1\mathrm{sh}k(y-h_1)\}\mathrm{e}^{ik(x-ct)} \tag{8-55}$$

$$\frac{p_2}{\rho_2}=-gy+\frac{a(U_{20}-c)}{\mathrm{sh}kh_2}\{k(U_{20}-\alpha_2y-c)\mathrm{ch}k(y+h_2)-\alpha_2\mathrm{sh}k(y+h_2)\}\mathrm{e}^{ik(x-ct)} \tag{8-56}$$

在内波的波面 $\eta = ae^{-k(x-ct)}$ 上,压强是连续的,将上式{}中的 $y=\eta$ 近似用 $y=0$ 代替,由于 $p_1 = p_2$,可得

$$\left(\frac{\rho_2 - \rho_1}{\rho_2}\right)g + \frac{\rho_1}{\rho_2}(c - U_{10})\{k(U_{10} - c)\operatorname{cth}kh_1 + \alpha_1\} = (U_{20} - c)\{k(U_{20} - c)\operatorname{cth}kh_2 - \alpha_2\} \tag{8-57}$$

上式是内波波速 c 的二次方程,其解为

$$c = \frac{\frac{\rho_1}{\rho_2}U_{10}\operatorname{cth}kh_1 + U_{20}\operatorname{cth}kh_2 + \frac{\rho_1}{\rho_2}\frac{\alpha_1}{2k} - \frac{\alpha_2}{2k} \pm \sqrt{\chi}}{\frac{\rho_1}{\rho_2}\operatorname{cth}kh_1 + \operatorname{cth}kh_2} \tag{8-58}$$

式中:

$$\begin{aligned}\chi = &\frac{1}{4}\left(\frac{\rho_1\alpha_1}{\rho_2 k} - \frac{\alpha_2}{k}\right)^2 + (U_{20} - U_{10})\frac{\rho_1}{\rho_2}\left\{\frac{\alpha_1}{k}\operatorname{cth}kh_2 + \frac{\alpha_2}{k}\operatorname{cth}kh_1\right\} - \\ &(U_{10} - U_{20})^2\frac{\rho_1}{\rho_2}\operatorname{cth}kh_1 \cdot \operatorname{cth}kh_2 + \left(\frac{\rho_1}{\rho_2}\operatorname{cth}kh_1 + \operatorname{cth}kh_2\right)\frac{\varepsilon g}{k}\end{aligned} \tag{8-59}$$

$k = \dfrac{2\pi}{\lambda}$,$\lambda$ 为波长。

二层异重流界面上的波动问题,最著名的理论即凯尔文-亥姆赫兹(Kelvin-Helmholtz)理论,简称 K-H 理论。该理论在理想流体的前提下,令上下层流动分别为等速流,假设分界面上存在滑动速度。日本的滨田德一和加藤始(1962)则假设层间的流速为直线分布,从而对界面内波进行分析,这一理论对界面上有速度滑移,或速度为连续分布的情形都适用。

3.内界面的稳定

当两层流体间的相对速度达到一定大小时,内界面就不能保持稳定,不同层的流体会发生掺混。总体而言,交界面的稳定与否直接与微波的消长有关,而微波的消长直接和其黏性耗能与外界供能的比值有关,若耗能占优势,微波就受到抑制,反之波就增强。

Taylor 从小扰动假设出发,对一个二维、单频、波数和波速分别为 k,c 的小扰动波叠加在系统流动 $U(z)$ 上,应用 Boussinesq 近似,由 N-S 方程推导出了关于垂向速度复振幅 w 的微分方程:

$$\frac{d^2w}{dz^2} + \left[\frac{N^2}{(U-c)^2} - \frac{U''}{U-c} - k^2\right]w = 0 \tag{8-60}$$

式中:$N = [(g/\rho)(-d\rho/dz)]^{1/2}$。假定上下层均为无边界流体,且过渡层内密度和流速呈线性分布,通过求解上述方程,定义 Richardson 数 $R_i = \dfrac{N^2}{(dU/dz)^2}$,Taylor 最终得到如下结论:当 $R_i > 1/4$ 时,简谐波稳定;当 $R_i < 1/4$ 时,左右波长的内波均不稳定。

1949 年,Keulegan 以 Keulegan 数判别盐水楔界面的稳定性:

$$K'_u = \bar{u}^3 \Big/ \left(vg\frac{\Delta\rho}{\rho}\right) \tag{8-61}$$

式中：$\bar{u}$ 是上层平均流速；ν 是下层流体的运动黏性系数；$\Delta\rho$ 为上下层密度差；$\bar{\rho}$ 为上层密度。实际上，K'_u是雷诺数与密度弗劳德数平方的乘积。

1976 年，French 提出用两个无量纲参数 $R_0 = g\dfrac{\Delta\rho}{\rho}D/u_*^2$ 和 $K_u = \nu g\dfrac{\Delta\rho}{\rho}/\overline{u^3}$ 来判别界面的稳定性。

Schiller 用初始密度弗劳德数 $F_{D0} = U\sqrt{\dfrac{\Delta\rho}{\rho}gH_0}$（$U$ 为水槽平均流速，H_0 为水槽交汇处水深）来表征分层流的掺混情况，认为当 $F_{D0} \leqslant 1$ 时，交界面稳定，水流分层良好，呈现二层流态。

金海生认为水流分层不但与 F_{D0} 有关，还与上下层的水流流速比有关，认为稳定分层流的临界初始密度弗劳德数为

$$F_{D0cr} = 13.2\,(\bar{u}_1/\bar{u}_2)^{1.13} \tag{8-62}$$

如果界面失稳，则在交界面上形成掺混，交界面的掺混极其复杂，1975 年，Sugar 通过水槽实验研究盐水楔交界面掺混问题，实验时上层流量是变化的，但略去了下层流速的作用，得到了掺混系数如下：

$$\frac{W}{u_1} = 6 \times 10^{-3} F_{r1}{}^{10/3} \tag{8-63}$$

式中：$\dfrac{W}{\bar{u}_1}$ 为掺混系数；F_{r1} 为上层密度弗劳德数；h_1 为上层水深。

张书农等在研究温差异重流时，对模型、原型资料进行了分析，区分了层流和紊流状态下的不同规律，得到了如下的掺混系数：

紊流：
$$\frac{W}{\bar{u}_1 + \bar{u}_2} = 1.5 \times 10^{-4}\,(F_{r1})^{-} \tag{8-64}$$

层流：
$$\frac{W}{\bar{u}_1 + \bar{u}_2} = 0.36\,(P_e)^{-0.725} \tag{8-65}$$

式中：$P_e = (\bar{u}_1 + \bar{u}_2)h_2/k$，$k$ 为分子扩散系数 $\bar{u}_1$，$\bar{u}_2$ 为上、下层的平均流速。

8.5　水库密度分层流

8.5.1　水库密度分层流

我国已建和在建的高坝众多，河道建库改变了原有河道水文水势，库区内水体的蓄热作用使得水温分布结构与天然河道迥然不同。在典型季节里，上游河道来水与库水平均水温存在差异，在温差造成的密度差异下，上游水体以密度流（异重流）的方式与水库水体混合掺混，造成水库温度分层。同时，上游河水还可能携带有泥沙等悬浮物质甚至是化学物质，也会对水库水质造成影响。通过开展分层流研究，了解来流水体的余热、悬浮物以及污染物质在水库水体中的输运及扩散规律，对于维护库区生态环境和调控出水水质具有十分重要的作用。目前广泛开展的水库选择性分层取水问题研究正是水库密度流在市政供水、农业

灌溉等领域的应用。分层密度流的诸多参数，如密度流向下游的发展速度、厚度、环境水体对其稀释程度、潜入点和分离点的位置，均可为不同深度上的水质交换问题提供信息。

水库密度分层流在库水中的发展可概化为水体沿有一定倾角的倾斜壁面的发展过程。由于来水水体与水库中的环境水体的密度差异，密度流可在水下一定深度与固壁分离，进入库区水体中并沿该层水体向下游发展。根据来水水体与环境水体密度的不同情形，及受入库出库流量、消光系数、出口高程以及水库滞水时间等参数的影响，密度流在库区中可表现为不同的特性。图 8-7 中给出了水库中密度流的示意。初始的河道流动，即上游河道来流的流速为 U，密度 ρ_0 的单层流体，在重力作用下向下游发展，对这部分流体采用单层水动力学模型进行研究即可。在来流和受纳水体的动量及水体压力差的作用下，在进库某一位置，来流将在某一位置与库水发生混合，形成沿壁面向下发展的潜流或是沿受纳水体表面向上的表层流，这个点定义为潜入点或是分离点。具体来讲，比环境水流轻的水体在浮力作用下，将形成沿环境水体的表层流动，并沿库区的各个方向扩散。而比环境水体重的水体将沿壁面向下发展为潜流。

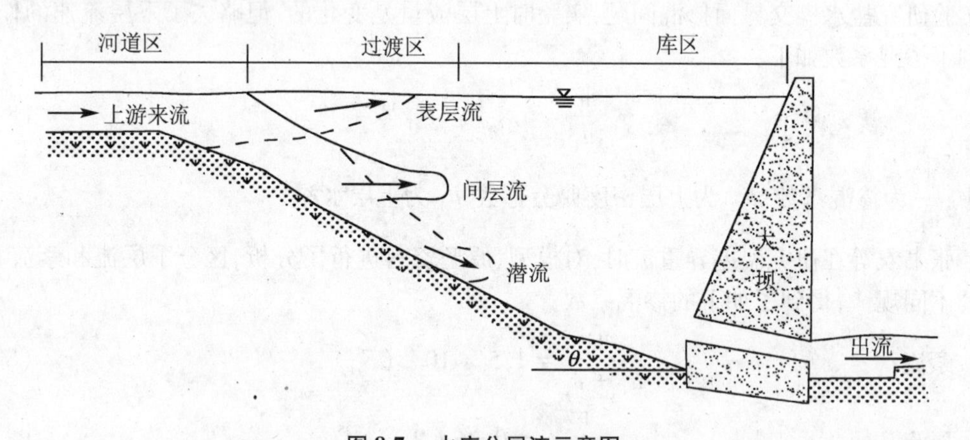

图 8-7 水库分层流示意图

潜入点或分离点以后，分层流动形成，密度分层面上的混合以及对潜流的密度稀释作用发生。在这个区域里，流动初始包括一沿底坡发展的底层密度流。潜流头部的发展速度受头部厚度、头部以后潜流的厚度的影响。如果水库是分层的密度潜流会达到水库一定深度的地方，在这里潜流与周围环境比较变为负浮力。在这个点上，密度流会从倾斜河床上分离并形成间层流。这一区域可定义为河道流动向库区流动的过渡区，水流受浮力和初始动量的共同影响。此后，水流为库区水流流动。

当密度流头部后面的混合流体在潜流之前达到自身的无浮力阶段，能够形成多重入侵。如果水库是线性分层的，混合流体将沿底坡形成连续入侵。来流中的的污染物在较强的潜流的作用下发展到湖泊的底部，然而在表面的温跃层附近仍可能会发现污染物，出现这种现象可以从库面风力作用、底部泥沙分布等方面寻求原因。因此水库产生分层是上游来流和库区水力水文条件共同作用的产物。

8.5.2 水库密度分层流的几个参数

1.来流的浮力流量

来流浮力通量定义为

$$B = g'Q_0 \tag{8-66}$$

式中:Q_0是来流流量;$g' = g\Delta\rho/\rho_0$,称为折减重力加速度或有效重力加速度,即由来流和环境水流之间的密度差所造成的重力加速度的减少量,$\Delta\rho = \rho_0 - \rho_a$。

密度流的掺混会造成潜流的流量和浮力通量的沿程变化。压力梯度驱动水流向下的坡度取决于$g'\sin\theta$,θ为坡角。密度流的形成浮力起到非常关键的作用,浮力同时具有加速和失稳($g'\sin\theta$),减速和稳定($g'\cos\theta$)双重作用,正是密度流动力学的关键。

2.体积理查德数

体积理查德数定义为

$$R_i = \frac{g'}{U^2}\cos\theta \tag{8-67}$$

R_i减小,将增加界面间的混合,反过来增加了低动量流体进入密度流的掺混,代表了界面间拖曳力的有效增加。因此该数可用于界定界面间的交换能力或是界面的稳定性。

3.来流密度弗劳德数

对于明槽水流,常采用惯性力与重力之比所得的弗劳德数表征流动的特性。对于异重流,则采用惯性力与有效重力之比所得的无量纲数密度弗劳德数F_d加以描述:

$$F_d = \frac{u}{\sqrt{\Delta\rho/\rho gL}} = \frac{u}{\sqrt{g'L}} \tag{8-68}$$

式中:L为特征长度,一般为水深h;u为特征流速,一般取为断面平均流速V。

1968年美国Norton等提出用密度弗劳德数作为标准,来判断水库分层特性,密度弗劳德数定义为

$$F_d = \frac{U}{(g'h_0)^{1/2}} \tag{8-69}$$

式中,h_0为上游来流水深。

当$F_d \leqslant 0.1$,水库为强分层型;

当$0.1 < F_d < 1$,则为弱分层型;

当$F_d > 1.0$,则为完全混合型。

4.α指标

判断水库水温分层类型还可采用α指标指标法,α定义为

$$\alpha = \frac{\text{多年平均入库径流量}}{\text{总库容}}$$

当$\alpha \leqslant 10$时,为稳定分层型;

当$10 < \alpha < 20$时,为过渡型;

当$\alpha \geqslant 20$时,为完全混合型。

α指标法可判断水库的分层状况。

8.5.3　水库分层取水

1.分层取水结构

大型水库中水体沿水深明显分层，库区底层水体温度低于原天然河道的水温，而水库表层水体温度高于原天然河道的水温，取水口的位置不同，所采取的水体温度也不同。为了有效减少下泄水温对下游水体生态环境的影响，分层取水，即选择性地取用表层温水的工程措施正日渐广泛地应用到水利工程建设上，代表性的如糯扎渡、锦屏一级水电站等。

分层取水进水口是一种从分层型水库中有选择地引库水的取水结构，设在取水涵管或隧洞进口处，又称分层取水或选择型取水结构。按取水深度的不同可分为表层取水结构和深式取水结构。按取水口形式及布置方式，分层取水口分固定式及活动式两种。活动式取水口在运行中可放置于水库有效取水深度范围内的任一高程处，按需要引取该深度处的库水。常用的分层取水建筑物为竖井式和斜涵卧管式，竖井式采用进水塔或闸门井，沿垂直方向设若干层闸门，通过启闭机启闭闸门控制流量和水温。按照闸门形式的不同，竖井式又分为多层平板闸门、翻板门、单层或多层叠梁门取水口（图 8-8）。多层平板闸门取水口的布置

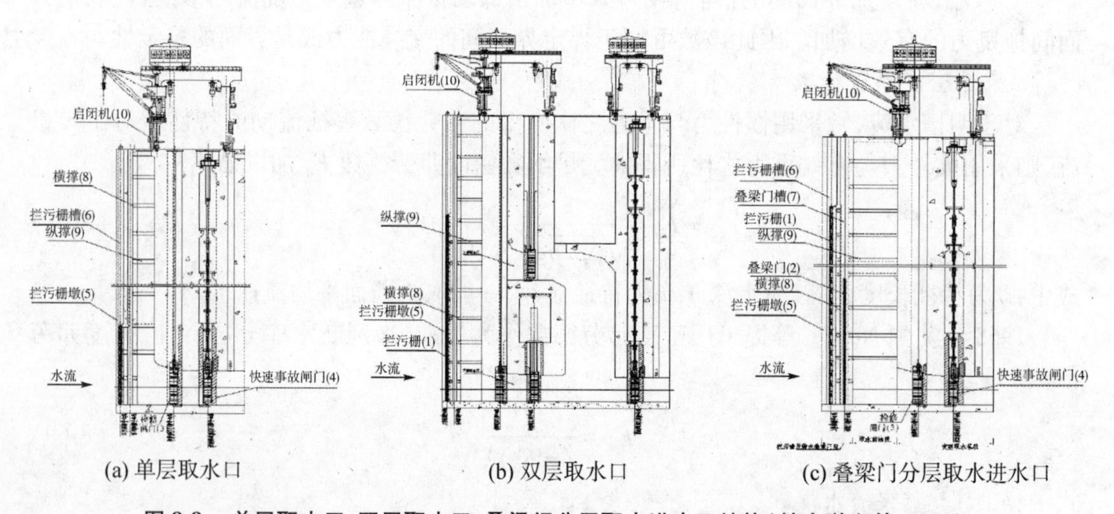

(a) 单层取水口　　(b) 双层取水口　　(c) 叠梁门分层取水进水口

图 8-8　单层取水口、双层取水口、叠梁门分层取水进水口结构（摘自游湘等，2011）

特点是沿竖向在水道进水口上不同取水高度设置进口，水位较高时关闭下部进水口闸门，水位较低时开启下部进水口闸门。显然，这种布置方式取水口层数越多结构越复杂，结构尺寸越大，适合于引用流量小、水库水深不大、取水口处场地较开阔的工程。有代表性的如广西西云江水库采用的竖井加三层闸门的方式。翻板门式布置的特点是在常规进水口引水渠的前面设置一道翻板门式闸门，闸门随水位的升降自动升高或降低。该方式运行简单，但闸门的检修较为困难，水深较大时结构设计难度较大，目前仅在少数小型水利工程上有应用，如四川冷家沟和总岗山水库采用的竖井加多层翻板闸的分层取水塔。叠梁门这种闸门形式在国内外水利水电工程中均有大量的应用实例和成熟的经验，2006 年雅砻江锦屏一级工程首次应用叠梁门实现分层取水后，糯扎渡等大型水电工程已采用或拟采用这一技术实现分层

取水。叠梁门分层取水结构在取水塔内设置一节或多节可沿塔身高度方向升降的叠梁门，每节叠梁门均通过液压自动抓梁与提升机构连接。根据水库运行水位变化，提起或放下相应节数的叠梁门，从而达到引用水库表层水、提高下泄水温的目的。

斜涵卧管式沿梯级斜管在不同高程设置进水口，以盖板塞作启闭。如江西枫溪水库（最大坝高 17.5m）的斜涵天桥盖板分层取水，在斜涵上设置 4 个高程分别为 64.3m、67.2m、70.1m、73.0m 的取水口，以实现取表层水的目的。一般而言，斜涵卧管式仅适用于取水深度和流量都较小的水库，而竖井式可用于取水流量较大的深水水库。

表 8-1　**国内外几个分层取水建筑物实例**

名称	所在地	库容 $/10^8m^3$	最大坝高 /m	正常蓄水位 /m	底层进水口高程 /m	取水流量 $/(m^3/s)$	取水形式
皎口	中国浙江	1.9	66	66.0	38.0	16.0	竖井多层开门式
里石门	中国浙江	2.0	74	176.0	140.0	24.0	竖井多层闸门式
深山	日本			753.6	703.0	9.0	竖井取水盘式
下久保	日本	1.3	129	296.0	213.0	12.0	竖井加多节半圆形定轮式
宫濑	日本	1.9	155	286.0	206.0	55.0	多段式圆筒形

2.分层取水的水力计算

无论是何种分层取水装置，取水口的流态无外乎孔流和溢流两种（图 8-9），Graya 分别针对这两种流态下的取水口临界平均流速给出了对应的计算公式：

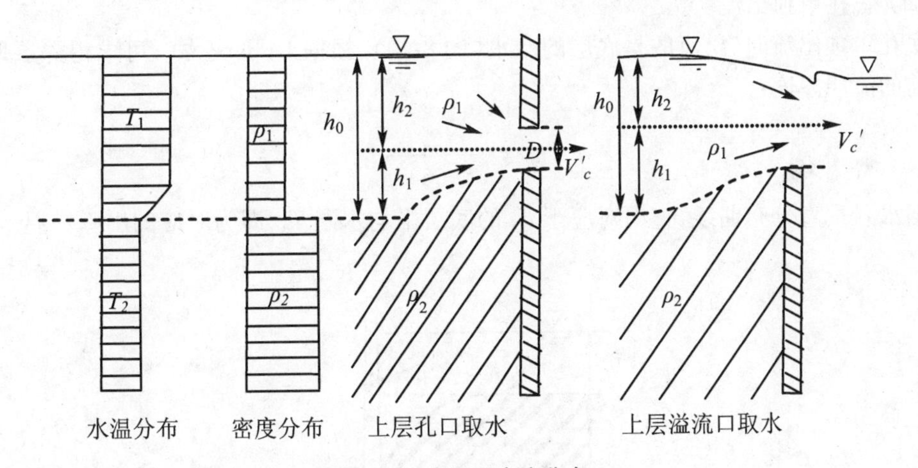

图 8-9　水温及密度分布

(1) 孔流。

仅取表层水时的取水口临界平均流速：

$$V_c' = 3.25\left(\frac{h_1}{D}\right)^2\sqrt{g\varepsilon h_1} \tag{8-70}$$

（2）溢流时。

$$V_c' = 1.52\left(\frac{h_1}{D}\right)\sqrt{g\varepsilon h_1} \tag{8-71}$$

式中：h_1 为表层水与底层水分界面到取水口中心的高度，也称吸上高度，图 8-9 中，h_2 为水面至孔口中心的高度，$h_0 = h_1 + h_2$ 为表层水流层厚度；D 为溢流口水深或孔口直径（孔口为矩形时取孔高）。

根据式（8-71），可确定分层取水时的流层厚度、取水口最大允许的平均流速，进而计算入流量。

而当取水口尺寸和取水流量已知时，可求得进水口前的流层厚度，将此厚度与水温分布曲线对照，即可判断是否满足表层取水的要求。

已知水温分布、跃层水深和取水流量时，可求得取水口允许的流速以及孔口应具有的尺寸。

3. 出库水温估算

（1）表层孔单独出流。

从实测或预估的水温分布曲线和有关计算公式，可确定跃层厚度、流层厚度等，流动层内的平均水温可按式（8-72）计算：

$$\bar{T} = \frac{\int V(r_0, h)T\mathrm{d}h}{\int V(r_0, h)\mathrm{d}h} \tag{8-72}$$

（2）底孔单独出流。

底孔单独出流时，出流的是底层的冷水（图 8-10），根据 Huber 公式，可求得深层取水时进口前的流层厚度：

$$h_2^3 = \frac{q_c^2}{(1.66)^2 g'} \tag{8-73}$$

再根据水温垂直分布曲线，查出对应于 h_2 的底层平均水温 T_2，即为对应的出库水温。

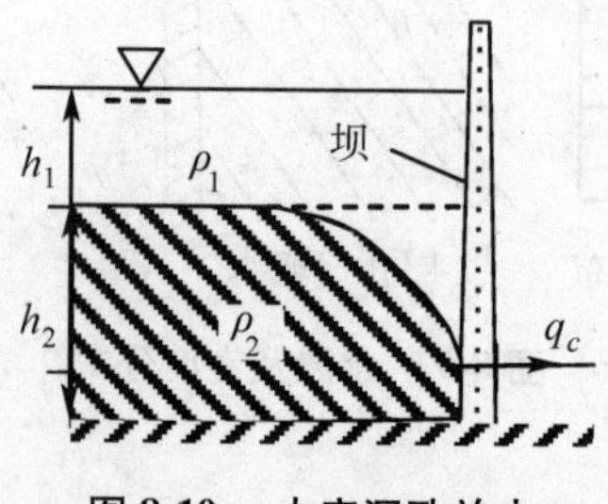

图 8-10　水库深孔放水

（3）底孔和表孔同时泄流。

先求出表孔和底孔的泄流量,以及各自泄流的平均水温,加权平均得到下泄的平均水温:

$$\overline{T} = \frac{Q_{表}\overline{T_1} + Q_{底}\overline{T_2}}{Q_{表} + Q_{底}} \tag{8-74}$$

(4) 叠梁门多层取水。

高学平等结合对糯扎渡水电站多层取水口进水口叠梁门方案,给出了叠梁门多层取水方式下的下泄水温公式:

$$T = \sum_{i=1}^{n} \alpha_i T_i \tag{8-75}$$

式中:n 为取水范围内水体垂向上的层数;T_i 为自上而下的各层的水温;α_i 为权重,与叠梁门运行方式、流量和水温分布等有一定关系,经实验数据拟合给出:

$$\alpha_i = -0.2658x_i^2 + 0.452x_i - 0.0778 \tag{8-76}$$

式中:x_i 为各层水体的深度与门顶水头之比。

但由于该下泄水温公式是拟合糯扎渡水库下泄水温试验数据得出的,公式中的权重系数 α_i 是在一定流量、叠梁门取水方式、叠梁门位置等因素下得出的,能否应用到其他工程,还有待检验。

习　　题

8-1　上层流动静止,下层为均匀层流,其运动方程为$\frac{\partial}{\partial x}\left(\frac{p}{\rho_2} + gz\right) + \nu\frac{\mathrm{d}^2 u}{\mathrm{d}y^2} = 0$,试利用图 8-3,推导下层流体的流速分布 $u(y)$ 及断面平均流速 V。

8-2　在河口区域,当河流中的淡水流入海水中时,就会在一定范围内出现盐水、淡水分层的两层流动,即盐水楔。设盐水楔中下层海水基本静止,即 $V_2 = 0$,仅考虑上层淡水的流动,如图 8-11 所示,试分析内界面的形状。

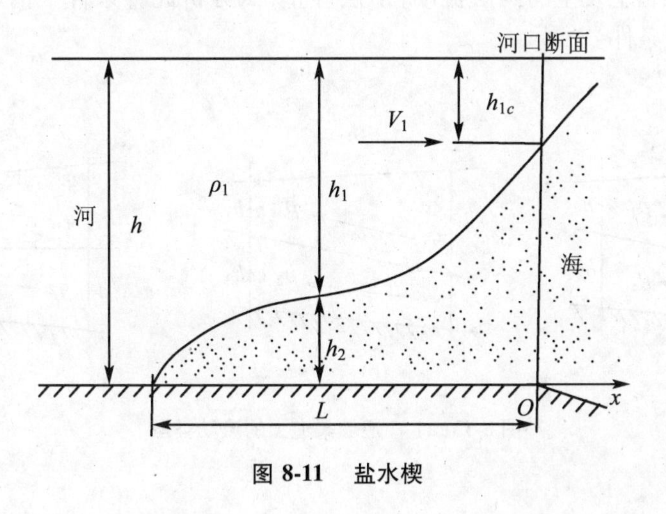

图 8-11　盐水楔

8-3　正坡渠道上发生的两层流动，上层静止，试分析此种条件下内水跃的流动图形（图8-12）以及产生的条件。

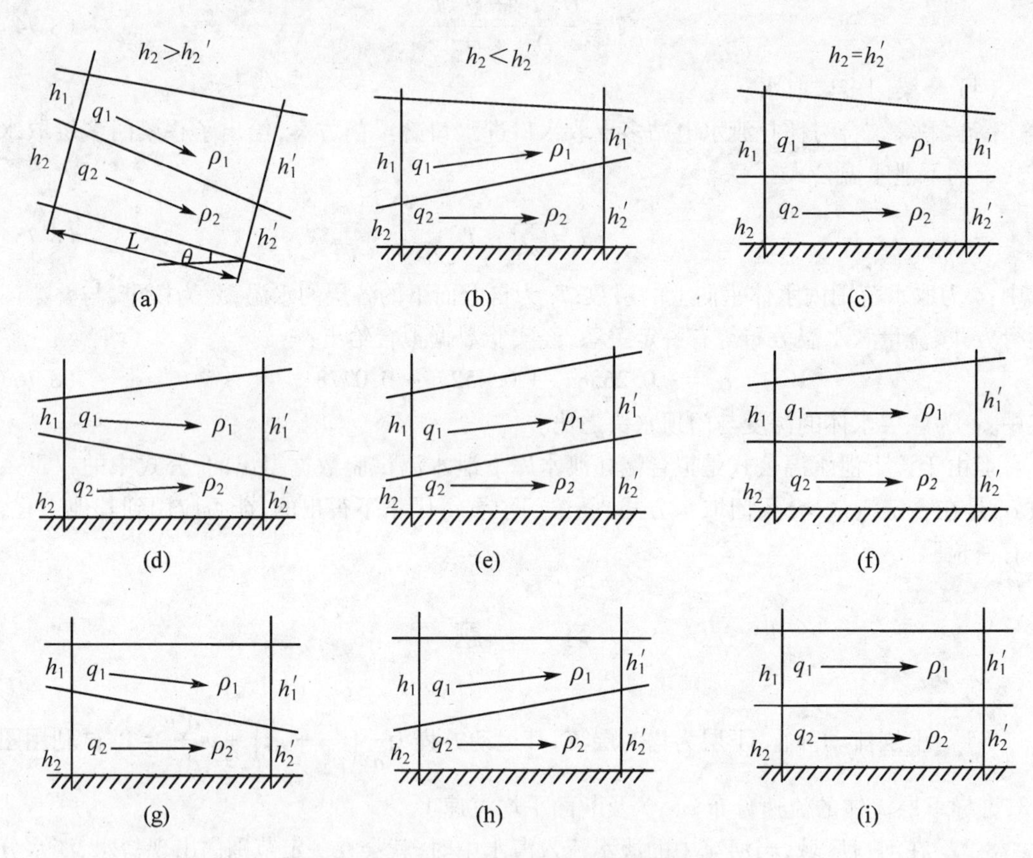

图8-12　正坡渠道上的流动类型

8-4　反坡渠道上发生的两层流动，下层静止，试分析此种条件下内水跃的流动图形（图8-13）及产生条件。

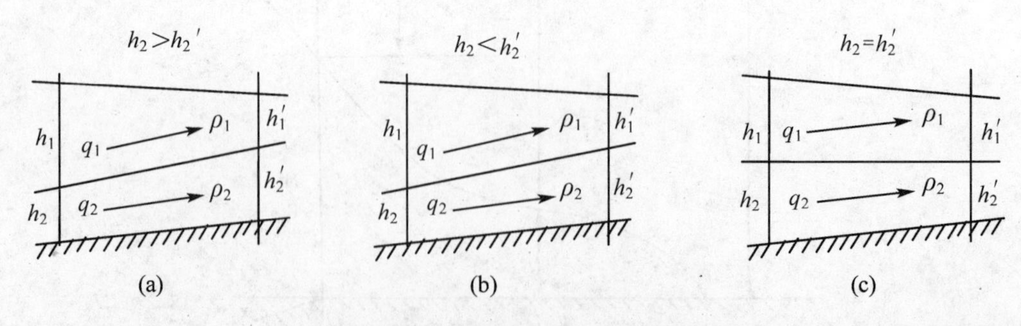

图8-13(a)　逆坡渠道上的流动类型

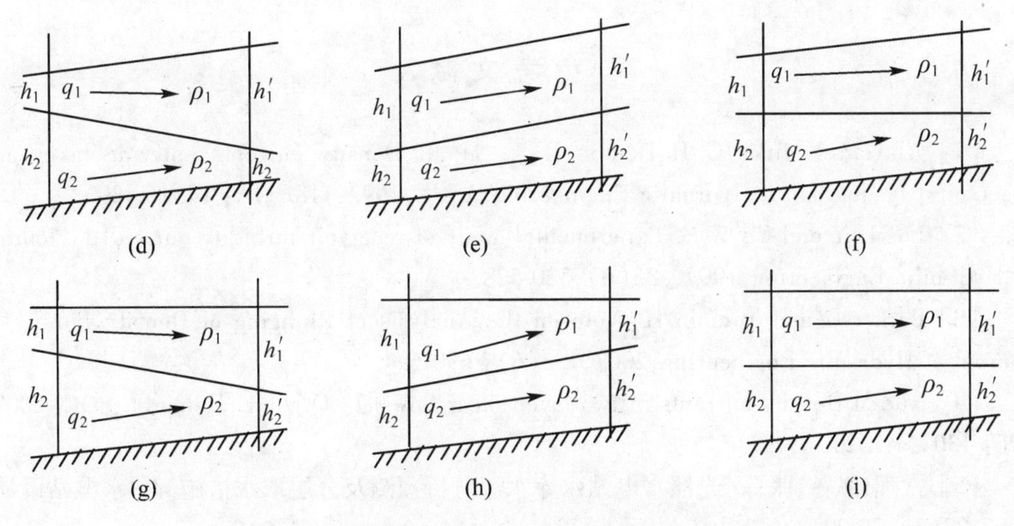

图 8-13(b)　逆坡渠道上的流动类型

8-5　分层流中上下层平均流速分别为 U_1 及 U_2，界面上有速度滑移，试求凯尔文－亥姆赫兹内波的运动波速。

8-6　假定分层流各层中流速按线性分布，且界面上流速连续，试分析界面内波的波速。

8-7　假设流动层的水温分布及流速分布如图 8-14 所示，水深 h 处的流速和水温分布分别为：当 $0 < y < z_2$，$V(r_0,h)=\dfrac{V_0}{z_2}y$，$T=T_3+\dfrac{T_u-T_3}{z_2}y$；当 $y > z_2$ 时，$V(r_0,h)=V_0$，水温 $T=T_0$，

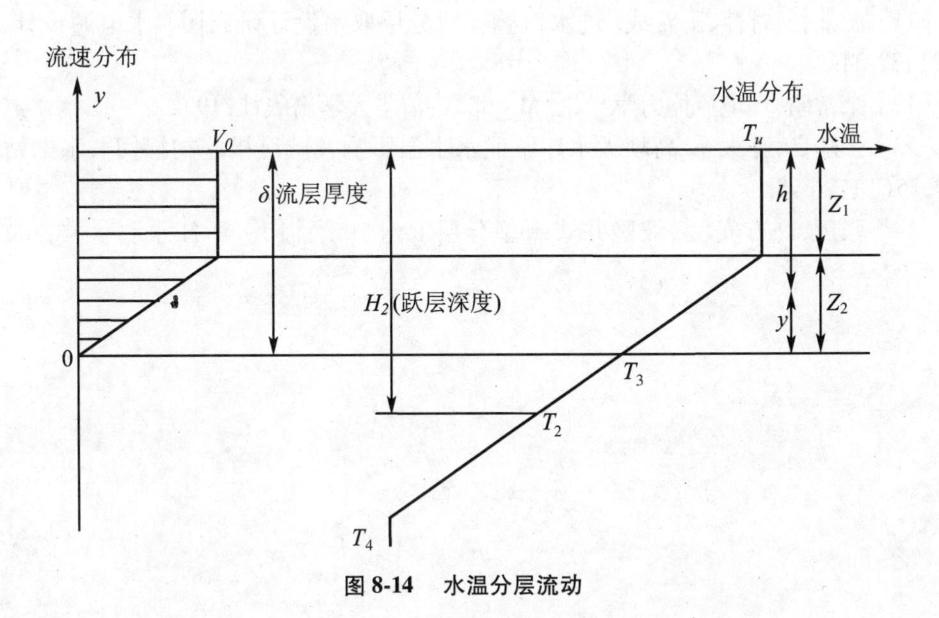

图 8-14　水温分层流动

试求流动层内的平均水温。

参 考 文 献

[1] Alavian V,Jirka G H,Denton R A, et al. Density currents entering lakes and reservoirs[J],Journal of Hydraulic Engineering,ASCE,1992,118(11):1464-1489.

[2] Lee H Y and Yu W S. Experimental study of reservoir turbidity current[J].Journal of Hydraulic Engineering,1997,123(6),520-528.

[3] Parker G and Toniolo H. Note on the Analysis of Plunging of Density Flows[J]. Journal of Hydraulic Engineering,2007,133(6):690-694.

[4] Xue M.Density currents in two-layer shear flows[J].Q. J. R. Mefeorol. SOC. 2000, 126:1301 - 1320.

[5] 常理,纵霄,张磊. 光照水电站水库水温分析预测及分层取水措施[J].水电站设计, 2007,23(3):30-32.

[6] 杜效鹄,喻卫奇,芮建良. 水电生态实践 — 分层取水结构[J].水力发电,2008, 34(12):28-29.

[7] 高学平,陈弘,宋慧芳. 水电站叠梁门多层取水下泄水温公式[J]. 中国工程科学, 2011,13(2):63-66.

[8] 高学平,张少雄,张晨. 糯扎渡水电站多层进水口下泄水温三维数值模拟[J].水力发电学报,2012,31(1):195-201.

[9] 黄永坚,水库分层取水[M].北京 : 水利电力出版社,1986.

[10] 刘欣,陈能平,肖德序,等,光照水电站进水口分层取水设计[J].贵州水力发电, 2008,22(5):33-35.

[11] 游湘,何月萍,王希成. 进水口叠梁门分层取水设计研究[J].水电站设计,2011, 27(2):32-34.

[12] 余常昭,环境流体力学导论[M].北京:清华大学出版社,1992.

[13] 张陆良,孙大东.高坝大水库下泄水水温影响及减缓措施初探[J].水电站设计, 2009,25(1):76-78.

[14] 张迈,许方安. 斜坡竖井式新型分层取水口设计[J].浙江水利科技,2003(2): 30-31.

第9章　地下水中的弥散

地下水运动是含有溶质的水溶液在由岩石、土壤等组成的多孔介质中的运动。与地表水一样,地下水也有层流与紊流之分。地下水中溶质输移对人类的生活和生产活动有着重要的影响,如我们广泛关注的土壤盐碱化问题、地下水中重金属污染问题等,都需要掌握溶质在多孔介质中的运移规律。地下水中的溶质处在一个物理、化学和生物相互联系和连续变化的系统中,其运移规律十分复杂,对地下水中离散(现国内多采用名称"弥散")课题已有专门论著,这里只简要地作一介绍。

9.1　多孔介质中的物质混合

9.1.1　水动力弥散现象

在多孔介质中,当存在两种或两种以上可溶混的流体时,在流体运动作用下,流体间会出现过渡带,并使不同流体浓度趋于均一化,这种现象称为多孔介质中的水动力弥散(Hydrodynamic Dispersion)。水动力弥散由流体的分子运动引起的分子扩散及由于孔隙中流体速度分布不均匀引起的机械弥散(Mechanical Dispersion)两部分组成。由于水动力弥散是在窄小、蜿蜒曲折的缝隙内进行的,多孔介质中的水流运动多为层流,即使在大孔隙的介质中会出现紊流,紊动的尺度也较小,与一般连续流体中分子扩散相对紊动扩散较小而常予以忽视的情况大不相同,分子力对地下水弥散的作用不能忽视。同时,影响弥散的参数除了流体及其运动的性质,包括流体的密度、污染物的浓度及流动速度等外,还受孔隙的性质如孔隙率、渗透系数、孔径分布和固结程度等因素的影响。

水动力弥散现象常用一个简单的实验加以说明。考虑一个被水饱和的均质砂柱中的稳定流动,设在某一初始瞬间($t=0$),由含有示踪剂浓度为 C_0 的溶液替换砂柱中原来不含示踪剂的溶液,在砂柱末端记录示踪剂浓度随时间的变化 $C(t)$,并绘制示踪剂相对浓度 $C(t)/C_0$ 与观测时间 t 的关系曲线,这种相对浓度过程线也称为穿透曲线(图9-1)。如果不存在弥散现象,则穿透曲线应为活塞式曲线,即以平均流速移动的直立锋面,流动即为通常所说的活塞流。而实际上,水动力弥散作用使两种溶液的混合超前于替换的平均流速,穿透曲线表现为图中所示的S形曲线。

9.1.2　水动力弥散机理

地下水中水分(水溶液)的运动及其引起的含水率分布的变化,对土壤中溶质运动具有显著的影响,主要体现在溶质运移的对流和水动力弥散。

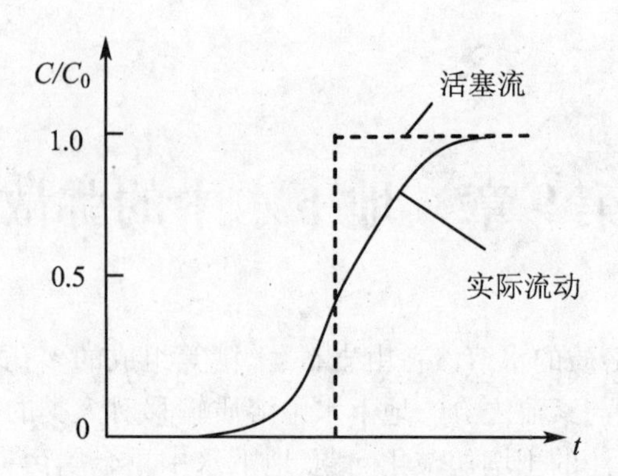

图 9-1　砂柱末端实测的穿透曲线与无弥散时的理论穿透曲线

1.溶质的对流运移

对流是溶质随着地下水的运移,单位体积多孔介质水溶液中所含有的溶质质量,称为溶质的浓度,记为 C。单位时间内通过多孔介质横截面面积的溶质质量称为溶质通量,记为 I_C,可写为

$$I_C = qC = v\theta C \tag{9-1}$$

式中:q 为多孔介质中水流通量(L/T);$v = q/\theta$(θ 为多孔介质含水率,若为饱和土壤,则为土壤的孔隙度 n),为水溶液中的平均孔隙流速。

若溶质运动以对流为主,则溶质流过厚度为 L 的土层所需的时间 t_L 为

$$t_L = L/v = L\theta/q \tag{9-2}$$

2.溶质的分子扩散

溶质的分子扩散是由分子的不规则热运动(布朗运动)引起的,表现为溶质由浓度高处向浓度低处运移,最终达到浓度的均匀分布。在地下水中,溶质的分子扩散符合 Fick 第一定律:

$$I_m = -D_m \frac{\partial C}{\partial x} \tag{9-3}$$

式中:I_m 为溶质的分子扩散通量;D_m 为分子扩散系数,一般认为该系数是含水率的函数,与溶质的浓度无关。

3.溶质的机械弥散

机械弥散是介质颗粒和孔隙在微观尺度上的不均匀性引起的溶质在流动过程中的逐渐分散,并逐渐增加渗流区域范围的溶质运移现象,也即质点流速相对于孔隙平均流速的差异引起的溶质分散现象。机械弥散由三种机理引起,一是流体的黏滞性,以及粗糙的孔隙表面对流体的阻力,使得单个孔隙通道横断面的不同点上的流体分子具有不同的流速,从而在单个孔道中形成分散;二是地下水流动的孔隙通道大小不一,光滑程度不同,沿不同孔隙轴向的最大流速有所差异;三是孔隙通道形态各异,曲折、交叉和分支使得流动方向变化。同时,地下水中流动区域的渗透性不均一,也可能促成或加剧机械弥散作用。类比分子扩散,机械弥散引起的溶质通量 I_m' 可写为

$$I_m' = -D_m' \frac{\partial C}{\partial x} \tag{9-4}$$

式中：D_m' 为机械弥散系数。

4.水动力弥散

分子扩散和机械弥散的作用机理不同，但两者一般同时作用，难以区分，因此常将两者综合，统称为水动力弥散。根据上述定义，水动力弥散引起的溶质通量 I 可表示为

$$I = -(D_m + D_m') \frac{\partial C}{\partial x} = -D_h \frac{\partial C}{\partial x} \tag{9-5}$$

式中：D_h 称为水动力弥散系数，或综合扩散 - 弥散系数。当对流流速较大时，机械弥散的作用会大大超过分子扩散作用，水动力弥散中可只考虑机械弥散；反之，当溶液静止时，则只有分子扩散起作用了。

9.1.3 水动力弥散系数

1.分子扩散系数和机械弥散系数

从上面分析可见水动力弥散系数的确定在弥散分析计算中很重要。在多孔介质中，分子扩散系数小于溶液中的分子扩散系数 D_{m_L}，其关系为

$$D_m = k_c D_{m_L} \tag{9-6}$$

式中：k_c 为反映介质特性的参数，称为多孔介质的弯曲率。$k_c < 1$，则介质中的分子扩散系数（又称有效分子扩散系数）小于溶液中的分子扩散系数。

机械弥散系数一般表示为空隙平均流速的线性关系：

$$D_m'(u) = \lambda |u| \tag{9-7}$$

式中：λ 为经验常数，又称为弥散度，与介质类型和结构有关。

在多孔介质水流中，机械弥散与分子扩散的作用是难以区分的，二者综合作用的结果就形成了水动力弥散。当流速较大时，机械弥散在水动力弥散中起主要作用；当流速较小时，分子扩散作用就变得更为明显。可见，影响水动力弥散状况的基本参数包括反映流体特征的流体密度 ρ、反映介质特性的体系质点流速及流体的质量通量。

2.量纲分析

为了研究弥散系数与速度分布和分子扩散之间的关系，人们曾做过大量的实验，绝大多数是针对纵向弥散系数 D_L 的。下面从量纲分析入手讨论弥散系数的一些实验成果。

弥散过程主要和下列过程有关，流体的黏度 μ_i 和密度 ρ_i（$i = 1,2$，分别为溶质和溶媒），重力加速度 g，平均空隙流速 u，弥散系数 D_h，和孔隙介质特性如渗透系数 k 等。假设在混合过程汇总流体体积守恒，用 $g(\rho_1 - \rho_2) = g\Delta\rho$ 表示密度差异，分子扩散系数 D_m 与 μ_1、μ_2 都与浓度变化无关，则弥散过程就可用下列关系式表示为

$$D_h = f(g\Delta\rho, \mu_1, \mu_2, u, D_m, k) \tag{9-8}$$

由 π 定理分析，结合弥散方程和一些实验成果分析，能够最好描述弥散现象的无量纲数为

$$D_h/D_m,\ uk^{0.5}/D_m,\ \mu_1/\mu_2,\ (g\Delta\rho k^{3/2})/(\mu_1 D_m)$$

其中：D_h/D_m 为无量纲弥散系数；$uk^{0.5}/D_m = Pe$，为皮克利特数（Peclet number），反映流速的影响；μ_1/μ_2 为相对黏度；$(g\Delta\rho k^{3/2})/(\mu_1 D_m)$ 反映密度差的影响，与描述热自由对流的瑞利

数(Rayleigh number) 的形式相同。

如用介质的某一特征长度,如粒径 d 替代渗透系数 k 体现孔隙介质的结构,则上述 4 个无量纲数也可写为

$$D_h/D_{m_L}, ud/D_{m_L}, \mu_1/\mu_2, (g\Delta\rho d^3)/(\mu_1 D_{m_L})$$

对于示踪输移的情况,即无密度变化和黏性变化的影响时,有

$$\frac{D_h}{D_{m_L}} = f(\frac{ud}{D_{m_L}}) = f(Pe) \tag{9-9}$$

3. 弥散系数的示踪实验

与地表水类似,绝大多数地表水研究的方法均可用于地下水弥散系数的确定。如根据示踪实验实测的浓度曲线,可以采用矩法(尚熳廷等,2009) 获得对应的纵向弥散系数;时间浓度三点法也可用于确定弥散系数(陈建峰、王政友,2000),还可以根据浓度分布的解析解反推弥散系数等等。二维水动弥散参数的确定有直线图解法、弥散晕面积法、标准曲线配线法等等(焦赳赳等,1987)。另外,分形理论也被用于对水动力弥散系数进行模拟(王康等,2006)。下面仅对一些基本的弥散系数成果进行介绍。

(1) 纵向弥散系数。

多数实验是在松散介质中进行的,实验成果可由图 9-2 和图 9-3 表示的关系曲线体现,图 9-2 为 D_{h_x}/D_{m_L} 与 Pe 数的关系曲线;图 9-3 为 $D_{h_x}/(ud)$ 与 Pe 数的关系曲线。通过曲线中纵向弥散系数与分子扩散系数、平均流速之间的关系,可将纵向混合分为 5 个区:

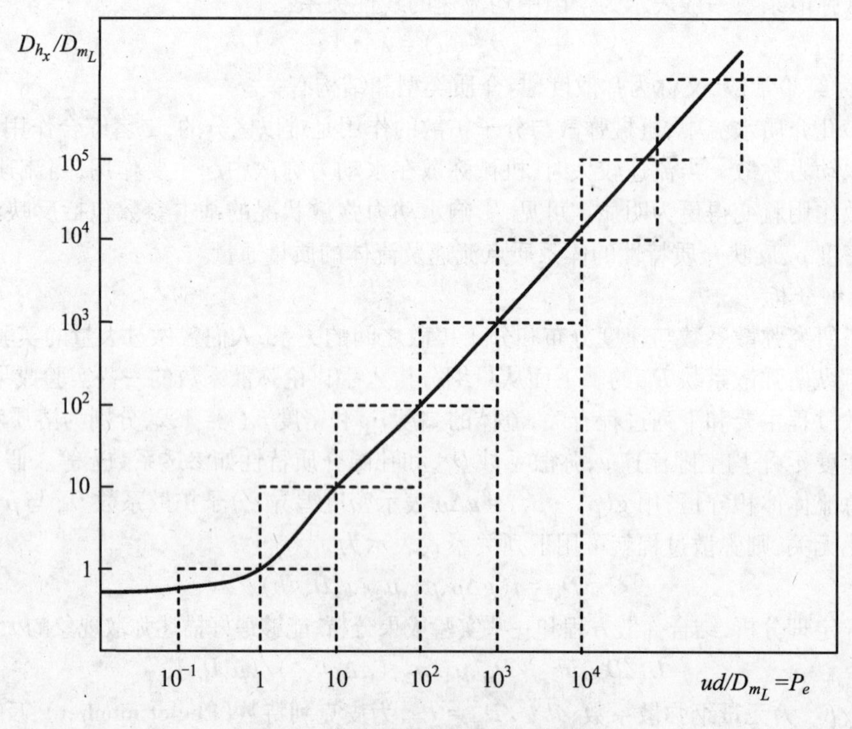

图 9-2　纵向弥散系数与 Pe 的关系

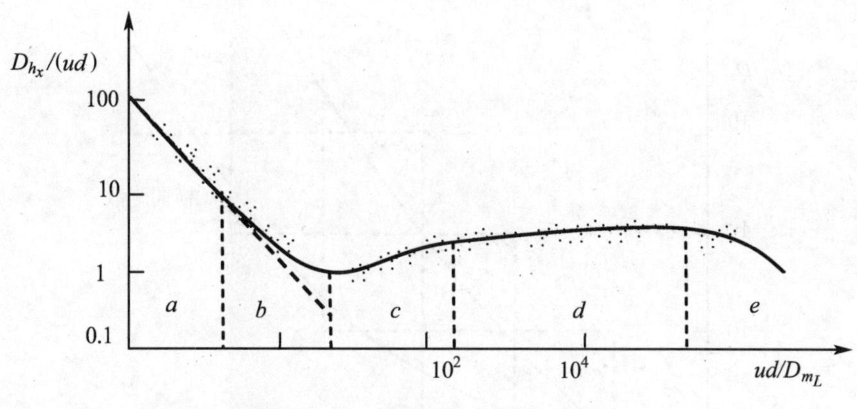

图 9-3 $D_{h_x}/(ud)$ 与 Pe 数的关系

a 区:纯分子扩散区,平均流速很小,D_{h_x}/D_{m_L} 近似为常数。对于均匀球状颗粒构成的介质,实验得出该常数为 0.67。

b 区:机械弥散作用于分子扩散作用相当,此时 Pe 位于 0.4 ~ 5 之间。

c 区:机械弥散作用超过分子扩散作用,此时的输移主要是纵向机械弥散和横向分子扩散相互结合,分子扩散常造成纵向弥散的减弱,经实验数据拟合得

$$\frac{D_{h_x}}{D_{m_L}} = 0.67 + \alpha Pe^m \tag{9-10}$$

式中:$\alpha \approx 0.5$;$m \approx 1.2$。

d 区:机械弥散其主导作用,分子扩散可以忽略,本区满足下列关系:

$$\frac{D_{h_x}}{D_{m_L}} = \beta Pe, \beta = 1.8 \pm 0.4 \tag{9-11}$$

e 区:属于达西定律适用范围以外的机械弥散,此区的实验研究很少,实际问题大多处于 c、d 两区。

(2) 横向弥散系数。

图 9-4 为在松散介质中的实验成果曲线,Pe 数的范围为 10^{-2} ~ 10^4。类似的,可将弥散状态分为 4 个区。

Ⅰ 区:纯分子扩散区,D_{h_y}/D_{m_L} 近似为常数。对于均匀球状颗粒构成的介质,实验得出该常数约为 0.7;

Ⅱ 区:机械弥散作用于分子扩散作用同时存在;

Ⅲ 区:机械弥散作用超过分子扩散作用,此时的输移主要是纵向机械弥散和横向分子扩散相互结合,分子扩散常造成纵向弥散的减弱,经实验数据拟合得

$$\frac{D_{h_y}}{D_{m_L}} = 0.7 + \alpha \left(\frac{ud}{D_{m_L}}\right)^m \tag{9-12}$$

式中:$\alpha = 0.025$;$m = 1.1$。

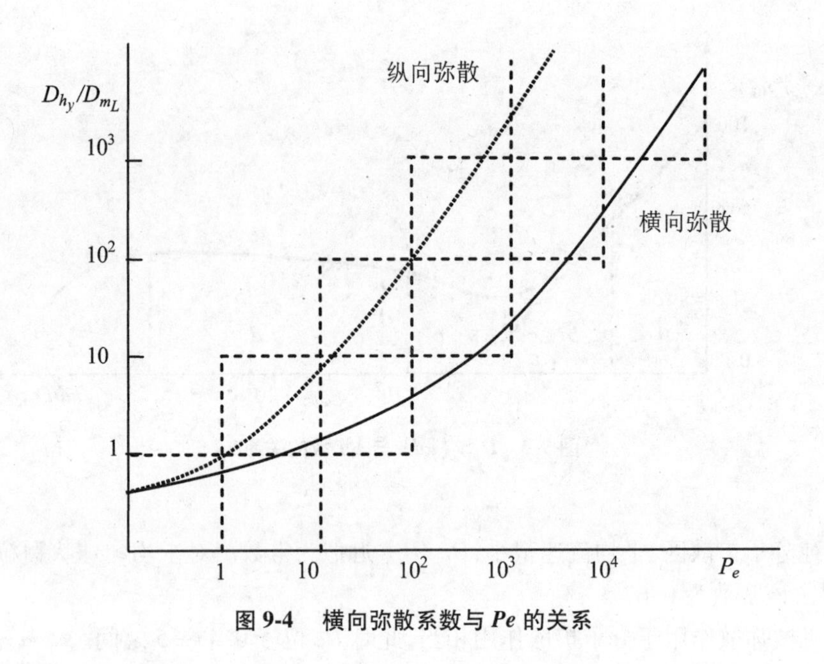

图 9-4　横向弥散系数与 *Pe* 的关系

Ⅳ 区：纯机械弥散阶段，此时上式中指数 $m = 1$。

很显然，纵向弥散与横向弥散随 Pe 数的变化规律是相同的，数量上横向弥散小于纵向弥散。

9.2　弥散模型与弥散方程

9.2.1　弥散模型

如果把多孔介质假想为互相连通的毛细管系统，把流体质点在多孔介质中的运动假想为微粒的随机运动，就有可能对这种流动进行数学模拟，渗流的达西模型、Fick 型的扩散定律以及各种守恒定律就可应用于这种理想模型。大体上讲，研究多孔介质中物质运移的理想模型大致可以分为三类，即几何模型、统计模型和统计几何模型（部分内容摘自余常昭：环境流体力学导论）。下面略述其中的几种。

（1）Taylor 毛管模型。把多孔介质看成为毛细管束，流动视为圆管层流，采用圆管层流中离散的方法进行分析，得到了纵向弥散系数与平均速度之间的关系。其后阿里斯（Aris R.）将孔隙看做不规则形状的毛管，用浓度矩法对水动力弥散进行分析。

（2）沙夫曼（Saffman）随机毛管模型。毛管的方位和分布都是随机的，联结成一个平直孔隙的网络。多孔介质模型由一串彼此用短通道联系起来的小单元所构成。当具有一定示踪剂浓度的流体进入被浓度不同的流体所占据的单元时，前者驱替了后者的一部分，同时剩在单元中的两种流体立即混合起来形成一种新的均质流体，这样的单元叫做理想混合器。利用理想混合器模型可以导出纵向弥散系数与平均速度之间的关系。这种模型定性地反映了孔隙的复杂性，首次提出弥散存在几个不同性质的区域，以及纵向离散和横向离散有重要差别等，但主要是理论性的，定量难以准确。

(3) 伯尔(Bear J.)和巴切马特(Bachemat Y.)随机毛管模型。这种模型也将孔隙设想为由许多相互连接的、随机分布的毛管和接头组成的空间网络，管子的长度、断面和方位都是变化的。在管子断面上对流动进行局部性平均后，得出一个孔隙介质表征体积单元REV(Representative Element of Volume,REV)的概念，将局部平均流动再在REV内进行宏观的平均，由此建立出一整套的宏观方程，是毛管类模型中一个重要的模型。

(4) 舍德格尔(Scheidegger A.E.)统计随机模型。这种模型基于孔隙介质的内部构造极为复杂，又包含有随机的分子扩散，则给予确定性的数学描述是做不到和不必要的，所以假定溶质在孔隙介质中的运动是一种随机现象，故应用统计方法来建立模型。

各种弥散理论模型都有其相应的弥散方程的形式，可参考有关文献专著。这里只列举目前应用较广泛的弥散宏观方程如下。

9.2.2 溶质运移的对流 - 弥散方程

1.对流 - 弥散方程

溶质运移的对流和水动力弥散作用决定了溶质的总通量为对流通量和水动力弥散通量之和，即

$$I = -D_h \frac{\partial C}{\partial x} + qC \tag{9-13}$$

根据质量守恒原理，多孔介质单元体内溶质的质量变化率等于流入和流出该单元的溶质通量之差(具体推导过程可见杨金忠等编写的《地下水运动数学模型》)，可导出溶质运移的连续性方程为

$$\frac{\partial(\theta C)}{\partial t} = -\frac{\partial I}{\partial x} \tag{9-14}$$

联立上述二式，不考虑溶质的增减，可得一维溶质运移方程：

$$\theta \frac{\partial C}{\partial t} = \frac{\partial}{\partial x}\left[D_h \frac{\partial C}{\partial x}\right] - q\frac{\partial C}{\partial x} \tag{9-15}$$

式中：右端第一项为弥散项，第二项为对流项。

将上述方程扩展到三维情况，方程可写为

$$\frac{\partial C}{\partial t} + \frac{\partial(Cu_i)}{\partial x_i} = \frac{\partial}{\partial x_i}\left[D_{h_{ij}} \frac{\partial C}{\partial x_j}\right], i,j = 1,2,3 \tag{9-16}$$

2.有源汇项时的弥散方程

在适当的条件下，介质内部由于化学、生物的作用，会生成某些溶质(如有机质的硝化作用所产生的硝酸盐离子)，在某些条件下某些溶质又可能消失(如硝酸盐被植物所吸收)，若要考虑多孔介质中化学、生物作用对溶质的影响，则需在基本方程中加入源汇项S_c，即

$$\frac{\partial C}{\partial t} + \frac{\partial(Cu_i)}{\partial x_i} = \frac{\partial}{\partial x_i}\left[D_{h_{ij}} \frac{\partial C}{\partial x_j}\right] + S_c \tag{9-17}$$

式中：S_c 为单位时间内单位体积介质中生成或消失的溶质质量。若有多个可能的源和汇，则

$$S_c = \sum_{i=1}^{n} S_{ci} - \sum_{j=1}^{m} S_{cj} \tag{9-18}$$

3.有吸附和解析时的弥散方程

吸附是溶液中以离子形式存在的溶质从液相中通过离子交换转移到固相表面，从而降低了溶质浓度的过程；解吸则是相反的过程，即固相中含有的溶质离子从固相表面进入液相，溶质浓度增加的过程。土壤固相对土壤溶液中某些离子产生的吸附和解析作用亦属此类。这种情况与源汇项不同，溶质既没有产生也没有消失，所表现的只是单元体内部液相以外溶质存贮量的变化。

为了建立吸附和解吸的表达式，需同时考虑液相与固相中溶质质量守恒。用 F 表示固相中的溶质浓度，即单位体积的固相中所含的溶质的质量，令 $f(C,F)$ 表示在单位时间内单位体积的多孔介质中，由固相进入液相的溶质质量，当 $f(C,F)$ 为正，则为解吸作用；为负则为吸附作用。液相溶质变化率为

$$S_C = \frac{f(C,F)}{\theta} \tag{9-19}$$

液相由于解吸（吸附）作用而增加（减少）的溶质质量，正是固相减少（增加）的溶质质量。因此，单位时间单位体积固相的溶质质量的减少为

$$\frac{\partial F}{\partial t} = -\frac{f(F,C)}{1-n} \tag{9-20}$$

将上式代入式(9-19)，得

$$S_C = -\frac{1-n}{n}\frac{\partial F}{\partial t} \tag{9-21}$$

将式(9-21) 代入式(9-17)，可得到考虑吸附和解吸作用下的水动力弥散方程为

$$\frac{\partial C}{\partial t} + \frac{\partial(Cu_i)}{\partial x_i} = \frac{\partial}{\partial x_i}\left[D_{h_{ij}}\frac{\partial C}{\partial x_j}\right] - \frac{1-n}{n}\frac{\partial F}{\partial t} \tag{9-22}$$

式中：液相溶质浓度 C 与固相中溶质浓度 F 互为函数关系。在非均衡条件下，有

$$\frac{\partial F}{\partial t} = \beta\left(C - \frac{F}{a_2}\right) = aC - bF \tag{9-23}$$

式中：β, a_2, a, b 均为常数。在均衡条件下，有

$$F = aC, a = \text{常数} \tag{9-24}$$

将式(9-24) 代入式(9-22)，并设 $R_d = 1 + \frac{1-n}{n}a$，整理后得

$$\frac{\partial C}{\partial t} = \frac{\partial}{\partial x_i}\left(\frac{D_{ij}}{R_d}\frac{\partial C}{\partial x_j}\right) - \frac{\partial}{\partial x_i}\left(C\frac{u_i}{R_d}\right) \tag{9-25}$$

式(9-25) 即为均衡条件下有吸附或解吸情况下的水动力弥散方程。

9.2.3　渗流弥散方程的简单解析解

弥散方程只在某些情形下有解析解，复杂情形多采用数值计算。目前溶质运移方程的

解析解,一般是针对均质各向同性含水层中的一维或径向流水动力弥散问题的,且地下水为稳定流、弥散系数为常数的情况下求得。下面列举几种简单情况的解析解。

1.无限域中保守性示踪剂源的弥散

在多孔介质中宏观的水动力弥散方程的形式和连续流体中的移流扩散方程相同,因此第二章中介绍的在均匀流场内移流扩散方程的各种解:包括瞬时源、连续源、点源、线源和面源的解析解都可用来分析同样条件下多孔介质中示踪剂的弥散,仅用水动力弥散系数代替扩散系数即可。此处不再赘述。

2.无限长柱体中示踪剂的一维弥散

考虑一个沿 x 轴无限长的多孔介质柱体中,$x = 0$ 断面的两侧在开始时分别为两种含有不同浓度的示踪剂的流体所饱和,分析主体内示踪剂的弥散。设沿 x 向流速 u 不变,单位流量 q 不变,$\frac{\partial q}{\partial x} = 0$,但可随时间变化,即 $q = q(t)$。溶质运移的定解问题可表示为

$$\begin{cases} \frac{\partial C}{\partial t} + u\frac{\partial C}{\partial x} = D_h\frac{\partial^2 C}{\partial x^2}, & -\infty < x < \infty \\ C(x,0) = C_0, & -\infty < x < 0 \\ C(x,0) = C_1, & 0 \leqslant x < \infty \end{cases} \tag{9-26}$$

边界条件为

$$\begin{aligned} t > 0\text{ 时}, x = \pm\infty, &\frac{\partial C}{\partial x} = 0 \\ x = -\infty, &C = C_0 \\ x = +\infty, &C = C_1 \end{aligned} \tag{9-27}$$

应用拉普拉斯变换求得解为

$$\frac{C(x,t) - C_0}{C_1 - C_0} = \frac{1}{2}\mathrm{erfc}\left\{-\frac{x - \int_0^t [q(t)/\theta]\mathrm{d}t}{2\left[\int_0^t (D_m + D_m')\right]^{1/2}}\right\} \tag{9-28}$$

当 q 为常数时,并忽略分子扩散作用,上式可简化为

$$\frac{C(x,t) - C_0}{C_1 - C_0} = \frac{1}{2}\mathrm{erfc}\left\{-\frac{x - ut}{2\sqrt{D'_m t}}\right\} = \frac{1}{2}\mathrm{erfc}\left\{-\frac{x - ut}{\sqrt{2}\sigma}\right\} \tag{9-29}$$

式中:$\sigma^2 = 2D'_m t$ 为浓度分布的方差。$\mathrm{erfc}(z) = \frac{2}{\pi}\int_z^\infty e^{-x^2}\mathrm{d}x$ 为余误差函数。

对于有吸附作用的无限长柱体,其浓度分布的偏微分方程为

$$\frac{\partial C}{\partial t} + \frac{u}{R_d}\frac{\partial C}{\partial x} = \frac{D_h}{R_d}\frac{\partial^2 C}{\partial x^2} \tag{9-30}$$

比较上两式,可得在定常流情形下,其定解为

$$\frac{C(x,t) - C_0}{C_1 - C_0} = \frac{1}{2}\mathrm{erfc}\left\{-\frac{R_d x - ut}{2\sqrt{R_d D_h t}}\right\} \tag{9-31}$$

3.柱体中有放射性衰减的示踪剂的弥散

多孔介质中放射性物质的弥散问题,需考虑示踪剂的放射性衰减。设这种由衰减引起的示踪剂浓度变化规律满足:

$$\frac{\partial C}{\partial t} = -\lambda C \tag{9-32}$$

式中:λ 为示踪剂的衰减常数,则弥散方程可写为

$$\frac{\partial C}{\partial t} + u\frac{\partial C}{\partial x} = D_h\frac{\partial^2 C}{\partial x^2} - \lambda C \tag{9-33}$$

例题:无限长柱体中连续注入放射性示踪剂的问题。在 $x=0$ 处恒定注入示踪剂,q 为常数,当 $t=t'$ 时,示踪剂浓度为 C_0,在 $\mathrm{d}t'$ 时间内注入的示踪剂质量 $\mathrm{d}M=C_0u\mathrm{d}t$。试求污染物的弥散过程。

解:按瞬时面源的扩散公式加衰减修正后得基本解为

$$\mathrm{d}C(x,t,t') = \frac{\mathrm{d}M}{\sqrt{4\pi D_h(t-t')}}\exp\left\{-\frac{[x-u(t-t')]^2}{4D_h(t-t')}\right\} - \lambda(t-t') \tag{9-34}$$

恒定连续注入时,积分求解得

$$C(x,t) = \frac{C_0 u}{\sqrt{4\pi D_h}}\exp\left(\frac{ux}{2D_h}\right)\int_0^t \frac{1}{\sqrt{\tau}}\exp\left(-\frac{a}{\tau} - b\tau\right)d\tau \tag{9-35}$$

式中:$a=x^2/(4D_h)$;$b=u^2/(4D_h)+\lambda$。当 $t\to\infty$ 时,上式为

$$C(x,\infty) = \frac{C_0}{\sqrt{1+4\lambda D_h u^2}}\exp\left[\frac{ux}{2D_h}\left(1-\sqrt{1+4\lambda D_h u^2}\right)\right] \tag{9-36}$$

如 $x=0$,则

$$C(0,t) = \frac{C_0}{\sqrt{1+4\lambda D_h u^2}}\mathrm{erf}\left[\frac{u^2 t}{4D_h} + \lambda t\right] \tag{9-37}$$

当 $t\to\infty$ 时,

$$C(0,\infty) = \frac{C_0}{\sqrt{1+4\lambda D_h u^2}} \tag{9-38}$$

显然,对于确定的定解问题,求解方法无外乎以下三种:解析方法、数值方法和实验模拟方法。解析方法只能应用于比较简单的情况,要求边界形状规则,起始分布均匀,这在实际问题中较难满足。比较而言,对对流 - 弥散方程进行数值求解仍是最常用的研究方法,具体内容可参见杨金忠等编写的《地下水运动数学模型》。

习　题

9-1　半无限柱体中,原始状态溶质浓度为0,起始时刻边界处示踪剂浓度瞬时变为 C_0 并维持不变,水流运动为一维均匀流,空隙流速为常量 u,试对其中保守性溶质的一维运移问题进行求解。

9-2　半无限柱体中放射性示踪剂的弥散:$x\geqslant 0$ 的半无限长柱体,在 $x=0$ 处连续释放浓度为 C_0 的示踪剂,柱体中水流以流速 u 沿 x 正向,示踪剂有放射性衰减,设在 $x=0$ 处,浓度在流动开始时立即达到 C_0 值,试求柱体中示踪剂的弥散过程。

参考文献

[1] Bear J. Dynamics of fluids in porous media[M]. Dover publications, 1988.

[2] Bear J. Hydraulics of Groundwater[M]. McGraw-Hill Inc. New York. 1979.

[3] Fried J J and Combarnous M A. Dispersion in porous media.Advance Hydroscience. 1971.

[4] 陈建峰, 王政友. 大同地区地下水弥散实验研究[J]. 地下水,2000,22(4):168-169.

[5] 焦赳赳, 文冬光, 李新兵. 求解二维水动力弥散参数的方法[J]. 工程勘察,1987(6):34-38.

[6] 雷志栋,杨诗秀,谢森传.土壤水动力学[M].北京:清华大学出版社,1988.

[7] 尚熳廷,冯杰,刘佩贵. 大孔隙对土壤水动力弥散系数影响的实验研究[J].灌溉排水学报,2009,28(5):52-54.

[8] 宋树林,地下水弥散系数的测定[J].海岸工程,1998,17(3):61-65.

[9] 孙讷正,地下水水质的教学模拟(二)—— 水动力弥散方程与水动力弥散系数[J].水文地质工程地质,1982(2):58-62.

[10] 孙讷正,地下水水质的教学模拟(一)—— 水动力弥散机理和有关参数[J].1982(1):53-57.

[11] 孙讷正,地下水水质的数学模拟(三)—— 水动力弥散方程的解析解法及其应用[J].水文地质工程地质,1982(3):56-61.

[12] 孙讷正,地下水水质的数学模拟(四)—— 水动力弥散方程的数值解法[J].水文地质工程地质,1982(4):49-55.

[13] 孙讷正,地下水水质的数学模拟(五)—— 水动力弥散模型与其他水质模型[J].水文地质工程地质,1982(5):56-61.

[14] 王康,张仁铎,周祖昊,等. 基于分形理论的土壤水动力弥散系数尺度模型[J].灌溉排水学报,2006,25(1): 1-5.

[15] 王全九.土壤水动力弥散系数研究[J].西北水资源与水工程,1991,2(3):42-46.

[16] 杨金忠,蔡树英,王旭升.地下水运动数学模型[M].北京:科学出版社,2009.

[17] 余常昭.环境流体力学导论[M].北京:清华大学出版社,1992.

第10章　地表水水质模型及其模拟

10.1　水质模型的发展与分类

水环境问题由于受到气象、水文、水力、生物、化学等多种因素的综合影响而变得十分复杂，涉及物理、化学、生物的变化，且时空差异特征明显。因此从学术的角度看对水环境问题的研究是十分困难的。一般需要针对具体的水环境问题，选择关键的水环境要素和影响因素，采用现场观测、实验室化验、资料分析和模型预测的方法进行研究。采用物理模型试验方法是研究水流问题的常用方法，但是对于存在生化反应过程来说，其相似性问题一直没有解决，因此建立数学模型模拟和预测水环境问题就显得十分重要，也是目前非常普遍的研究手段，数学模型在环境影响评价、水质管理、水环境预测等应用领域发挥着越来越重要的作用。

10.1.1　水质模型的发展概况

水质模型是描述水体中物质迁移转化规律的数学模型的总称，经过数十年的发展，已经形成了多种功能、不同类型的水质模型[2]。

最早的水质模型是1925年斯特里特-费尔普斯(Streeter-Phelps)建立的用于计算河流内稳态的有机物耗氧和大气复氧模型，后经逐渐发展，增加了更多类型的水质因子，考虑更多的水质变化过程和环境影响因素，模型的求解方法也从解析解发展到数值解，研究的空间尺度从一维扩展到二维和三维，研究方法也更加丰富。水质模型的发展经历了以下几个阶段。

(1) 第一阶段(1925—1965年)：开发了比较简单的生物化学需氧量(BOD)和溶解氧(DO)的双线性系统模型，对河流和河口的水质问题采用了稳态的一维解析解方法进行模拟。

(2) 第二阶段(1965—1970年)：随着对生物化学耗氧过程认识的深入以及计算机的应用，除继续研究发展BOD-DO模型的多维参数估值问题外，将水质模型扩展为六个线性系统模型。研究的水质问题除河流、河口外，进一步发展到模拟计算湖泊及海湾的水质问题，水质模拟方法从一维发展到二维。

(3) 第三阶段(1970—1975年)：研究发展了相互作用的非线性系统水质模型，涉及营养物质磷、氮的循环系统，浮游植物和浮游动物系统，以及生物生长率同营养物质、阳光、温度的关系，浮游植物与浮游动物生长率之间的关系。其相互关系都是非线性的，一般只能用数值法求解，空间上用一维及二维方法进行模拟计算。

(4) 第四阶段(1975年以后):除继续研究第三阶段的食物链问题外,还发展了多种相互作用系统,涉及与有毒物质的相互作用。空间尺度发展到了三维。随着模型的复杂化,要准确描述模型的性质是很困难的。某些模型中状态变量的数目已大大增加,有20个或更多状态变量的水质模型已不少见。目前对环境的污染问题的研究,已发展到将地面水、地下水的水质水量与大气污染相互结合,建立综合模型的研究阶段。同时,由于水环境问题的复杂性和不确定性,在水质预测中,已经开始水质的非确定性模拟与预测,为水质控制与规划,提供更为丰富的信息。

经过几十年的发展,水质模型由早期的简单SP模型到现在的大型生态动力学模型,并且形成了多套大型商业软件,例如QUAL、EFDC、MIKE、DELFT3D、WASP等,在水质管理、评价中发挥着重要的作用。水质模型在理论上从最初的质量平衡原理发展到现在的随机理论、灰色理论和模糊理论;在实际应用上,从最初的城市排水工程设计发展到现在的污染物水环境过程模拟、水环境质量评价,污染物水环境行为预测,水生物污染暴露程度分析和水资源科学管理规划等水环境保护的各个方面;在研究方法上,从最初的解析解和浓度表达式发展到现在的以人工神经网络模拟辅助解析、及与地理信息系统相结合的数值解和逸度表达法。这些成果都极大地推动了水环境管理技术的现代化。

10.1.2 水质模型分类

采用不同的分类方法对水质模型进行分类:

(1) 按照模型的应用范围来分,水质模型可以分为河流、河口模型和湖泊、水库模型。主要区别在于水体的几何特征,河流、河口模型一般考虑水质的纵向和横向变化,湖泊、水库模型常常要考虑深度方向上的变化(浅水湖泊除外)。

(2) 按照模型的数学机理来分,水质模型可以分为机理性模型和非机理性模型。机理性模型有的也称确定性模型,一般采用数学物理方程描述各个水力要素和水质变量的变化过程和相互关系。非机理性模型则摒弃水质变化过程的本质过程,采用统计学、运筹学、模糊数学等理论对水质变量进行研究,如随机模型、规划模型、灰色模型、模糊模型等,新的数学工具被不断应用到水环境问题的研究,如神经网络、遗传算法、玻尔兹曼方法等。

(3) 按照模型的空间特征来分,水质模型可以分为零维模型、一维模型、二维模型和三维模型。描述水质要素只在一个坐标方向上有梯度存在,称为一维模型。二维模型或三维模型则分别为描述水质要素只在两个坐标方向或三个坐标方向上存在有梯度变化的情况。当三个坐标方向水质要素变化梯度为零时,描述的水质要素在空间分布上处于完全混合状态,称此为均匀混合模型或零维模型。尽管实际水质问题都是三维结构,但水质模型维数的选择主要取决于模型应用的目的和条件,并非维数越多越好,选择模型的维数与模型的应用范围和水质问题的具体情况有关。

(4) 按照模型的时间特征来分,水质模型可以分为稳态模型和非稳态模型。这两者水质模型的不同之处在于水文情况和排放条件是否随时间变化,不随时间变化的为稳态模型;反之为非稳态态模型。当水流为非恒定状态时,水质要素则随时间发生变化;而当水流为恒定状态时,水质要素可能不随时间变化,也可能随时间发生变化。一般在规划设计中,常采用稳态水质模型模拟一定设计条件下的水质变化情况;而非稳态水质模型常用于模拟径流变化、污染事故、水生生物生命过程等随时间变化的水质过程，适用于中短期性的水质管理和控制。

(5) 按照水质变量的数量来分，即模型模拟水质组分的数目，水质模型可以分为单一组分和多重组分模型。单一组分模型描述单一水质变量的变化过程，如模型变量为 BOD 或 COD 时，有时称为有机污染水质模型；多重组分模型描述两个以上水质变量的变化过程，如模型变量为 BOD 和 DO 时，称为 BOD-DO 耦合模型。多重组分水质模型比较复杂，它可以考虑较多的水质因素。模型变量和数目的选择，主要取决于模型应用的目的和实际资料条件。

(6) 按照水质指标的反应动力学性质来分，水质模型可分为纯迁移模型、纯反应模型、迁移和反应模型以及生态模型。当水体中的物质为不随时间衰减的保守物质，物质只随水流而运动，这种模型称为纯迁移模型；当水体中的物质为非保守物质，水体基本上静止，物质只有生物化学反应的模型称为纯反应模型；当运动水体中为非保守物质，物质既有迁移又有生化反应的模型称为迁移和反应模型；生态模型则是包含有模拟生物生长过程的模型。

对于机理性水质模型，有时也按照模型的求解方法区分为解析解模型和数值解模型。现在不少机理性数值解模型不仅包括水质迁移过程，而且还包括水质化学和生物的反应过程。能够进行水流计算，模拟多重组分，并且包含计算水生生物生命过程的生态模型，还具备多重的管理和分析功能，已经发展为综合性的水质管理数字平台，这里将其称为综合性水质模型。

10.1.3　采用水质模型研究水环境问题的研究方法

水环境预测的基本程序是：① 针对要解决的水环境问题，收集有关的水文、气象、水质等观测、实验资料和污染负荷情况。② 根据被模拟水质的物理、化学、生物变化规律，及过去的研究基础，建立反映模拟物质与其有关因素间相互联系的数学方程组，称之为模型结构。③ 在模型的方程中将包括一些参数，如有机物的降解系数，需通过收集的资料把它们优选出来，称率定模型参数。④ 用第②、③ 步建立的模型，由模型率定参数时未曾用过的观测数据，检验模型对水质状态的模拟能力，称模型检验。若率定和检验都符合要求，上面建立的模型就可以应用了；否则，应检查原因，改进模型，直至满意。⑤ 使用建立的模型进行不同污染负荷情况下的水质计算，称水质预测。

以上各个环节中的核心问题是建立合乎要求的水质模型，这将是本章要介绍的中心问题。面对种类繁多的水质模型，初学者碰到的困难往往是难以选择或者建立合适的水质模型。因为每个模型侧重解决的问题不一样，模型的模拟因子、环境因素处理、过程机理和计算方法也有很大不同。建立合适的水质模型首先应明确要研究的水质问题，拟解决的关键点，确定水质指标；然后根据实际问题的时间、空间特点确定模型的维数、稳态和非稳态等；还要根据基础资料的丰富程度和可靠度进行把握，对模型的预报能力和预报精度要明确，最后才能开展相应的研究。

本章重点讨论的水质模型是应用于河流、湖泊水库和河口的确定性水质模型。介绍水体内的生化反应过程和相应的建模方法，污染物在水体中的理化过程结合模型加以介绍。以模型解析解为主，让读者了解水质模型的基础知识，最后结合一个综合模型对水质模型的应用进行介绍。

10.2 河流海湾水质模型

河流水质模型是针对河流的水流和水质特点而建立起来的水质模型,早期的 S-P 水质模型就是建立的河流一维稳态溶解氧的平衡模型,主要是针对稳定排放的河流中的有机污染物带来的水质沿程变化问题。本节以空间维数区分不同的河流水质模型进行介绍。

10.2.1 零维稳态模型

零维模型又称为反应器模型,即将一个河段或者一个单元水体看成一个完全混合的反应器,污水进入河段后被均匀混合后流出。该河段的上游来流流量为 Q_0,污染物浓度为 C_0,排放到该河段内的高浓度污水流量为 q,污染物浓度为 c,根据物质质量守恒原理,可以计算出河段下游出口断面的流量 Q 和污染物浓度 C。

若污染物为不可降解污染物,且水流条件恒定,则下游流量和污染物浓度为

$$Q = Q_0 + q \tag{10-1}$$

$$C = \frac{Q_0 C_0 + qc}{Q_0 + q} \tag{10-2}$$

若污染物为可降解污染物,且降解符合一级反应动力学,即降解速率与剩余污染物浓度成正比,即

$$\frac{\mathrm{d}C}{\mathrm{d}t} = \frac{Q_0 C_0 + qc - QC}{V} - k_1 C \tag{10-3}$$

式中:V 为河段内水体的总体积;k_1 为污染物的降解速率系数。公式(10-3) 即为零维模型的基本公式。

如果是稳态排放,令$\frac{\mathrm{d}C}{\mathrm{d}t} = 0$,即可得到稳态排放下下游污染物浓度公式:

$$C = \frac{Q_0 C_0 + qc}{Q + k_1 V} \tag{10-4}$$

该公式可以推广到系列分段零维水质模型。将河道分成多个计算单元,每个单元的上游来流量和污染物浓度为 Q_{i-1} 和 C_{i-1},该单元内旁侧入流流量和污染物浓度为 q_i 和 c_i,即可得到每个河道单元的出流流量 Q_0 和浓度 C_i 公式:

$$Q_i = Q_{i-1} + q_i \tag{10-5}$$

$$C_i = \frac{Q_{i-1} C_{i-1} + q_i c_i}{Q_i + k_{1i} V_i} \tag{10-6}$$

式中:k_{1i} 和 V_i 分别为单元内的污染物衰减速率系数和水体体积。

例 10-1 某垃圾发电厂每天燃烧 2000t 的城市固体垃圾来产生电力,从河流中抽取和排放的冷却水的流量为 $q = 5\mathrm{m^3/s}$。水温经冷却循环提高了 $\Delta t = 20℃$ 之后,被排放到河流中。因为热污染对水生生物有影响,问电站下游的温升 ΔT,已知这条河流的枯水流量为 $Q = 50\mathrm{m^3/s}$。

解:该题目为热流问题,采用能量守恒代替物质守恒。热能的“浓度”$C_T = \rho C_p T$,表示单位体积水体含有的热能(J/m^3),ρ 为水体密度(kg/m^3),C_p 为水的比热(J/kg℃),T 为水体温度(℃)。

假定热水排放到河流中与河水迅速混合,忽略传热损失,应用公式(10-2)得到 $C_T = (QC_{T0} + q\Delta c)/Q$,即 $\Delta C_T = C_T - C_{T0} = q\Delta c/Q$,从而得到 $\Delta T = q\Delta t/Q$ 代入数据计算得到下游温升为 2℃。

10.2.2　一维单一河段模型

河流水质 BOD-DO 系列模型是典型一维单一河段模型[3]。

可降解有机物是排放到河流中的主要污染物质之一,有机物种类繁多,难以用某种具体的有机污染物来代表有机物浓度大小。由于有机物在降解过程中会消耗水体中的氧,有机物越多,耗氧量越大,因此采用有机物降解所需要氧的数量来表示有机物的数量,即生化需氧量 BOD(Biochemical Oxygen Demand)。

BOD 是溶解氧含量的一种尺度,一般情况下用 BOD_5 来反映有机物降解所消耗的氧量,即在无光情况下,温度 20℃,5d 内生化反应所消耗的氧量。BOD_5 的测量一般从水体中取样,然后在生化培养箱中培养 5d 测得,此时有机物的氧化已经完成了 60% ~ 70%。因此 BOD_5 只是一个反映有机物降解所需消耗的溶解氧量的指标,并不能准确表示有机物的含量。但是其很好的代表性使得在水质指标中常常被采用。

水质指标中还常常用到 COD(Chemical Oxygen Demand)来反映有机物的数量,COD 是水体中能被氧化的物质在规定条件下进行化学氧化过程中所消耗氧化剂的量。在 COD 测定过程中,有机物被氧化成二氧化碳和水。水中各种有机物进行化学氧化反应的难易程度是不同的,因此化学需氧量只表示在规定条件下,水中可被氧化物质的需氧量的总和。当前测定化学需氧量常用的方法有 $KMnO_4$ 和 K_2CrO_7 法,前者用于测定较清洁的水样,后者用于污染严重的水样和工业废水。COD 与 BOD 比较,COD 的测定不受水质条件限制,测定的时间短。但是 COD 不能区分可被生物氧化的和难以被生物氧化的有机物,不能表示出微生物所能氧化的有机物量,而且化学氧化剂不仅不能氧化全部有机物,反而会把某些还原性的无机物也氧化了。所以采用 BOD 作为有机物污染程度的指标较为合适,在水质条件限制不能做 BOD 测定时,可用 COD 代替。水质相对稳定条件下,COD 与 BOD 之间有一定关系:$COD_{Cr} > BOD_5 > COD_{Mn}$。

溶解氧 DO(Dissolved Oxygen)表示水体中存在的分子态氧,水体中溶解氧的含量对水生环境至关重要。高级水生生物等生命过程需要一定的溶解氧水平才能维持,水体的自净主要依靠水体中好氧菌氧化分解有机物,如果有机物耗氧量过多,造成水中缺氧,厌氧细菌作用下分解有机物就出现腐败发酵现象,使水质严重恶化,以致使水生植物大量死亡,水面发黑,水体发臭。

水体中的耗氧过程主要包括有机物分解耗氧、河底有机物分解产生的还原性气体耗氧、水生植物呼吸耗氧等,水体的复氧过程主要包括上游河水带来的溶解氧、大气中的氧气向水体溶解扩散、水生植物光合作用释放氧气等。溶解氧浓度的变化与多种水质指标有直接关系,因此多数的水质模型都是围绕着溶解氧 DO 的变化建立的。

在众多水质模型中，以综合反映耗氧有机物的BOD-DO模型最具有普遍意义，是研究最为成熟的水质模型。以下介绍 Streeter 和 Phelps 等人建立的 BOD-DO 模型。

1.斯特里特 - 菲尔普斯(Streeter-Phelps)BOD-DO 模型(S-P 模型)

在稳态条件下，一维河流水质模型的基本方程为

$$u\frac{\partial C}{\partial x}=E\frac{\partial^2 C}{\partial x^2}+\sum S \tag{10-7}$$

斯特里特 - 菲尔普斯建立的 BOD-DO 模型有以下假定：

(1) 方程中的源漏项 S，只考虑好氧微生物参与的 BOD 衰减反应，并认为该反应是符合一级反应动力学的，$\sum S=-k_1L$，L 为水体 BOD 值，k_1 为降解速率系数(BOD 衰减系数)。

(2) 引起水体中溶解氧 DO 减少的原因，只是由于 BOD 降解所引起的，其减少速率与 BOD 降解速率相同；水体中的复氧速率与氧亏(D) 成正比，氧亏是指溶解氧浓度与饱和溶解氧浓度的差值。

由上述两个假设，根据稳态的一维迁移转化基本方程，稳态的一维 BOD-DO 水质模型可用下列两个方程来表示。

$$\begin{aligned} u\frac{\mathrm{d}L}{\mathrm{d}x}&=E\frac{\mathrm{d}^2L}{\mathrm{d}x^2}-k_1L \\ u\frac{\mathrm{d}O}{\mathrm{d}x}&=E\frac{\mathrm{d}^2O}{\mathrm{d}x^2}-k_1L+k_2(O_s-O)=E\frac{\mathrm{d}^2O}{\mathrm{d}x^2}-k_1L+k_2D \end{aligned} \tag{10-8}$$

式中：L——x 处河水 BOD 浓度，mg/L；

O——x 处河水溶解氧的浓度，mg/L；

O_s—— 河水在某温度时的饱和溶解氧浓度，mg/L；

D——x 处河水氧亏浓度，mg/L；

x—— 离排污口处($x=0$) 的河水流动距离，m；

u—— 河水平均流速，m/s；

k_1——BOD 的衰减系数，d^{-1}；

k_2—— 河水复氧系数，d^{-1}；

E—— 河流离散系数，m^2/s。

在 $L(x=0)=L_0$，$O(x=0)=O_0$ 的初值条件下，求方程的积分解，得到以下的 S-P 模型解的形式：

(1) 忽略离散时。

$$\begin{aligned} L&=L_0\exp(-k_1x/u) \\ O&=O_s-(O_s-O_0)\exp(-k_2x/u)+\frac{k_1L_0}{k_1-k_2}[\exp(-k_1x/u)-\exp(-k_2x/u)] \end{aligned} \tag{10-9}$$

(2) 考虑离散时。

$$\begin{aligned} L&=L_0\exp(\beta_1x) \\ O&=O_s-(O_s-O_0)\exp(\beta_1x)+\frac{k_1L_0}{k_1-k_2}[\exp(\beta_1x)-\exp(\beta_2x)] \end{aligned} \tag{10-10}$$

式中：

$$\beta_1 = \frac{u}{2E}\left(1 - \sqrt{1 + \frac{4Ek_1}{u^2}}\right)$$
$$\beta_2 = \frac{u}{2E}\left(1 - \sqrt{1 + \frac{4Ek_2}{u^2}}\right) \tag{10-11}$$

有时也用氧亏来描述溶解氧的变化，令 $D = O_s - O$，$D_0 = O_s - O_0$，D_0 表示初始氧亏，很容易由公式(10-9) 和(10-10) 得到相应(L,D) 的表达式。

初值 L_0，O_0 的计算，为使计算公式具有一般性，将水质变量初值写为 C_0，采用零维模型公式计算：

$$C_0 = \frac{QC_1 + qC_2}{Q + q} \tag{10-12}$$

式中：C_0—— 河流边界处的污染浓度，mg/L；

Q—— 河流的流量，m^3/s；

C_1—— 河流中污染物的背景浓度，mg/L；

q—— 排入河流的污水流量，mg/L；

C_2—— 污水中污染物的浓度，mg/L。

用斯特里特 - 菲尔普斯方程推求临界氧亏和临界距离，图 10-1 显示了 S-P 模型求得的 BOD 和 DO 沿程变化情况。溶解氧的沿程变化曲线表明了河段内可能出现最大的氧亏值。一般情况下，我们想要知道最大氧亏是多少，它发生在河道的什么位置。假设：x_c 为最大氧亏发生的距离，称为临界距离；相应的最大氧亏称为临界氧亏 D_c；对应的溶解氧称为临界溶解氧 O_c。

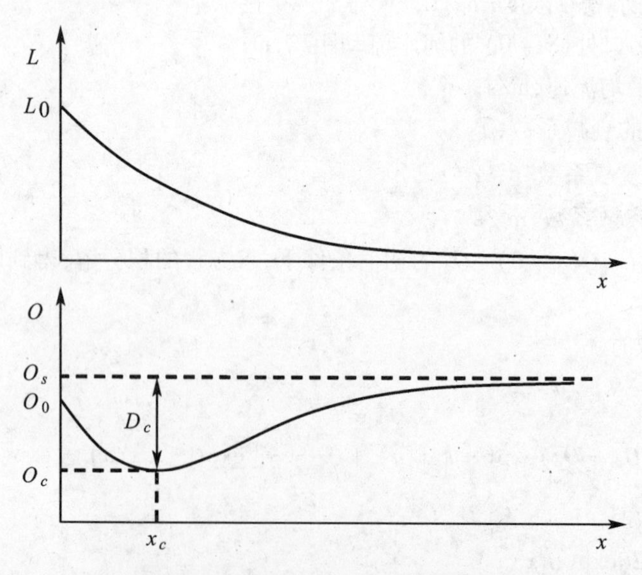

图 10-1　斯特里特 - 菲尔普斯模型的基本解

(1) 临界距离 x_c。

由于临界溶解氧处有 $dO/dx=0$,因此,由式(10-8)忽略离散项,并令其等于零,有

$$k_1L_c=k_2(O_s-O_c) \tag{10-13}$$

由式(10-9)的 BOD 表达式,有

$$L_c=L_0\exp(-k_1x_c/u)$$

$$O_s-O_c=(O_s-O_0)e^{-k_2x_c/u}-\frac{k_1L_0}{k_1-k_2}(e^{-k_1x_c/u}-e^{-k_2x_c/u})$$

代入式(10-13),得

$$k_1L_0e^{-k_1x_c/u}=k_2\left[(O_s-O_0)e^{-k_2x_c/u}-\frac{k_1L_0}{k_1-k_2}(e^{-k_1x_c/u}-e^{-k_2x_c/u})\right]$$

整理后得

$$e^{(k_2-k_1)x_c/u}=\left[k_2(O_s-O_0)+\frac{k_1k_2L_0}{k_1-k_2}\right]\bigg/\left(k_1L_0+\frac{k_1k_2L_0}{k_1-k_2}\right)$$

对上式两边取对数并整理,可求得临界距离 x_c 计算公式:

$$x_c=\frac{u}{k_2-k_1}\ln\left\{f\left[1-(f-1)\frac{O_s-O_0}{L_0}\right]\right\} \tag{10-14}$$

式中:$f=k_2/k_1$。

(2) 临界溶解氧 O_c 和临界氧亏 D_c。

由 $k_1L_c=k_2(O_s-O_c)$,有

$$O_c=O_s-\frac{k_1}{k_2}L_c=O_s-\frac{k_1}{k_2}L_0e^{-k_1x_c/u} \tag{10-15}$$

将式(10-14)代入,得临界溶解氧 O_c 计算公式为

$$O_c=O_s-\frac{L_0}{f}\left\{f\left[1-(f-1)\frac{O_s-O_0}{L_0}\right]\right\}^{\frac{1}{1-f}} \tag{10-16}$$

临界氧亏 D_c 计算公式为

$$D_c=\frac{L_0}{f}\left\{f\left[1-(f-1)\frac{D_0}{L_0}\right]\right\}^{\frac{1}{1-f}} \tag{10-17}$$

式中:f 为自净系数,是复氧系数与耗氧系数之比,$f=k_2/k_1$,反映水体中溶解氧自净作用的快慢,是衡量一条河流的环境污染容量的一个指标。各种水体的 f 值列于表 10-1。

表 10-1　**各种水体的 f 值(Fair,1939,T = 20℃)**

水　体	$f=k_2/k_1$	水　体	$f=k_2/k_1$
水池塘	0.5 ~ 1.0	慢速、大潮汐河流	1.0 ~ 2.0
慢速的大河流	1.5 ~ 2.0	一般速度的大河	2.0 ~ 3.0
快速的河流	3.5 ~ 5.0	瀑　布	5.0

例 10-2　一条顺直河道的流量 $Q = 8.5\mathrm{m}^3/\mathrm{s}$,平均流速 $u = 1\mathrm{m/s}$,水温 10℃,BOD_5 为 1mg/L,溶解氧含量为饱和溶解氧含量的 95%。某污水处理厂以流量 $q = 1.5\mathrm{m}^3/\mathrm{s}$ 向河道排放废水,废水温度为 15℃,BOD_5 为 200mg/L,溶解氧含量为 0,不考虑离散和扩散作用,且废水是迅速达到全断面混合的。BOD 的衰减系数 $k_1 = 0.2\mathrm{d}^{-1}$,河水复氧系数 $k_2 = 0.5\mathrm{d}^{-1}$,求最大氧亏及其位置,并计算出最大氧亏断面上的 BOD_5。

解:采用公式(10-14)和(10-17)计算临界距离和最大氧亏的值,需要首先求解初始值 L_0,O_0 和饱和溶解氧 O_s。

(1)计算初始溶解氧浓度 O_0、初始生化需氧量 L_0 和饱和溶解氧浓度 O_s

由于排放废水的温度和河道水温不同,因此需要计算混合后的 O_s,L_0,O_0。水体中饱和溶解氧浓度 O_s 是温度 T(℃)的函数,可以采用经验公式进行计算(Fair,1968):

$$O_s = 14.65 - 0.41T + 0.008T^2 \tag{10-18}$$

排水口上游水温为 10℃,计算出上游饱和溶解氧浓度为

$$O_s = 14.65 - 0.41 \times 10 + 0.008 \times 10^2 = 11.35\mathrm{mg/L}$$

因此水体上游溶解氧浓度为饱和溶解氧含量的 95%,即

$$O_1 = 0.95 \times 11.35 = 10.78\mathrm{mg/L}$$

采用公式(10-12)计算排放废水的混合后的温度 T_0、溶解氧浓度 O_0 和 BOD_5 浓度 $L_{0(5)}$ 为

$$T_0 = \frac{QT_1 + qT_2}{Q + q} = \frac{8.5 \times 10 + 1.5 \times 15}{8.5 + 1.5} = 10.75℃$$

$$O_0 = \frac{QO_1 + qO_2}{Q + q} = \frac{8.5 \times 10.78 + 1.5 \times 0}{8.5 + 1.5} = 9.17\mathrm{mg/L}$$

$$L_{0(5)} = \frac{QL_1 + qL_2}{Q + q} = \frac{8.5 \times 1 + 1.5 \times 200}{8.5 + 1.5} = 30.85\mathrm{mg/L}$$

混合后的饱和溶解氧浓度为

$$O_s = 14.65 - 0.41 \times 10.75 + 0.008 \times 10.75^2 = 11.17\mathrm{mg/L}$$

BOD_5 是 5 日内生化反应所消耗的氧量,根据公式(10-9)可以得到

$$L_{0(5)} = L_0 - L_0\exp(-k_1 \times 5) \tag{10-19}$$

根据 5 日生化需氧量计算初始生化需氧量为

$$L_0 = \frac{L_{0(5)}}{1 - \exp_1(-k_1 \times 5)} = \frac{30.85}{1 - \exp(-0.2 \times 5)} = 48.80\mathrm{mg/L}$$

(2)计算临界距离和临界氧亏。

自净系数 $f = k_2/k_1 = 0.5/0.2 = 2.5$,将 O_s,L_0,O_0,f,u 等代入公式(10-14),得到临界距离为

$$x_c = \frac{1 \times 24 \times 3600}{0.5 - 0.2}\ln\left\{2.5\left[1 - (2.5 - 1)\frac{11.17 - 9.17}{48.80}\right]\right\} = 245.62\mathrm{km}$$

将 O_s,L_0,O_0,f,u 等代入公式(10-17),得到临界氧亏为

$$D_c = \frac{48.80}{2.5}\left\{2.5\left[1 - (2.5 - 1)\frac{11.17 - 9.17}{48.80}\right]\right\}^{\frac{1}{1-2.5}} = 11.05\mathrm{mg/L}$$

(3) 计算临界距离上的五日生化需氧量 $L_{x_c(5)}$。

根据公式(10-9) 计算临界距离上的生化需氧量(L_{x_c}) 为

$$L_{x_c} = L_0\exp[-k_1(x_c/u)] = 48.80\exp\left[-0.2 \times \left(\frac{245.62 \times 1000}{24 \times 3600}\right)\right] = 27.64\text{mg/L}$$

然后根据公式(10-19) 计算临界距离上的五日生化需氧量 $L_{x_c(5)}$ 为

$$L_{x_c(5)} = L_{x_c} - L_{x_c}\exp(-k_1 \times 5) = 17.47\text{mg/L}$$

2.托马斯(Thomas)BOD-DO 模型

由于悬浮物的沉淀与上浮也会引起水中 BOD 的变化。因此,托马斯(Thomas,1948) 在斯特里特 - 菲尔普斯模型的基础上,考虑了一项因悬浮物沉淀与上浮对 BOD 速率变化的影响,增加了一个沉浮系数 k_3。其基本方程式为

$$u\frac{\mathrm{d}L}{\mathrm{d}x} = -(k_1 + k_3)L$$

$$u\frac{\mathrm{d}O}{\mathrm{d}x} = -k_1L + k_2(O_s - O) \tag{10-20}$$

式中:k_3 为 BOD 沉浮系数,d^{-1};k_3 的符号可正可负,正值表示河流中悬浮物沉淀,负值表示上浮。其他符号的意义同前。

从上式可以看到,托马斯建立的BOD-DO模型在计算溶解氧方程中仍然保留一个 k_1,没有 k_3,这是因为 BOD 的这一部分变化并不是降解引起的,因而与溶解氧的减少无关。

在边界条件为 $L(x = 0) = L_0$,$O(x = 0) = O_0$ 的情况下,得到托马斯模型的积分解为

$$L = L_0\exp\left[-\frac{(k_1 + k_3)}{u}x\right]$$

$$O = O_s - (O_s - O_0)\exp(-k_2x/u) + \frac{k_1L_0}{k_1 + k_3 - k_2}[\exp(-(k_1 + k_3)x/u) - \exp(-k_2x/u)] \tag{10-21}$$

3.多宾斯 - 坎普(Dobbins-Camp)BOD-DO 模型

对一维稳态河流水质方程,在托马斯模型的基础上,进一步考虑:

(1) 由于底泥释放和地表径流所引起的 BOD 的变化,其变化以速率 R 表示;

(2) 由于藻类光合作用增氧和呼吸作用耗氧以及地表径流引起的DO的变化,其变化速率以 P 表示。多宾斯 - 坎普 BOD-DO 模型采用以下的基本方程组:

$$u\frac{\mathrm{d}L}{\mathrm{d}x} = -(k_1 + k_3)L + R$$

$$u\frac{\mathrm{d}O}{\mathrm{d}x} = -k_1L + k_2(O_s - O) - P \tag{10-22}$$

式中:R—— 底泥释放 BOD 引起的变化率,mg × /(L × d);

P—— 藻类光合、呼吸作用或地表径流所引起的溶解氧变化率,mg × /(L × d);

其他同前。

在 $L(x = 0) = L_0$,$O(x = 0) = O_0$ 的边界条件下,得到多宾斯 - 坎普 BOD-DO 模型的积分解为

$$L = L_0 F_1 + \frac{R}{k_1 + k_3}(1 - F_1)$$

$$O = O_s - (O_s - O_0)F_2 + \frac{k_1}{k_1 + k_3 - k_2}\left(L_0 - \frac{R}{k_1 + k_3}\right)(F_1 - F_2) - \left[\frac{P}{k_2} + \frac{k_1 R}{k_2(k_1 + k_3)}\right](1 - F_2) \tag{10-23}$$

或

$$D = D_0 F_2 - \frac{k_1}{k_1 + k_3 - k_2}\left(L_0 - \frac{R}{k_1 + k_3}\right)(F_1 - F_2) - \left[\frac{P}{k_2} + \frac{k_1 R}{k_2(k_1 + k_3)}\right](1 - F_2) \tag{10-24}$$

式中：

$$F_1 = \exp(-(k_1 + k_3)x/u)$$

$$F_2 = \exp(-k_2 x/u)$$

多宾斯 - 坎普 BOD-DO 模型中，当参数 R，P 为零，该模型即为托马斯 BOD-DO 模型。当参数 k_3 也为零时，该模型即成为斯特里特 - 菲尔普斯 BOD-DO 模型。

应用多宾斯 - 坎普 BOD-DO 模型同样可求解临界距离 x_c：

$$x_c = \frac{u}{k_2 - (k_1 + k_3)}\ln\left[\frac{k_2}{k_1 + k_3} + \frac{k_2 - (k_1 + k_3)}{(k_1 + k_3)L_0 - R}\left(\frac{R}{k_1 + k_3} - \frac{k_2 D_0 - P}{k_1}\right)\right] \tag{10-25}$$

由给定的临界氧亏 D_c，可以推求河段排污口 BOD 的最大允许排放浓度 L_0：

$$L_0 = \frac{D_c - \{P/k_2 + k_1 R/[k_2(k_1 + k_3)]\}(1 - F_2) - D_0 F_2}{\{k_1/[K_2 - (k_1 + k_3)]\}(F_1 - F_2)} + \frac{R}{k_1 + k_3} \tag{10-26}$$

式(10-25) 和式(10-26) 均含有 L_0 和 x_c，需采用数值计算方法对两式联立求解。

4. 奥康纳(O'Connon)BOD-DO 模型

一般有机物在好氧条件下，其生化降解过程可以分为含碳化合物氧化分解(CBOD) 和含氮化合物的氧化分解(NBOD) 两个阶段，前者是好氧菌对碳化合物的氧化，后者也称为硝化阶段，指含氮化合物在特定的自养菌作用下，氨氮和亚硝酸盐被溶解在水中的氧氧化成硝酸盐。在活性污泥法处理污水等高浓度有机物的情况下，硝化菌的作用开始时是被抑制的，因此会出现含碳有机物分解阶段和硝化阶段前后两个阶段。在 BOD 浓度较低的河流中，有机物一进入河水中两个作用会马上发生。

由于两个作用的受环境影响因素不同，奥康纳将总的 BOD 分解为碳化耗氧量(L_C) 和硝化耗氧量(L_N) 两部分。对一维稳态河流，在托马斯模型的基础上，其方程组修正为

$$u\frac{dL_C}{dx} = -(k_1 + k_3)L_C$$

$$u\frac{dL_N}{dx} = -k_N L_N \tag{10-27}$$

$$u\frac{dO}{dx} = -k_1 L_C - k_N L_N + k_2(O_s - O)$$

式中：L_C—— x 处河水 CBOD 浓度，mg/L；

L_N—— x 处河水 NBOD 浓度，mg/L；

k_1——CBOD 的衰减系数，d^{-1}；

k_2—— 河水复氧系数，d^{-1}；

k_3——CBOD 的沉浮系数，d^{-1}；

k_N——NBOD 的衰减系数，d^{-1}；

其他同前。

在 $L_C(x=0)=L_{C0}$，$L_N(x=0)=L_{N0}$，$O(x=0)=O_0$ 的边界条件下，可求解得到奥康纳 BOD-DO 模型的积分解为

$$L_C = L_{C0}\exp\left[-\frac{(k_1+k_3)}{u}x\right]$$

$$L_N = L_{N0}\exp\left[-\frac{k_N}{u}x\right]$$

$$O = O_s - (O_s - O_0)\exp(-k_2x/u) + \frac{k_1L_0}{k_1+k_3-k_2}[\exp(-(k_1+k_3)x/u - \exp(-k_2x/u)] + \frac{k_NL_{N0}}{k_N-k_2}[\exp(-k_Nx/u) - \exp(-k_2x/u)] \tag{10-28}$$

或

$$D = D_0\exp(-k_2x/u) - \frac{k_1L_0}{k_1+k_3-k_2}[\exp(-(k_1+k_3)x/u - \exp(-k_2x/u)] - \frac{k_NL_{N0}}{k_N-k_2}[\exp(-k_Nx/u) - \exp(-k_2x/u)] \tag{10-29}$$

10.2.3 一维分段水质模型

天然河道往往水文和水力条件复杂，存在着支流、分流和多个排污口的情况，采用单一河段水质模型往往不能解决这些复杂问题，需要进行分段联合计算[3]。

对一条实际河流进行水质模拟或水质预测时，首先必须对研究河段的水量水质基本资料进行收集、整理和分析，其主要工作包括如下几个方面。

（1）河道的计算流量。天然河流的流量变化很大，其流量对河流的自净能力有着重要影响。因此，应根据水质模拟或预测的目的，确定河流的计算流量。在进行水污染控制规划时，由于河道枯水期的流量较小，稀释作用较弱，污染较严重，反映出与河流其他时间相比更为不利的情况，因此，一般选择枯水期某一特征流量作为计算流量。

（2）河流形态特征资料。包括河道形态、河段各断面面积、平均流速、河床坡度、糙率等。

（3）河流的污染源分布。污染物排放口、取水口位置，污染物的性质与排污量（流量与主要污染物浓度），沿河水质监测资料（COD、BOD、DO 等），以及污水处理现状与规划情况。

（4）河流水质参数。如离散系数 E，降解系数 k_1，复氧系数 k_2 等。

（5）河流支流的上述资料及支流汇入干流的位置。

对于单一河道，根据自身的特点和沿程流量输入与输出的状况，将河道划分成 n 个计算河段，共 $n+1$ 个断面。分段的原则是使得每一河段大体适用一维河流水质模型的应用条件，分段断面一般选取在支流交汇处、排污口、水力条件突变处和重要水文断面处等。断面的编号从上游向下游依次为 $0,1,2,\cdots,i,i+1,\cdots,n$。模拟计算河水 BOD 浓度与 DO 浓度概化如图 10-2 所示。

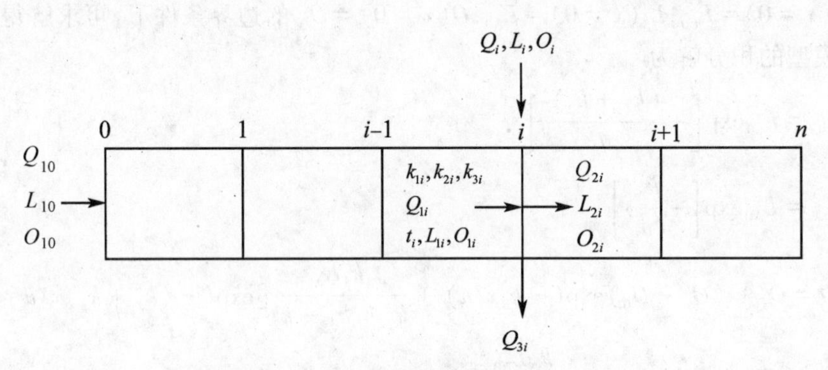

图 10-2　一维河流水质模拟计算概化图

图 10-2 中：Q_i—— 在断面 i 处排入河流的污水流量；

Q_{1i}—— 由上游流到断面 i 的河水流量；

Q_{2i}—— 由断面 i 向下游流出的河水流量；

Q_{3i}—— 在断面 i 处引走的流量；

L_i, O_i—— 在断面 i 处排入河流的污水 BOD 浓度与 DO 浓度；

L_{1i}, O_{1i}—— 由上游流到断面 i 的河水 BOD 浓度与 DO 浓度；

L_{2i}, O_{2i}—— 由断面 i 向下游流出的河水 BOD 浓度与 DO 浓度；

k_{1i}, k_{2i}, k_{3i}——分别为由 $i-1$ 断面至 i 断面间的 BOD 衰减速率常数，复氧速率常数，与沉淀或再悬浮速率常数；

t_i—— 河水由 $i-1$ 断面至 i 断面的流动时间。

1.基本关系式

河流上游污染物对河流下游每一断面的水质都会产生影响，而下游的污染物对上游断面的水质却不会产生影响。河流每一断面处的水质都可以看成是由上游各个节点与本断面排放的污染物对水质影响的总和，用一个线性多项式可以表示为（以 BOD 水质为例）

$$u_{i1}L_1 + u_{i2}L_2 + \cdots + u_{ii}L_i + e_{i0}L_{10} = L_{2i} \tag{10-30}$$

式中：$u_{i1}, u_{i2}, \cdots, u_{ii}$—— 河流中 BOD 的传递关系系数；

e_{i0}—— 起始断面的 BOD 值 L_{10} 对第 i 断面的 BOD 值影响的传递系数。

对河流各个节点都可以写出一个类似的多项式：

$$
\begin{aligned}
&u_{11}L_1 && + e_{10}L_{10} = L_{21} \\
&u_{21}L_1 + u_{22}L_2 && + e_{20}L_{10} = L_{22} \\
&\cdots\cdots \\
&u_{i1}L_1 + u_{i2}L_2 + \cdots + u_{ii}L_i && + e_{i0}L_{10} = L_{2i} \\
&\cdots\cdots \\
&u_{n1}L_1 + u_{n2}L_2 + \cdots + u_{ni}L_i + \cdots \quad + u_{nn}L_n && + e_{n0}L_{10} = L_{2n}
\end{aligned}
$$

将以上多项式写成矩阵方程,有

$$\boldsymbol{UL} + \boldsymbol{m} = \boldsymbol{L}_2 \tag{10-31}$$

式中:$\boldsymbol{U}$ 为一个 $n \times n$ 阶的下三角矩阵:

$$\boldsymbol{U} = \begin{bmatrix} u_{11} & & & & & \\ u_{21} & u_{22} & & & & \\ \vdots & \vdots & & & & \\ u_{i1} & u_{i2} & \cdots & u_{ii} & & \\ \vdots & \vdots & & \vdots & & \\ u_{n1} & u_{n2} & \cdots & u_{ni} & \cdots & u_{nn} \end{bmatrix}$$

$\boldsymbol{L}$ 是由各个节点输入河流各断面的 BOD 值组成的 n 维列向量:

$$\boldsymbol{L} = (L_1 \quad L_2 \quad \cdots \quad L_n)^{\mathrm{T}}$$

$\boldsymbol{L}_2$ 是由河流各断面向下游输出的 BOD 值组成的 n 维列向量:

$$\boldsymbol{L}_2 = (L_{21} \quad L_{22} \quad \cdots \quad L_{2n})^{\mathrm{T}}$$

$\boldsymbol{m}$ 是起始水质对下游各断面影响的向量:

$$\boldsymbol{m} = (m_1 \quad m_2 \quad \cdots \quad m_n)^{\mathrm{T}}$$

下面将分别推求 BOD 和 DO 的多项式形式。

2.BOD 的模拟关系式

按照图 10-2 中的符号,根据质量守恒原理,可以写出河道各断面的流量 Q、水质 BOD 和 DO 的平衡关系式。

水量平衡:

$$
\begin{aligned}
Q_{11} &= Q_{10} \\
Q_{2i} &= Q_{1i} - Q_{3i} + Q_i \\
Q_{1i} &= Q_{2,i-1}
\end{aligned} \tag{10-32}
$$

水质关系:

$$
\begin{aligned}
L_{2i}Q_{2i} &= L_{1i}(Q_{1i} - Q_{3i}) + L_iQ_i \\
L_{2i}Q_{2i} &= Q_{1i}(Q_{1i} - Q_{3i}) + O_iQ_i
\end{aligned} \tag{10-33}
$$

根据斯特里特-菲尔普斯 BOD-DO 模型,不考虑离散,根据式(10-9)可以写出由 $i-1$ 断面至 i 断面之间的 BOD 衰减关系与复氧关系:

$$L_{1i} = L_{2,i-1}\exp(-k_{1i}t_i) \tag{10-34}$$

$$O_{1i} = O_{2,i-1}\exp(-k_{2i}t_i) - \frac{k_{1i}L_{2,i-1}}{k_{2i}-k_{1i}}[\exp(-k_{1i}t_i) - \exp(-k_{2i}t_i)] + O_s[1-\exp(-k_{2i}t_i)] \tag{10-35}$$

令

$$\alpha_{i-1} = \exp(-k_{1i}t_i)$$

$$\gamma_{i-1} = \exp(-k_{2i}t_i)$$

$$\beta_{i-1} = \frac{k_{1i}(\alpha_{i-1}-\gamma_{i-1})}{k_{2i}-k_{1i}}$$

$$\delta_{i-1} = O_s(1-\gamma_{i-1})$$

则方程(10-34)和(10-35)可以写为

$$L_{1i} = L_{2,i-1}\alpha_{i-1} \tag{10-36}$$

$$O_{1i} = \gamma_{i-1}O_{2,i-1} - \beta_{i-1}L_{2,i-1} + \delta_{i-1} \tag{10-37}$$

同时由式(10-33)和式(10-36)可以写出：

$$L_{2i} = \frac{L_{1i}(Q_{1i}-Q_{3i}) + L_iQ_i}{Q_{2i}} = \frac{L_{2,i-1}\alpha_{i-1}(Q_{1i}-Q_{3i})}{Q_{2i}} + \frac{Q_i}{Q_{2i}}L_i \tag{10-38}$$

令

$$a_{i-1} = \frac{\alpha_{i-1}(Q_{1i}-Q_{3i})}{Q_{2i}} \tag{10-39}$$

$$b_i = \frac{Q_i}{Q_{2i}} \tag{10-40}$$

由式(10-38)、式(10-39)和式(10-40)可以写出任一断面处的 BOD 值与上游各个断面及汇入本断面的污水 BOD 值之间的一系列递推关系：

$$L_{21} = a_0L_{20} + b_1L_1$$

$$L_{22} = a_1L_{21} + b_2L_2$$

$$\cdots\cdots$$

$$L_{2i} = a_{i-1}L_{2,i-1} + b_iL_i$$

$$\cdots\cdots$$

$$L_{2n} = a_{n-1}L_{2,n-1} + b_nL_n$$

这一递推算式可以用一个矩阵方程表示：

$$A\boldsymbol{L}_2 = B\boldsymbol{L} + \boldsymbol{g} \tag{10-41}$$

式中：$\boldsymbol{L} = (L_1 \quad L_2 \quad \cdots \quad L_n)^{\mathrm{T}}$；$\boldsymbol{L}_2 = (L_{21} \quad L_{22} \quad \cdots \quad L_{2n})^{\mathrm{T}}$；$\boldsymbol{g} = (g_1 \quad 0 \quad \cdots \quad 0)^{\mathrm{T}}$，是给出 $i=1$ 断面处 BOD 值的 n 维列向量，其中 $g_1 = a_0L_{20}$；

$$A = \begin{bmatrix} 1 & 0 & \cdots & 0 & 0 \\ -a_1 & 1 & \cdots & 0 & 0 \\ \vdots & \vdots & & \vdots & \vdots \\ 0 & 0 & \cdots & -a_{n-1} & 1 \end{bmatrix}; \quad B = \begin{bmatrix} b_1 & 0 & \cdots & 0 & 0 \\ 0 & b_2 & \cdots & 0 & 0 \\ \vdots & \vdots & & \vdots & \vdots \\ 0 & 0 & \cdots & 0 & b_n \end{bmatrix}$$

A 和 B 是两个 $n \times n$ 阶矩阵，A 非奇异，A 的逆矩阵 A^{-1} 存在，则由式(10-41)可以推导出：

$$\boldsymbol{L}_2 = A^{-1}B\boldsymbol{L} + A^{-1}\boldsymbol{g} \tag{10-42}$$

矩阵方程给出了河道每一个断面向下游输出BOD值$\boldsymbol{L}_2$与各个断面输入河流的BOD值$\boldsymbol{L}$之间的关系。在水质模拟时,$\boldsymbol{L}$是一组已知量,$\boldsymbol{L}_2$是需要待求的模拟量。而在进行水污染控制系统规划时,$\boldsymbol{L}_2$是一组已知的河流BOD的约束量,而$\boldsymbol{L}$则是需要确定的量。

3.DO的模拟关系式

由式(10-33)和式(10-37)有

$$O_{2i} = \frac{(Q_{1i} - Q_{3i})(\gamma_{i-1}O_{2,i-1} - \beta_{i-1}L_{2,i-1} + \delta_{i-1})}{Q_{2i}} + \frac{Q_i}{Q_{2i}}O_i \tag{10-43}$$

令

$$c_{i-1} = \frac{(Q_{1i} - Q_{3i})}{Q_{2i}}\gamma_{i-1}$$

$$d_{i-1} = \frac{(Q_{1i} - Q_{3i})}{Q_{2i}}\beta_{i-1}$$

$$f_{i-1} = \frac{(Q_{1i} - Q_{3i})}{Q_{2i}}\delta_{i-1}$$

得

$$O_{2i} = c_{i-1}O_{2,i-1} - d_{i-1}L_{2,i-1} + f_{i-1} + b_iO_i \tag{10-44}$$

与BOD矩阵方程的推导类似,可以写出上式的一组递推方程,写成矩阵方程形式为

$$C\boldsymbol{O}_2 = -D\boldsymbol{L}_2 + B\boldsymbol{O} + \boldsymbol{f} + \boldsymbol{h} \tag{10-45}$$

式中:

$$C = \begin{bmatrix} 1 & 0 & \cdots & 0 & 0 \\ -c_1 & 1 & \cdots & 0 & 0 \\ \vdots & \vdots & & \vdots & \vdots \\ 0 & 0 & \cdots & -c_{n-1} & 1 \end{bmatrix} \quad D = \begin{bmatrix} 0 & 0 & \cdots & 0 & 0 \\ d_1 & 0 & \cdots & 0 & 0 \\ \vdots & \vdots & & \vdots & \vdots \\ 0 & 0 & \cdots & d_{n-1} & 0 \end{bmatrix}$$

C和D是两个$n \times n$阶矩阵,C非奇异,C的逆矩阵C^{-1}存在,可以推导出:

$$\boldsymbol{O}_2 = C^{-1}B\boldsymbol{O} - C^{-1}D\boldsymbol{L}_2 + C^{-1}(\boldsymbol{f} + \boldsymbol{h}) \tag{10-46}$$

$$\boldsymbol{O}_2 = (O_{21}, O_{22}, \cdots, O_{2n})^{\mathrm{T}} \tag{10-47}$$

是由河道各断面往下游输出的DO值组成的n维列向量。

$\boldsymbol{O} = (O_1, O_2, \cdots, O_n)^{\mathrm{T}}$是各断面输入河道的污水的DO浓度组成的$n$维列向量,通常这是一组已知的量。

$\boldsymbol{f} = (f_0, f_1, \cdots, f_{n-1})^{\mathrm{T}}$及$\boldsymbol{h} = (h_1, 0, \cdots, 0)^{\mathrm{T}}$都是表征起始条件影响的$n$维列向量,其中

$$h_1 = C_0O_{20} - d_0L_{20}$$

将式(10-42)代入式(10-46)得

$$\boldsymbol{O}_2 = C^{-1}B\boldsymbol{O} - C^{-1}DA^{-1}B\boldsymbol{L} + C^{-1}(\boldsymbol{f} + \boldsymbol{h}) - C^{-1}DA^{-1}\boldsymbol{g} \tag{10-48}$$

令

$$U = A^{-1}B$$

$$V = -C^{-1}DA^{-1}B$$

$$\boldsymbol{m} = A^{-1}\boldsymbol{g}$$

$$\boldsymbol{n} = C^{-1}B\boldsymbol{O} + C^{-1}(\boldsymbol{f} + \boldsymbol{h}) - C^{-1}DA^{-1}\boldsymbol{g}$$

则式(10-42)和式(10-48)分别可写成：

$$\boldsymbol{L}_2 = U\boldsymbol{L} + \boldsymbol{m} \tag{10-49}$$

$$\boldsymbol{O}_2 = V\boldsymbol{L} + \boldsymbol{n} \tag{10-50}$$

U 和 V 是两个由给定数据计算的 $n \times n$ 阶下三角矩阵，$\boldsymbol{m}$ 和 $\boldsymbol{n}$ 是两个由给定数据计算的 n 维向量。每输入一组 BOD($\boldsymbol{L}$) 值，就可以获得一组相应的河流的 BOD 值和 DO 值($\boldsymbol{L}_2$ 和 $\boldsymbol{O}_2$)。由于 U 和 V 反映了这种输入、输出的因果变换关系，因而称 U 为河流的 BOD 稳态响应矩阵，称 V 为河流的 DO 稳态响应矩阵。

例 10-3　某河道分成 4 个河段(图 10-3)，试进行 BOD 和 DO 的一维水质模拟。上游来水流量为 $Q_0 = 10\text{m}^3/\text{s}$，$L_0 = 2.0\text{mg/L}$，$O_0 = 8\text{mg/L}$；各河段耗氧系数 k_1 分别为 0.2，0.2，0.2，0.3d^{-1}，复氧系数 k_2 均为 0.6d^{-1}；水流通过各河段的历时分别为 0.5，1.0，1.0，1.0d；各排放口污水流量 Q_i 分别为 0.5，0.3，0.4，0.5m^3/s；BOD 浓度 L_{i0} 分别为 300，200，400，100mg/L；DO 浓度 Q_i 均为 1.0mg/L；各取水口取水流量 Q_{3i} 分别为 0.2，1.0，0.0，1.0m^3/s；饱和溶解氧浓度为 10.0mg/L。

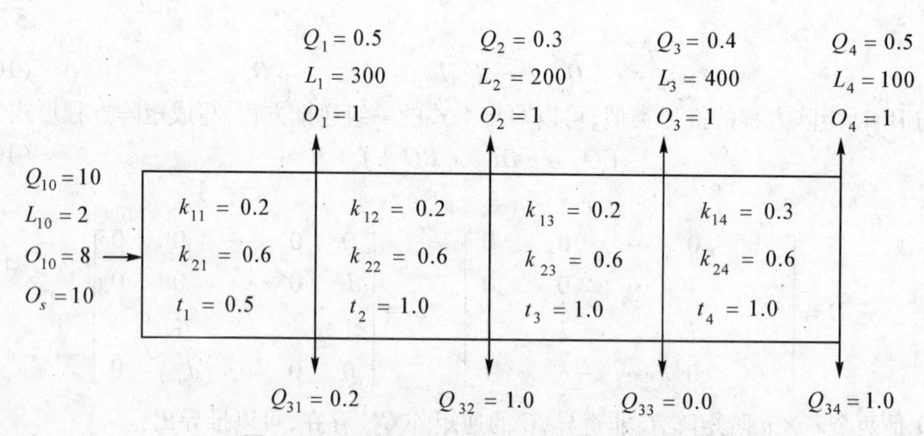

图 10-3　一维河流水质分段模拟算例示意图

解：计算步骤：

(1) 计算矩阵 A、B、C、D 的元素。

$\alpha_0 = \exp(-k_{11}t_1) = \exp(-0.2 \times 0.5) = 0.9048$

$\alpha_1 = \exp(-0.2 \times 1.0) = 0.8187$

$\alpha_2 = \alpha_1 = 0.8187$

$\alpha_3 = \exp(-0.3 \times 1.0) = 0.7408$

$\gamma_0 = \exp(-k_{21}t_1) = \exp(-0.6 \times 0.5) = 0.7408$

$\gamma_1 = \gamma_2 = \gamma_3 = \exp(-0.6 \times 1.0) = 0.5488$

$$\beta_0 = \frac{k_{11}(\alpha_0 - \gamma_0)}{k_{21} - k_{11}} = \frac{0.2(0.9048 - 0.7408)}{0.6 - 0.2} = 0.082$$

$$\beta_1 = \frac{0.2(0.8187 - 0.5488)}{0.6 - 0.2} = 0.1415 = \beta_2$$

$$\beta_3 = \frac{0.3(0.7408 - 0.5488)}{0.6 - 0.3} = 0.192$$

$$\delta_0 = O_s(1 - \gamma_0) = 10(1 - 0.7408) = 2.592$$

$$\delta_1 = \delta_2 = \delta_3 = 10(1 - 0.5488) = 4.512$$

$$a_0 = \frac{(Q_{11} - Q_{31})}{Q_{21}}\alpha_0 = \frac{(10 - 0.2)}{10 + 0.5 - 0.2} \times 0.9048 = 0.8609$$

$$a_1 = \frac{(10.3 - 1.0)}{10.3 + 0.3 - 1.0} \times 0.8187 = 0.7931$$

$$a_2 = \frac{(9.6 - 0.0)}{9.6 + 0.4 - 0.0} \times 0.8187 = 0.7860$$

$$a_3 = \frac{(10.0 - 1.0)}{10.0 + 0.5 - 1.0} \times 0.7408 = 0.7018$$

$$b_1 = \frac{Q_1}{Q_{21}} = \frac{0.5}{10.3} = 0.04854$$

$$b_2 = \frac{0.3}{9.6} = 0.03125$$

$$b_3 = \frac{0.4}{10.0} = 0.0400$$

$$b_4 = \frac{0.5}{9.5} = 0.05263$$

$$c_0 = \frac{(Q_{11} - Q_{31})}{Q_{21}}\gamma_0 = \frac{(10 - 0.2)}{10 + 0.5 - 0.2} \times 0.7408 = 0.7336$$

$$c_1 = \frac{(10.3 - 1.0)}{10.3 + 0.3 - 1.0} \times 0.5488 = 0.5417$$

$$c_2 = \frac{(9.6 - 0.0)}{9.6 + 0.4 - 0.0} \times 0.5488 = 0.5268$$

$$c_3 = \frac{(10.0 - 1.0)}{10.0 + 0.5 - 1.0} \times 0.5488 = 0.5199$$

$$d_0 = \frac{(Q_{11} - Q_{31})}{Q_{21}}\beta_0 = \frac{(10 - 0.2)}{10 + 0.5 - 0.2} \times 0.082 = 0.0780$$

$$d_1 = \frac{(10.3 - 1.0)}{10.3 + 0.3 - 1.0} \times 0.135 = 0.1308$$

$$d_2 = \frac{(9.6 - 0.0)}{9.6 + 0.4 - 0.0} \times 0.135 = 0.1296$$

$$d_3 = \frac{(10.0 - 1.0)}{10.0 + 0.5 - 1.0} \times 0.192 = 0.1819$$

$$f_0 = \frac{(Q_{11} - Q_{31})}{Q_{21}}\delta_0 = \frac{(10 - 0.2)}{10 + 0.5 - 0.2} \times 2.592 = 2.4662$$

$$f_1 = \frac{(10.3 - 1.0)}{10.3 + 0.3 - 1.0} \times 4.512 = 4.3710$$

$$f_2 = \frac{(9.6 - 0.0)}{9.6 + 0.4 - 0.0} \times 4.512 = 4.3315$$

$$f_3 = \frac{(10.0 - 1.0)}{10.0 + 0.5 - 1.0} \times 4.512 = 4.2745$$

$$g_1 = a_0 L_{20} = 0.8609 \times 2.0 = 1.7218$$

$$h_1 = C_0 O_{20} - d_0 L_{20} = 0.7336 \times 8 - 0.0780 \times 2 = 5.7128$$

（2）求 U、V、$\boldsymbol{m}$、$\boldsymbol{n}$ 矩阵。

$$A = \begin{bmatrix} 1 & 0 & 0 & 0 \\ -a_1 & 1 & 0 & 0 \\ 0 & -a_2 & 1 & 0 \\ 0 & 0 & -a_3 & 1 \end{bmatrix} = \begin{bmatrix} 1 & 0 & 0 & 0 \\ -0.7931 & 1 & 0 & 0 \\ 0 & -0.7860 & 1 & 0 \\ 0 & 0 & -0.7018 & 1 \end{bmatrix}$$

$$B = \begin{bmatrix} b_1 & 0 & 0 & 0 \\ 0 & b_2 & 0 & 0 \\ 0 & 0 & b_3 & 0 \\ 0 & 0 & 0 & b_4 \end{bmatrix} = \begin{bmatrix} 0.04854 & 0 & 0 & 0 \\ 0 & 0.03215 & 0 & 0 \\ 0 & 0 & 0.04000 & 0 \\ 0 & 0 & 0 & 0.05263 \end{bmatrix}$$

$$C = \begin{bmatrix} 1 & 0 & 0 & 0 \\ -c_1 & 1 & 0 & 0 \\ 0 & -c_2 & 1 & 0 \\ 0 & 0 & -c_3 & 1 \end{bmatrix} = \begin{bmatrix} 1 & 0 & 0 & 0 \\ -0.5417 & 1 & 0 & 0 \\ 0 & -0.5268 & 1 & 0 \\ 0 & 0 & -0.5199 & 1 \end{bmatrix}$$

$$D = \begin{bmatrix} 0 & 0 & 0 & 0 \\ d_1 & 0 & 0 & 0 \\ 0 & d_2 & 0 & 0 \\ 0 & 0 & d_3 & 0 \end{bmatrix} = \begin{bmatrix} 0 & 0 & 0 & 0 \\ 0.1308 & 0 & 0 & 0 \\ 0 & 0.1296 & 0 & 0 \\ 0 & 0 & 0.1819 & 0 \end{bmatrix}$$

作矩阵运算：

$$A^{-1} = \begin{bmatrix} 1 & 0 & 0 & 0 \\ a_1 & 1 & 0 & 0 \\ a_1 a_2 & a_2 & 1 & 0 \\ a_1 a_2 a_3 & a_2 a_3 & a_3 & 1 \end{bmatrix} = \begin{bmatrix} 1 & 0 & 0 & 0 \\ 0.7931 & 1 & 0 & 0 \\ 0.6234 & 0.7860 & 1 & 0 \\ 0.4375 & 0.5516 & 0.7018 & 1 \end{bmatrix}$$

$$C^{-1} = \begin{bmatrix} 1 & 0 & 0 & 0 \\ c_1 & 1 & 0 & 0 \\ c_1 c_2 & c_2 & 1 & 0 \\ c_1 c_2 c_3 & c_2 c_3 & c_3 & 1 \end{bmatrix} = \begin{bmatrix} 1 & 0 & 0 & 0 \\ 0.5417 & 1 & 0 & 0 \\ 0.2854 & 0.5268 & 1 & 0 \\ 0.1484 & 0.2739 & 0.5199 & 1 \end{bmatrix}$$

$$U = A^{-1}B = \begin{bmatrix} 0.04854 & 0 & 0 & 0 \\ 0.03850 & 0.03125 & 0 & 0 \\ 0.03026 & 0.02456 & 0.04000 & 0 \\ 0.02124 & 0.01724 & 0.02801 & 0.05263 \end{bmatrix}$$

$$V = -C^{-1}DU = \begin{bmatrix} 0 & 0 & 0 & 0 \\ -0.00635 & 0 & 0 & 0 \\ -0.00833 & -0.00405 & 0 & 0 \\ -0.00984 & -0.00657 & -0.00728 & 0 \end{bmatrix}$$

$$\boldsymbol{m} = A^{-1}\boldsymbol{g} = \begin{bmatrix} 1 & 0 & 0 & 0 \\ 0.7931 & 1 & 0 & 0 \\ 0.6234 & 0.7860 & 1 & 0 \\ 0.4375 & 0.5516 & 0.7018 & 1 \end{bmatrix} \begin{bmatrix} 1.7218 \\ 0 \\ 0 \\ 0 \end{bmatrix} = \begin{bmatrix} 1.7218 \\ 1.3656 \\ 1.0734 \\ 0.7533 \end{bmatrix}$$

$$\boldsymbol{n} = C^{-1}B\boldsymbol{O} + C^{-1}(\boldsymbol{f} + \boldsymbol{h}) - C^{-1}DA^{-1}\boldsymbol{g}$$

$$= \begin{bmatrix} 0.04854 \\ 0.05754 \\ 0.07031 \\ 0.08919 \end{bmatrix} + \begin{bmatrix} 8.1790 \\ 8.80156 \\ 8.96843 \\ 8.93743 \end{bmatrix} + \begin{bmatrix} 0 \\ -0.22521 \\ -0.29563 \\ -0.31900 \end{bmatrix} = \begin{bmatrix} 8.2275 \\ 8.6339 \\ 8.7431 \\ 8.6776 \end{bmatrix}$$

(3) 计算各断面下游侧 BOD 和 DO。

$$\boldsymbol{L}_2 = U\boldsymbol{L} + \boldsymbol{m} = \begin{bmatrix} 14.562 \\ 17.800 \\ 29.990 \\ 26.287 \end{bmatrix} + \begin{bmatrix} 1.7218 \\ 1.3656 \\ 1.0734 \\ 0.7533 \end{bmatrix} = \begin{bmatrix} 16.28 \\ 19.17 \\ 31.06 \\ 27.04 \end{bmatrix} \quad \text{mg/L}$$

$$\boldsymbol{O}_2 = V\boldsymbol{L} + \boldsymbol{n} = \begin{bmatrix} 0 \\ -1.905 \\ -3.309 \\ -7.178 \end{bmatrix} + \begin{bmatrix} 8.2275 \\ 8.6339 \\ 8.7431 \\ 8.6776 \end{bmatrix} = \begin{bmatrix} 8.23 \\ 6.73 \\ 5.43 \\ 1.50 \end{bmatrix} \quad \text{mg/L}$$

10.2.4 河口水质模型

河口是指河流入海受到潮汐作用的一段河道，即感潮河段。它与一般河流最显著的区别是受潮汐的影响，流量、流向变化剧烈，是海水与淡水相互汇合和混合之处，表现出明显的时空变化特征。

河口的水质不仅受来自上游河段污染物的影响，而且同时受到潮汐、风力和咸淡水密度差等作用影响，因此，河口水质的变化比河流水质的变化更为复杂。海洋潮汐对河口的水质影响具有两面性：一方面由于海潮侵入而带来大量的溶解氧，与上游河段的淡水汇合，使得水体中的污染物分布更均匀，从而起到稀释和混合作用；另一方面由于潮流的冲击作用，延长了原有河水中污染物在河口区域内的停留时间，使河水中未发生的生物和化学反应在河口得以充分反应，可能伴随耗氧作用的发生，从而降低了水体的溶解氧，使河口水质变坏。由潮汐带来的咸水，使得河口的含盐量增加，对于河口沿岸的淡水取水问题，潮汐带来的咸水又可看做一个污染源。另外由于河口的潮汐顶托作用,容易造成河口泥沙淤积沉降,泥沙吸附的污染物与水体的交换作用使得河口水质问题变得更加复杂。

河口水质数学模拟方法经过几十年的研究,已取得很大的进展。通过对实际问题的各种简化和近似的处理,开发了众多的河口水质模型。对河口水质模型的分类,一般可以根据空间维数、参考系的选取,研究的时间尺度几个方面来划分。按空间维数进行分类时,分为:① 纵向一维;② 平面二维、竖向二维;③ 三维;④ 只考虑时间变化的零维。按参考系来划分时,分为:① 欧拉参考系,其坐标相对河岸是静止的;② 非欧拉参考系,如拉格朗日参考系是随体的,其坐标系是随研究的质点运动的。按时间尺度进行划分时,分为:① 动态的;② 稳态的或者是跨潮周期的,即水文水质因素均不是某一瞬时量而是潮周期内的平均值。

对于河口水流水质问题来说,一般都是动态的三维问题,如果能把一个复杂的水质模型应用于河口,当然是一件很好的事情。然而,在许多情况下复杂水质模型所需要的水文水质等资料,限制了复杂水质模型的应用。另外,当采用一个较为简单的模型就足以解决研究的问题时,也就没有必要刻意使问题复杂化。因此,在进行河口水质模拟时,应根据河口形态的实际情况,采用相应的概化模型可能更符合实际应用的需要。例如当进行水质初步分析或者缺乏资料的情况下,采用一维潮周期平均模型分析水质的空间变化。也可以根据河口地理形态选择合适的模型,如对于狭长形的河口,可以采用一维水质模型;对于宽浅型的河口,一般采用垂向平均的二维模型;对于咸潮入侵等考虑水质分层的问题,则需要采用立面二维模型或者分层三维水质模型。研究者可以根据掌握的资料情况和具体问题选择。下面介绍几种简单的河口水质模型。

1. 一维稳态潮周期平均模型[3]

一维潮周期平均模型是将模型中的水力和水质变量采用潮汐周期内的平均值进行计算,不考虑具体的污染物类型,一维河口水质模型如下:

$$E_x \frac{\mathrm{d}}{\mathrm{d}x}\left(\frac{\mathrm{d}C}{\mathrm{d}x}\right) - \frac{\mathrm{d}}{\mathrm{d}x}(u_x C) + r + s = 0 \tag{10-51}$$

式中:C—— 污染物的潮周期平均浓度;

r—— 污染物的衰减速率;

s—— 系统外输入污染物的速率;

u_x—— 不考虑潮汐作用,由上游来水(净流量)产生的流速。

其余符号同前。

假定 $s = 0$ 和 $r = -k_1 C$,解式(10-51)得

对排放点上游($x < 0$)　$$\frac{C}{C_0} = \exp(f_1 \cdot x) \tag{10-52}$$

对排放点下游($x > 0$)　$$\frac{C}{C_0} = \exp(f_2 \cdot x) \tag{10-53}$$

式中:　$$f_1 = \frac{u_x}{2E_x}\left(1 + \sqrt{1 + \frac{4k_1 E_x}{u_x^2}}\right),\quad f_2 = \frac{u_x}{2E_x}\left(1 - \sqrt{1 + \frac{4k_1 E_x}{u_x^2}}\right)$$

C_0 是在 $x = 0$ 处的污染物浓度,可以用下式计算:

$$C_0 = \frac{W}{Q\sqrt{1 + \frac{4k_1 E_x}{u_x^2}}} \tag{10-54}$$

式中：W—— 单位时间内排放的污染物质量；

Q—— 河口上游来的淡水的净流量。

在潮汐作用下，河口水流污染物扩散以纵向离散为主，因此纵向离散系数的选取对结果影响很大。由于河口形态、水流特征差别，纵向离散系数 E_x 的数值在很大范围内变化，其数量级为 10 ~ $10^3 m^3/s$。可采用经验公式计算或现场实验的方法确定。常用的经验公式如下：

(1) 荷 - 哈 - 费（Hobbery-Harbeman-Flshet）公式。

$$E_x = 63 n u_{x,\max} R^{\frac{5}{6}} \tag{10-55}$$

式中：n—— 曼宁系数；

R—— 河口的水力半径，m；

$u_{x,\max}$—— 断面上纵向最大潮汐平均流速，m/s。

(2) 狄奇逊（Dichison）公式。

$$E_x = 1.23 u_{x,\max}^2 \tag{10-56}$$

(3) 海福林 - 欧康奈尔（Hefliing-O'Connell）公式。

$$E_x = 0.48 u_{x,\max}^{4/3} \tag{10-57}$$

(4) 鲍登（Bowden）公式。

$$E_x = 0.295 u_{x,\max} H \tag{10-58}$$

式中：H 为平均水深，m。

2.一维稳态 BOD-DO 耦合模型[3]

将河口一维潮周期模型应用于 BOD-DO 模型，可以得到河口的稳态一维潮周期平均的 BOD-DO 或 BOD-D（氧亏）耦合模型为

$$u_x \frac{dL}{dx} = E_x \frac{d^2 L}{dx^2} - k_1 L$$

$$E_x \frac{d^2 D}{dx^2} - u_x \frac{dD}{dx} - k_2 D + k_1 L = 0 \tag{10-59}$$

模型的解可以从式（10-52）和式（10-53）得到。以氧亏 D 为例，若给定边界条件：当 $x = \pm\infty$ 时，$D = 0$（相当于排污前河口氧亏为零），式（10-59）解为

对排放口上游（$x < 0$） $$D = \frac{k_1 W}{(k_1 - k_2) Q}(A_1 - B_1) \tag{10-60}$$

对排放口下游（$x > 0$） $$D = \frac{k_1 W}{(k_1 - k_2) Q}(A_2 - B_2) \tag{10-61}$$

式中：

$$A_1 = \frac{\exp\left[\frac{u_x}{2E_x}(1 + f_1)x\right]}{f_1} \quad B_1 = \frac{\exp\left[\frac{u_x}{2E_x}(1 + f_2)x\right]}{f_2}$$

$$A_2 = \frac{\exp\left[\frac{u_x}{2E_x}(1-f_1)x\right]}{f_1} \quad B_2 = \frac{\exp\left[\frac{u_x}{2E_x}(1-f_2)x\right]}{f_2}$$

$$f_1 = \sqrt{1+\frac{4k_1E_x}{u_x^2}} \quad f_2 = \sqrt{1+\frac{4k_2E_x}{u_x^2}}$$

式中：D—— 氧亏；

W—— 单位时间内排入河口的 BOD 量；

Q—— 河口上游来水量(净流量)；

u_x—— 与净流量对应的纵向平均流速($u_x = Q/A_x$)，A_x 为河口平均断面面积。

3.一维动态混合模型[3]

如果考虑潮汐作用引起的河口水位和流量变化，可以采用一维动态的水质模型。以一维非恒定流模型为基础，以数值离散方法求解计算水力要素，再采用一维动态混合模型预测河口任意时刻的水质。模型假定排放口的废水能在断面上与河水迅速充分混合。

一维非恒定流模型包括水流连续性方程和运动方程(圣维南方程)：

$$B\frac{\partial z}{\partial t}+\frac{\partial Q}{\partial x}-q=0 \tag{10-62a}$$

$$\frac{\partial Q}{\partial t}+\frac{\partial(Qu)}{\partial x}+gA\frac{\partial z}{\partial x}+\frac{gnQ|Q|}{AR_h^{4/3}}+\frac{gAd_c}{\rho_w}\frac{\partial \rho}{\partial x}-\frac{AC_{da}\rho_a}{R_h\rho_w}u_{10}^2\cos\alpha=0 \tag{10-63a}$$

式中：Q 为断面流量，m^3/s；A 为断面面积，m^2；B 为总的河宽，m；H 为断面平均水深，m；q 为单位长侧向流入量，$(m^3/s)/m$；t 为时间，s；u 为纵向的断面平均流速，m/s；g 为重力加速度，m/s^2；n 为曼宁粗糙系数；R_h 为断面水力半径；d_c 为从水面至断面形心的距离，m；ρ_a 为空气密度，kg/m^3；ρ_w 为水的密度，kg/m^3；C_{da} 为空气流过水面所产生的拉力，常数，一般取 0.0025 或稍小；α 为风向与河口纵向轴线的夹角；u_{10} 水面上 10m 处风速，m/s。

式中各项表示的含义如下：

$\frac{\partial Q}{\partial t}$ —— 流量随时间的变化项(惯性项)；

$\frac{\partial(Qu)}{\partial x}$ —— 由水的输运引起移流或动量改变产生的力；

$gA\frac{\partial z}{\partial x}$ —— 流体位能变化产生的力，$z = h + z_b$，z_b 为断面河底高程；

$\frac{gnQ|Q|}{AR_h^{4/3}}$ —— 河底剪切或摩阻力，绝对值表示阻力的方向与流动方向相反；

$\frac{gAd_c}{\rho_w}\frac{\partial \rho}{\partial x}$ —— 沿河口纵向密度不同引起的压差力；

$\frac{AC_{da}\rho_a}{R_h\rho_w}u_{10}^2\cos\alpha$ —— 风对水面的剪力；

在没有旁侧入流以及忽略风力作用时，以上水流连续性方程和运动方程式可简化成如下形式，并且将

$$\frac{\partial z}{\partial t}+\frac{1}{B}\frac{\partial Q}{\partial x}=0 \tag{10-62b}$$

$$\frac{\partial Q}{\partial t}+u\frac{\partial Q}{\partial x}+Ag\frac{\partial z}{\partial x}+\frac{gnQ|Q|}{AR_h^{4/3}}-u^2\frac{\partial A}{\partial x}=0 \tag{10-63b}$$

一维动态水质模型：

$$\frac{\partial C}{\partial t}+u_x\frac{\partial C}{\partial x}=\frac{1}{A}\frac{\partial}{\partial x}\left(AE_x\frac{\partial C}{\partial x}\right)-kC+S_{pi} \tag{10-64}$$

式中：C—— 污染物浓度，mg/L；

k—— 污染物降解系数，s^{-1}；

S_{pi}—— 第 i 河段排入的污染物$\frac{g}{m^3 \cdot s}$，$S_{pi}=\frac{cq_p}{\Delta x_i BH}$；

c, q_i—— 在 i 段排入的废水污染物浓度，mg/L 及流量，m^3/s；

Δx_i—— 混合段长度，m。

方程属于一阶拟线性双曲型偏微分方程，一般情况下，无法求出解析解，需要采用数值离散方法进行求解，初值和边界条件可以根据实际情况确定。方程的数值解法参阅相关文献，这里不再详细介绍。

4.平面二维动态混合模型[3]

对于开阔的河口水域，水平尺度远大于垂直尺度，可以忽略水力参数在垂直方向上的变化，采用水深平均的流动量来表示，即目前广泛采用的平面二维水质模型。其基本方程组的形式为

连续性方程：

$$\frac{\partial H}{\partial t}+\frac{\partial (Hu)}{\partial x}+\frac{\partial (Hv)}{\partial y}=0 \tag{10-65}$$

运动方程：

$$\frac{\partial (Hu)}{\partial t}+\frac{\partial (Huu)}{\partial x}+\frac{\partial (Huv)}{\partial y}=-gH\frac{\partial z}{\partial x}-g\frac{n^2u\sqrt{u^2+v^2}}{H^{1/3}}+v_t\left(\frac{\partial^2 Hu}{\partial x^2}+\frac{\partial^2 Hu}{\partial y^2}\right)+C_w\frac{\rho_a}{\rho}\omega^2\cos\beta+Hf_x \tag{10-66}$$

$$\frac{\partial (Hv)}{\partial t}+\frac{\partial (Huv)}{\partial x}+\frac{\partial (Hvv)}{\partial y}=-gH\frac{\partial z}{\partial y}-g\frac{n^2v\sqrt{u^2+v^2}}{H^{1/3}}+v_t\left(\frac{\partial^2 Hv}{\partial x^2}+\frac{\partial^2 Hv}{\partial y^2}\right)+C_w\frac{\rho_a}{\rho}\omega^2\sin\beta+Hf_x \tag{10-67}$$

污染物输运方程：

$$\frac{\partial (HC)}{\partial t}+\frac{\partial (HuC)}{\partial x}+\frac{\partial (HvC)}{\partial y}=\frac{\partial}{\partial x}\left(E_xH\frac{\partial C}{\partial x}\right)+\frac{\partial}{\partial y}\left(E_yH\frac{\partial C}{\partial y}\right)+HS \tag{10-68}$$

式中：t 为时间，s；H 为计算单元平均水深，m；u, v 为单元内 x, y 方向上的水深平均流速；z 为水位；g 为重力加速度，m/s^2；n 为曼宁粗糙系数；v_t 为水平方向上的涡黏滞系数；C_w 为无因次

风应力系数；ρ_a 为空气密度，kg/m^3；ρ 为水的密度，kg/m^3；ω 为风速；β 为风向与 x 方向的夹角；Hf_x，Hf_y 为地球自转引起的克里奥利力，在计算中常常忽略；E_x，E_y 为水平方向上的紊动扩散系数；S 为污染物源项，不同类型污染物源项计算公式不同。

由于实际边界的复杂性，并且运动方程包含了非线性项，求解十分困难，一般只能采用数值解法。在限定的边界条件和初始条件下，数值求解方程组的方法很多，较为流行的有"有限差分法"、"有限元法"、"有限体积法"，等等。美国兰德公司于 20 世纪 70 年代初提出了一种差分近似解法——ADI 法（又称隐式方向交替法）。这种解法的特点是稳定性较好，积累误差小，建立模型也只需要水深资料和河口潮位资料，外业工作量小。运用 ADI 法解流体动力学和潮流混合的耦合模型的差分方程和计算方法，可参见有关专著和采用定型的计算机软件。

10.2.5　海湾水质模型

伴随着水文循环，人类活动产生的废物不管扩散到大气中，丢弃在陆地上，还是排放到河流中，最终都有可能进入河口海岸。河口海湾一方面大量承接污染物，另一方面却难以将自身水体的污染物转移到其他场所，由此一些未溶解和不易分解的污染物质在海岸和近海水域中积蓄，并随着时间的增加进一步积累。

1.污染物二维输送扩散模型[2]

为了表明污染物在海湾或沿岸水域内的输运规律以及污染物浓度的分布和变化，一般需要采用流体动力学过程来进行描述。近年来，环境流体动力学的研究，已经普遍采用数值模型和计算机模拟现实的流场和浓度场。

在海湾环境预测中，为了做到正确选用海域流场模型，首先要充分考虑海域的主要特征。例如，我国海洋沿岸水域所出现的海流起主导作用的是潮流。潮流看起来是一种往复运动，但是因海洋地形、海底摩擦等非线性效应影响，潮流又会引起一定方向的潮余流，余流是指经过一个潮汐周期海水微团的净位移。海域中污染物的输送是受到潮流与潮余流共同作用的。因此，在一般情况下，只要建立或选用适宜的潮流数值模型，不考虑波浪和风海流的作用，即可反映流场的基本状况。

对于沿岸浅海，特别是半封闭海湾，其基本运动是由外来潮波引起的潮汐运动，即胁振潮，可以建立二维数学模型预测平面各点的水质。在建立潮波运动的参考坐标系时，不考虑地球曲率的影响，将参考坐标系置于静止海平面上，这种近似描述，适用于水平范围远小于地球半径的海域，这对于沿岸海域和海湾是适用的。

建立的描述垂向充分混合海域的平均运动与河口模型相同，见公式（10-65）~（10-68），边界条件有所区别。

在实际计算中，由于浅海较强的湍流耗散作用，总是取零值初始条件。因为任何初始能量，经过一定时间后，总要耗散掉，故当计算达到一定时间长度以后初始效应总会消失，而只是由胁振潮在起作用。

① 初值。可以自零开始，也可以利用实测值直接输入计算。

② 边界条件。陆边界：边界的法线方向流速为零；水边界：可以输入根据开边界上已知潮汐调和常数的水位表达式或边界点上的实测水位过程。

有水量流入的水边界：当流量较大时，边界点的连续方程应增加 $\Delta tQ_i/2A$ 项；当流量较小时可以忽略。（Q_i 为流入水量）

2.海湾水质预测简化方法[2]

由河流输送或城市及工厂排放到海洋中的污水，一般是含有各种污染物的淡水。它的密度都比海水小，入海后趋于浮在海面上逐渐与海水混合并且向四周扩展。废水入海后与海水混合和扩散情况与海流条件有关，常见的弱混合海域（潮汐小、潮流不大、铅直混合较弱）的扩散条件，见图 10-4。由图可见，废水层厚度在排放口附近较深，然后逐渐减小。向外扩展到一定程度，即废水的密度达到一定界限值，即形成锋面。锋面外侧的海水明显地向污水层下方潜入，形成清晰的界面。这样的界面在污水层的底部清晰可见。锋面受到风和潮的作用，其形状和出现的地点会不断变化，有时会变得模糊不清。

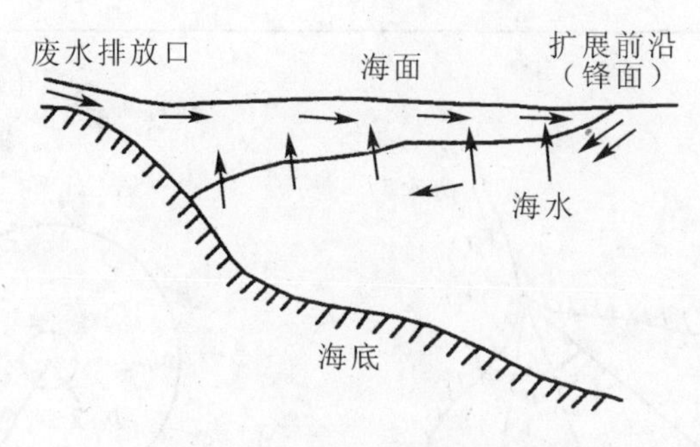

图 10-4　废水在海面上的扩展

（1）经验方法。

在废水呈半圆形扩散、污染物为非降解有机物、扩散域的前沿锋面处浓度的稀释系数一定时，扩散面积 A 与废水排放量 Q 存在如下的经验关系：

$$A = \frac{\pi}{2}r^2 = \alpha_1 Q^a \tag{10-69}$$

式中：r—— 污染物扩散半径；

α_1、a—— 经验系数与指数。

离排污口距离 r 处的污染物浓度 C，可由下式计算：

$$\frac{C}{C_0} = \alpha_2 Q^{-br} \tag{10-70}$$

式中：C_0—— 排污口污染物浓度；

α_2、b—— 经验系数与指数。

以上经验系数和指数，可以通过类似海域实测资料确定。

（2）约瑟夫 - 新德那(Joseph-sendner) 模型。

该模型假设废水排入海湾后呈扇形扩散，如图 10-5 所示。距离排污口 r 处弧面的污染物平均浓度为 C_r，由式(10-71) 计算：

$$C_r = C_h + C_p \exp\left(\frac{-\phi d v_m r}{Q_p}\right) \tag{10-71}$$

式中：C_h—— 海水中污染物基线浓度，mg/L；

C_p—— 废水中污染物浓度，mg/L；

Q_p—— 废水排放量，m^3/s；

ϕ—— 混合角度，视海岸形状和水流情况而定，远海排放取 2π（图 10-5），平直海岸排放取 π。

v_m—— 混合速度，m/s，一般取 0.01 ± 0.005，近海岸可取 0.005m/s；

d—— 混合深度，m，视海岸具体情况，按表 10-2 选用。

表 10-2　　　**混合深度 *d* 的参考数据**

海域	近岸	大河口、港口	离岸 2 ~ 25km	大陆架
d/m	2	2 ~ 6	2 ~ 10	≥ 10

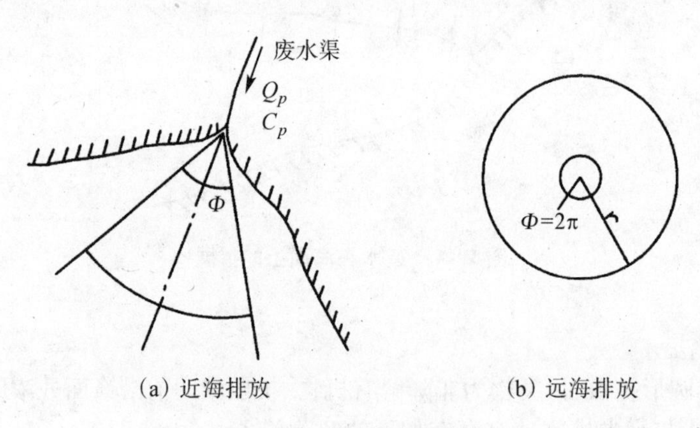

(a) 近海排放　　(b) 远海排放

图 10-5　海域排放示意图

10.3　湖泊水库水质模型[2]

湖泊与水库（简称湖库）的水文特性与河流海湾不同，其主要特点是水面宽广，流速缓慢，风力作用明显，滞水调蓄作用大，水深较大时温差上下悬殊，具有温度分层现象。湖泊与水库的水流状况基本相同，存在湖流和混合作用，以及波动和波漾。所谓的湖流是指湖水在水力坡度、密度梯度和风力等作用下产生的沿一定方向的缓慢运动。水深较浅的湖库，湖流经常呈现为水平环状流动；水深较深的湖库多出现垂直环状的流动。混合是指湖泊、水库在风力和水力坡度作用下，产生的湍流混合和由湖水密度差引起的对流混合作用。湖库水面的波动，主要是由风引起的，又称风浪。湖库水面波漾，主要是在复杂的外力作用下，湖中水位有节奏的升降变化。

水流在湖泊和水库中的停留时间较长，一般可达数月至数年，这种水域属于缓流水域，湖库中的化学和生物学过程保持在一个比较稳定的状态，由湖库的边缘至中心，由于水深不同而产生明显的水生植物分层,在浅水区生长挺水植物(茎叶伸出水面),如芦苇等;往深处,生长着扎根湖底、但茎叶不露出水面的沉水植物,如苔草等,另外还有藻类和其他浮游动植物、水生动物等。湖库可看做静水环境,进入湖库中的含氮和磷等营养物在其中不断积累,致使其中的水质发生富营养化。富营养化是一种营养物质在湖泊水库水体中积累过多,导致生物(特别是浮游生物,即藻类)的生产能力异常增加的过程。从理论上讲,富营养化在任一水生生态系统内都有可能发生,但实际上主要出现在湖泊、水库、河口、海湾等较封闭水域。富营养化最显著的特征即是水面藻类(主要是蓝藻、绿藻)异常增殖,成片成团地覆盖在水面上。其中出现在湖面上的称为"水华"或"湖绽",出现在海湾水面上的称为"赤潮"。富营养化程度严重的湖泊,由于浮游植物和低级水生物的大量繁殖,既恶化水体的感官性状,增加水利用的处理成本,又会引起水体短时间内缺氧,造成鱼类窒息死亡。此外,鱼类的排泄物及浮游植物的残骸等,与入湖泥沙不断堆积于湖底,易使湖泊变浅,日月积累,将转化为沼泽,从而加速湖泊衰亡过程。所以说,湖泊的富营养化,将影响湖泊资源的合理利用,甚至威胁到湖泊的寿命。湖泊富营养化由于其发展快、危害大、处理难、恢复慢,已成为国内外广泛关注的全球性水污染问题。

在湖泊富营养化成为水质污染的重大问题以后,20世纪70年代初期,世界各地纷纷开展了大规模的湖泊富营养化调查,积累了大量的湖泊富营养化基础资料。专家们在分析资料的同时,建立了一系列的湖库水质模型。

10.3.1 完全均匀混合模型

1.弗莱威特(Vollenweider)模型

对于水面和水深均不大、四周污染源较多的湖泊水库,污染物进入水体后,在水流、风浪等因素的作用下,可能较快出现均匀混合现象,整个水域的浓度基本趋于一致,这种湖泊或水库可以看做完全均匀混合水体。完全混合模型假定湖泊是完全均匀混合的,湖泊中某种营养物浓度随时间的变化率是输入、输出和在湖泊内沉积的该种营养物质的量的函数,可以用质量平衡方程表示。

(1)污染物(营养物)混合和降解模型。

$$V\frac{\mathrm{d}C}{\mathrm{d}t}=\overline{W}-QC-k_1CV \tag{10-72}$$

式中:V——湖库的容积,m^3;

C——污染物或水质参数的浓度,mg/L;

$\overline{W}$——污染物或水质参数的平均排入量,mg/s;

t——时间,s;

Q——出入湖库流量,m^3/s;

k_1——污染物衰减或沉降速率系数,s^{-1}。

对式(10-72)积分得

$$C(t)=\frac{\overline{W}-(Q+k_1V)C_0}{Q+k_1V}\left\{\frac{\overline{W}}{\overline{W}-(Q+k_1V)C_0}-\exp\left[-\left(\frac{Q}{V}+k_1\right)t\right]\right\} \tag{10-73}$$

式中:$\overline{W}$——$\overline{W}=\overline{W}_0+C_pq$;

$\overline{W}_0$—— 现有污染物排入量,mg/s;

C_p—— 拟建项目废水中污染物浓度,mg/L;

q—— 废水排放量,m^3/s;

C_0—— 湖库中污染物起始浓度,mg/L。

则

$$C(t)=\frac{\overline{W}}{\alpha V}(1-\exp(-\alpha t))+C_0\exp(-\alpha t) \tag{10-74}$$

$$\alpha=\frac{Q}{V}+k_1$$

对于难降解有机物,$k_1=0$,则有 $\alpha=\frac{Q}{V}$

① 当经过较长时间,湖库污染物(营养物)浓度达到平衡时,有$\frac{\mathrm{d}C}{\mathrm{d}t}=0$,则其平衡浓度可用下式计算:

$$C=\frac{\overline{W}}{\alpha V} \tag{10-75}$$

② 求湖库污染物(营养物)浓度达到一指定浓度 $C(t)$ 所需时间 t_β,可用下式计算:

$$t_\beta=\frac{V}{Q+k_1V}\ln(1-\beta) \tag{10-76}$$

式中:$C(t)/C_p=\beta$。

③ 无污染物输入($\overline{W}=0$)时,浓度随时间变化为

$$C(t)=C_0\exp(-(Q/V+k_1))=C_0\mathrm{e}^{-\alpha t} \tag{10-77}$$

这时,可以求出污染物(营养物)浓度与初始浓度之比为$\eta(\eta>1)$,$C(t)/C_0=1-\beta$,所需时间为

$$t_\eta=\frac{1}{\alpha}\ln\frac{1}{\eta} \tag{10-78}$$

(2) 溶解氧模型。

$$\frac{\mathrm{d}D}{\mathrm{d}t}=\left[\left(\frac{Q}{V}\right)+k_1\right]L+k_2[C(O_s)-C(O)]-R \tag{10-79}$$

式中:k_2—— 大气复氧系数,d^{-1} 或 s^{-1};

R—— 湖库中生物和非生物因素耗氧总量,mg/d 或 mg/s。

其他符号意义同前。

式(10-79) 中没有考虑浮游植物的增氧量,其中耗氧总量 R 可用式(10-80) 计算:

$$R=\gamma A+B \tag{10-80}$$

式中:A—— 养鱼密度,kg/m^3;

γ—— 鱼类耗氧速率,mg/kg · d 或 mg/kg · s;

B—— 其他因素耗氧量,$mg/m^3\cdot d$ 或 $mg/m^3\cdot s$。

2.藻类生物量与营养物质负荷量相关模型

湖泊水体中植物生物量是指某时刻系统中植物的总重量或个数,常用叶绿素 a 的浓度

C_{ca} 表示。叶绿素 a 的浓度 C_{ca} 与湖泊水体中磷的浓度 P 等有着非常紧密的关系。

Dillon 和 Rigler(1974) 根据湖泊夏季叶绿素 a 浓度和春季叶绿素 a 浓度资料,分析得到,当系统中氮的浓度与磷的浓度之比 $N/P \geqslant 12$ 时,夏季叶绿素 a 浓度 C_{ca} 与春季磷的浓度 P_s,存在如下经验关系:

$$\lg C_{ca} = 1.449\lg P_s \tag{10-81}$$

Chaprad 和 Taeapchak(1976) 根据美国和加拿大部分湖泊中磷的年平均浓度 P 与春季平均浓度 P_s 的资料,得到的经验关系式为

$$P = 0.9P_s \tag{10-82}$$

由此,Dillon 和 Rigler(1974) 模型转化为

$$\lg C_{ca} = 1.449\lg P - 0.066 \tag{10-83}$$

以上经验富营养化模型,其优点是,数学式简单,所需数据少,使用十分方便;缺点是混合均匀、稳态、唯一的营养物限制等假定,提供的信息少。经验富营养化模型适合于对湖泊的营养物总量变化进行长时段预测或对湖泊的总体营养状态进行初期评价。

10.3.2 扇形稀释扩散模型(卡拉乌舍夫扩散模型)

对于水域宽阔的湖库,入湖河流或岸边的污染源,以一定的流速携带了污染物进入水体,由于水面突然开阔,入湖的河水或废污水便以河口或点污染源为圆心的扇形形式向四周输移和扩散,在该过程中逐渐与湖水稀释扩散。这时假设污染物在水体中呈扇形扩散(图 10-6)。

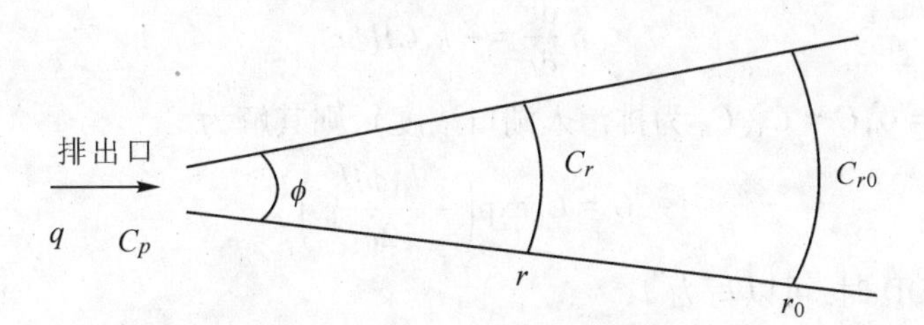

图 10-6 湖边排污口扩散示意图

根据湖水中的移流和扩散过程,用质量平衡原理可得下式(采用极坐标较为方便):

$$\frac{\partial C}{\partial t} = \left(E - \frac{q}{\phi H}\right)\frac{1}{r}\frac{\partial C}{\partial r} + E\frac{\partial^2 C}{\partial r^2} \tag{10-84}$$

式中:q—— 排入湖中的废水量,m^3/s;

r—— 湖内计算点离排出口距离,m;

C_r、C_{r0}—— 分别为所求计算点及在离排放口充分远 r_0 处的污染物浓度,mg/L;

E—— 径向湍流混合系数,m^2/d;

H—— 废污水扩散区平均水深,m;

ϕ—— 废污水在湖中的扩散角(由排放口处地形确定,如在开阔、平直和与岸垂直时,$\phi = \pi$;而在湖心排放时,$\phi = 2\pi$)。

1.模型的解

对于难降解有机物,在稳态、无风时,由上式积分得

$$C = C_p - (C_p - C_0)\left(\frac{r}{r_0}\right)^{\frac{q}{\phi HE}} \tag{10-85}$$

式中:r_0 可选离排放口充分远的某点,建设项目对该点水质的影响可以忽略不计;C_0 可以取 r_0 点的现状值;在湖泊中,考虑到湖泊中风浪的影响,E 可以采用如下经验公式计算:

$$E = \frac{\rho H^{2/3} d^{1/3}}{\beta g}\sqrt{\left(\frac{uh}{\pi H}\right)^2 + \bar{u}^2} \tag{10-86}$$

式中:ρ—— 水的密度;

H—— 计算范围内平均湖水水深;

d—— 湖底沉积物的直径;

g—— 重力加速度;

β—— 经验系数;

$\bar{u}$—— 风浪和湖流造成的湖水平均流速;

h—— 湖库中波浪高。

2.简化模型的解

(1)BOD 模型。

在湖水流速很小、风浪不大情况下,可忽略式(10-84) 中的弥散项并考虑污染物质的自净项,在稳态条件下,可得污水在湖水中浓度的递减方程:

$$q\frac{\mathrm{d}c}{\mathrm{d}r} = -k_1 CH\phi r \tag{10-87}$$

代入边界条件 $r = 0$;$C = C_0$(C_0 为排污入湖口浓度),则其解为

$$C = C_0\exp\left(-\frac{k_1\phi H}{2q}r^2\right) \tag{10-88}$$

当上式应用于 BOD 时,可以写为

$$L = L_0\exp\left(-\frac{k_1\phi H}{2q}r^2\right) \tag{10-89}$$

式中:L_0,L—— 分别为排污出口处和离排污出口为 r 距离的 BOD 值,mg/L;

k_1—— 耗氧速率系数,d^{-1}。

(2)DO 模型。

在以上相同条件下,湖水溶解氧方程为

$$q\frac{\mathrm{d}D}{\mathrm{d}r} = (k_1 L - k_2 D)\phi Hr \tag{10-90}$$

式中:D—— 离排污出口距离为 r 处的氧亏值;

k_2—— 湖水的复氧速率系数。

式(10-90) 的解为

$$D = \frac{k_1 L_0}{k_2 - k_1}[\exp(-mr^2) - \exp(-nr^2)] + D_0\exp(-nr^2) \tag{10-91}$$

式中：D_0—— 排放口处的氧亏量；

m——$m=\dfrac{k_1\phi H}{2q}$；

n——$n=\dfrac{k_2\phi H}{2q}$。

10.3.3　浅水湖泊与水库水质模型

在作浅水湖泊和水库等宽阔水域水质问题分析时，将其垂向上的变化简化为平均的过程，只考虑水流、水质变量在纵向与横向(x,y)上的分析模拟计算问题。首先利用水动力学中建立的二维水流运动方程求解湖泊水库的流速场，然后应用水质迁移转化基本方程求解湖泊水库的浓度场。前文介绍的二维河口水质模型同样适用于浅水湖泊与水库，见方程（10-65）~（10-68）。

二维浅水模型在应用中常常为了计算方便引入水位基准面，这里给出引入水位基准面的方程形式。考虑到水体水面有波动情况时，将水位基准面设在水面波动的平均水平面处，组成右手坐标系，z 轴向上为正，其水位基准面构成 xoy 平面直角坐标系。该水位基准面到波动水面某点的距离为 η，水位基准面到该点水底的距离为 h，如图 10-7 所示。则该点水深为 $H=\eta+h$。由此建立的水体连续方程为

$$\frac{\partial(\eta+h)}{\partial t}+\frac{\partial[u(\eta+h)]}{\partial x}+\frac{\partial[v(\eta+h)]}{\partial y}=0 \tag{10-92}$$

式中：η—— 水位基准面到波动水面的距离（向上为正）；

h—— 水位基准面到水底的距离（向下为正）；

u—— 垂线平均流速在 x 轴方向的分量；

v—— 垂线平均流速在 y 轴方向的分量。

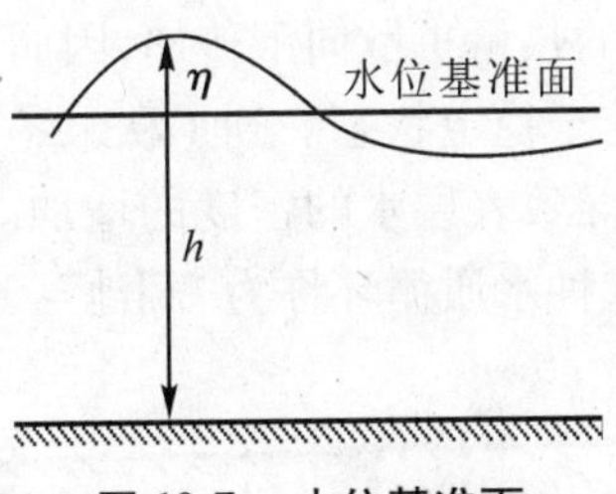

图 10-7　水位基准面

x 轴方向的动量方程为

$$\frac{\partial u}{\partial t}+u\frac{\partial u}{\partial x}+v\frac{\partial u}{\partial y}=fv-g\frac{\partial z}{\partial x}-\frac{gu\sqrt{u^2+v^2}}{c_z^2(\eta+h)}+\xi_x\left(\frac{\partial^2 u}{\partial x^2}+\frac{\partial^2 u}{\partial y^2}\right) \tag{10-93}$$

y 轴方向的动量方程为

$$\frac{\partial v}{\partial t}+u\frac{\partial v}{\partial x}+v\frac{\partial v}{\partial y}=fu-g\frac{\partial z}{\partial y}-\frac{gv\sqrt{u^2+v^2}}{c_z^2(\eta+h)}+\xi_y\left(\frac{\partial^2 v}{\partial x^2}+\frac{\partial^2 v}{\partial y^2}\right) \tag{10-94}$$

式中：g—— 重力加速度；

ρ—— 水体密度；

c_z—— 谢才系数；

f—— 柯氏力常数，$f = 2\Omega\sin\phi$，ϕ 为计算水域的地理纬度，Ω 为地转角速度，约为 $2\pi/(24 \times 3600)\mathrm{s}^{-1}$；

ξ_x, ξ_y—— 分别为 x、y 轴方向上的涡动黏滞系数。

平面二维水质对流扩散方程为

$$\frac{\partial(\eta + h)C}{\partial t} + \frac{\partial[(\eta + h)uC]}{\partial x} + \frac{\partial[(\eta + h)vC]}{\partial y} = \frac{\partial}{\partial x}\left[E_x(\eta + h)\frac{\partial C}{\partial x}\right] + \frac{\partial}{\partial y}\left[E_y(\eta + h)\frac{\partial C}{\partial y}\right] + S_c(\eta + h) \tag{10-95}$$

式中：C—— 沿深平均的污染物浓度；

E_x, E_y——x, y 轴方向的扩散系数；

S_c—— 污染物的源或汇。

10.3.4　深水湖泊与水库水质模型

深度比较大的水库、湖泊，由于流速小、紊动掺混能力差，暖季水体表层接收的大量辐射热和入流带来的热量难以向底部传播，使夏季和秋季水体温度在垂直方向往往出现明显的分层现象。如图 10-8 所示，在表面较浅的范围内，水温较高，但基本均匀，称表面同温层；在下部较深的范围内，水温低，且稳定少变，但也基本均匀，为下部同温层，称底温层，或滞温层；从上部同温层到下部底温层，中间有一个较短距离的水温由高变低的过渡层，温度沿垂向变化很大，称温跃层，或称斜温层。湖库的这种温度结构，常常也带来许多水质因素沿深度方向的分层现象，在大多数时间里，湖泊与水库的水质呈竖向分层状态，如图 10-9 所示。随着一年四季的气温变化，湖库的水温竖向分布也呈周期性变化。夏季湖库表层的水温高。由于湖库的水流缓慢，上层的热量扩散向下传递，因而形成自上而下的温度梯度。由于下层水温低、密度高，整个湖库处于稳定状态。到了秋末冬初，由于气温的急剧下降，使得湖库表层的水温亦急剧下降，同时导致表层水的密度的增加。当表层水密度比底层水密度大时，就出现了水质的上下循环，这种水质循环称为“翻池”，这会使湖库中水质均匀分布。翻

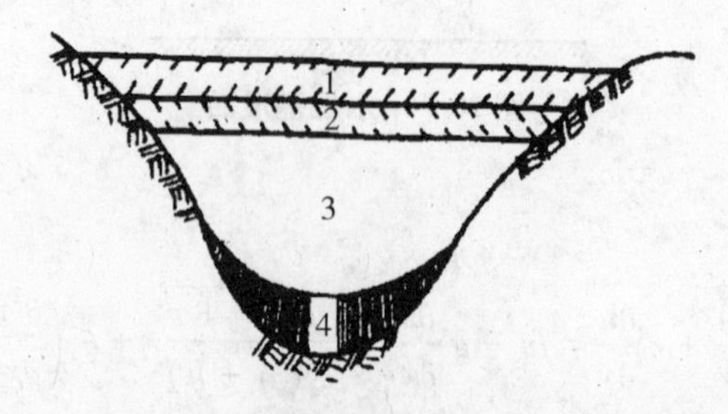

1— 表层　2— 温跃层　3— 下层　4— 底层

图 10-8　湖库中的热分层

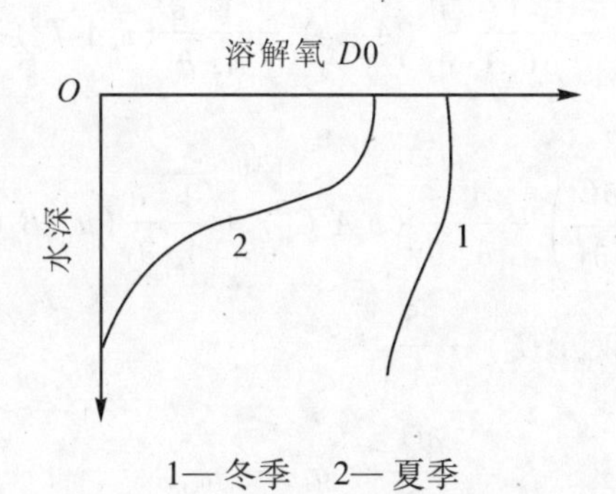

图 10-9　湖库中溶解氧的竖向分布

池现象在春末夏初时也会发生。

如若需要精细地考虑非完全均匀混合湖泊水库的水质问题，就需要进一步考虑水质变量在空间各方向上的变化情况，从而需要对水流、水质变量在多维空间上进行分析模拟计算。对于湖泊与水库的水质问题，原则上只有三维水动力学模型和水质模型才能准确地描述其水流、水质运动、分布过程，但由于实际资料条件以及计算条件的限制，三维模型的研制、应用还有不少困难。因此，在实际工作中，往往是对影响湖泊水库的主要因素进行合理的描述，而忽略次要因素。

1.垂向一维模型[3]

在涉及深水湖泊和水库水质问题分析时，可以将湖库容积沿水深方向划分为若干 Δy 厚度的水平层，如图 10-10 所示。对于高度 y 的水平层可以分别建立热量守恒、质量守恒和水流连续方程。

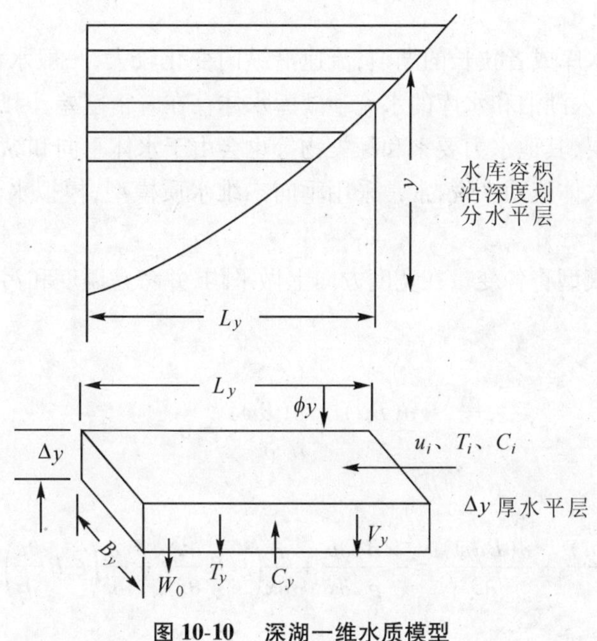

图 10-10　深湖一维水质模型

$$\frac{\partial T_y}{\partial t}=\frac{E}{A_y}\frac{\partial}{\partial y}\left(A_y\frac{\partial T_y}{\partial y}\right)-\frac{1}{\rho C_s A_y}\frac{\partial}{\partial y}(A_y\phi_y)-\frac{1}{A_y}\frac{\partial}{\partial y}(v_yA_yT_y)+\frac{1}{A_y}\frac{\partial}{\partial y}(u_{i,y}B_yT_{i,y}) \tag{10-96}$$

$$\frac{\partial C_y}{\partial t}=\frac{E}{A_y}\frac{\partial}{\partial y}\left(A_y\frac{\partial C_y}{\partial y}\right)-\frac{1}{A_y}\frac{\partial}{\partial y}(v_yA_yC_y)+\frac{1}{A_y}\frac{\partial}{\partial y}(u_{i,y}B_yC_{i,y}-u_{0,y}B_yC_y)+\frac{1}{A_y}\frac{\partial}{\partial y}(W_0A_yC_y)+\frac{S}{A_y} \tag{10-97}$$

$$\frac{\partial Q_{vy}}{\partial t}=q_{i,y}-q_{0,y} \tag{10-98}$$

式中：T_y,C_y—— 分别为高程 y 处的水温和浓度；

$u_{i,y},u_{0,y}$—— 分别为高程 y 的入库和出库水平流速；

v_y—— 高程 y 的垂向流速；

W_0—— 相应于 C_y 水质组分的颗粒沉降速度；

$T_{i,y},C_{i,y}$—— 分别为高程 y 入流水温和浓度；

A_y,B_y—— 分别为高程 y 水库水面面积和水库平均宽度；

ϕ_y—— 到达高程 y 的辐射热；

E—— 紊动扩散系数；

ρ,C_s—— 分别为水的密度和比热；

$Q_{vy},q_{i,y},q_{0,y}$—— 分别为高程 y 处的垂向流量，水平入流和出流流量；

S—— 相应于 C_y 水质组分的内源项。

以上三式可在一定初始条件和边界条件下求解。

2.垂向二维模型

对于河道型的水库或者狭长的湖泊，流速沿纵向变化较大，一般水深较深，水体沿水深方向存在着温差，进入湖泊和水库的水流和湖库水体存在着密度差，因此存在着垂直方向上的温度或者密度分层，其他水力要素和污染物等也会由于水体垂向和纵向变化而存在差异，对于这种窄深型的水体流动来说，常常采用垂向二维水质模型，模拟水流、水质沿纵向和垂向的变化。

垂向二维水质模型将各变量在宽度方向上做平均，并考虑温度和污染物扩散，得到方程的形式为

连续性方程：

$$\frac{\partial(Bu)}{\partial x}+\frac{\partial(Bw)}{\partial z}=0 \tag{10-99}$$

x 轴方向的动量方程：

$$\frac{\partial(uB)}{\partial t}+\frac{\partial(Buu)}{\partial x}+\frac{\partial(Buw)}{\partial z}=-\frac{B}{\rho}\frac{\partial p}{\partial x}+\frac{\partial}{\partial x}\left(\xi_xB\frac{\partial u}{\partial x}\right)+\frac{\partial}{\partial z}\left(\xi_zB\frac{\partial u}{\partial z}\right)+\frac{gu\sqrt{u^2+w^2}}{c_z^2} \tag{10-100}$$

z 轴方向采用静压假定：

$$\frac{\partial P}{\partial z}=-\rho g \quad 或 \quad p=\rho g(h+\eta) \tag{10-101}$$

水温方程：

$$\frac{\partial(BT)}{\partial t}+\frac{\partial(BuT)}{\partial x}+\frac{\partial(BwT)}{\partial z}=\frac{\partial}{\partial x}\left(\frac{\xi_x}{\mathrm{Prt}}\frac{\partial T}{\partial x}\right)+\frac{\partial}{\partial z}\left(\frac{\xi_z}{\mathrm{Prt}}\frac{\partial T}{\partial z}\right)+\frac{BS}{\rho_0 c_p} \tag{10-102}$$

浓度方程：

$$\frac{\partial(BC)}{\partial t}+\frac{\partial(BuC)}{\partial x}+\frac{\partial(BwC)}{\partial z}=\frac{\partial}{\partial x}\left(BK_x\frac{\partial C}{\partial x}\right)+\frac{\partial}{\partial z}\left(BK_z\frac{\partial C}{\partial z}\right)+S_C \tag{10-103}$$

式中：u，w 为水平和铅直方向的流速分量；η 为水面相对高度，h 为水深，两者的含义见图10-7；T 为水温；C 为某种污染物质的浓度；ξ_x，ξ_z 为涡黏性系数分量；Prt 为湍流密度斯密特数；K_x，K_z 为污染物质的紊动扩散系数；p 为压力；ρ 为水的密度；g 为重力加速度；c_p 为水的比热；H 为太阳辐射热源项，S_C 为污染物生化反应源项；其他含义同前。

3.三维水质模型

目前应用比较成熟的三维模型仍然基于浅水理论假定，即流动中压强服从静水压强分布，垂直方向的流速对时空的微分忽略不计，以及忽略黏性切应力在水平方向上的变化率等，在直角坐标系下的三维水流运动方程为

$$\frac{\partial u}{\partial x}+\frac{\partial v}{\partial y}+\frac{\partial w}{\partial z}=0 \tag{10-104}$$

$$\frac{\partial u}{\partial t}+u\frac{\partial u}{\partial x}+v\frac{\partial u}{\partial y}+w\frac{\partial u}{\partial z}=fv-\frac{1}{\rho}\frac{\partial p}{\partial x}+\xi_x\left(\frac{\partial^2 u}{\partial x^2}+\frac{\partial^2 u}{\partial y^2}+\frac{\partial^2 u}{\partial z^2}\right)+\frac{1}{\rho}\frac{\partial \tau_x}{\partial z} \tag{10-105}$$

$$\frac{\partial v}{\partial t}+u\frac{\partial v}{\partial x}+v\frac{\partial v}{\partial y}+w\frac{\partial v}{\partial z}=-fu-\frac{1}{\rho}\frac{\partial p}{\partial y}+\xi_y\left(\frac{\partial^2 v}{\partial x^2}+\frac{\partial^2 v}{\partial y^2}+\frac{\partial^2 v}{\partial z^2}\right)+\frac{1}{\rho}\frac{\partial \tau_y}{\partial z} \tag{10-106}$$

$$\frac{\partial p}{\partial z}=-\rho g \tag{10-107}$$

式中：u，v，w 分别为 x，y，z 轴方向上的流速；τ_x、τ_y 表示湖底和湖表面的切应力；其他各项的意义同前。

对于三维模型来说，描述污染物在水体中迁移扩散的方程可以统一写成：

$$\frac{\partial C}{\partial t}+\frac{\partial(uC)}{\partial x}+\frac{\partial(vC)}{\partial y}+\frac{\partial(wC)}{\partial z}=\frac{\partial}{\partial x}\left(K_x\frac{\partial C}{\partial x}\right)+\frac{\partial}{\partial y}\left(K_y\frac{\partial C}{\partial y}\right)+\frac{\partial}{\partial z}\left(K_z\frac{\partial C}{\partial z}\right)+S_C \tag{10-108}$$

式中：K_x，K_y，K_z 为污染物质的紊动扩散系数。

三维模型由于考虑了垂向的变化，在离散过程中面临了新的困难，即在垂向上进行了网格剖分，如果采用固定网格，则由于水面变化使得垂向上的网格需要不断的修改调整，这给计算带来了极大的麻烦。一般采用σ坐标系，垂向上的坐标变换为σ坐标，将控制方程也进行相应的代数变换。在垂向上固定网格数目，可以灵活地适应水位和水深的变化。σ 坐标系下的方程将在下文介绍。

10.4　富营养化模型

水体富营养化是指湖泊、水库和河流中接纳过多的氮和磷等营养物质,使水体生态结构与功能发生变化,导致藻类过量繁殖生长而出现的水华污染现象。当水华严重时,水面形成厚厚的蓝绿色湖靛,散发出难闻的气味,不仅破坏了健康、平衡的水生生态系统,而且因藻细胞破裂后释放出的几种藻毒素对饮用水安全构成了严重的威胁。按目前已有的研究结果,藻类水华暴发一般有生物学机制和非生物学机制。生物学机制包括正常和非正常功能的内在因素以及化学调节、生理需求、营养竞争、食物链的生态相关性和外部入侵的外在原因;而非生物学因素包括物理因素、化学因素的驱动作用以及抑制作用。在 20 世纪初期,水体富营养化问题引起了国外部分生态学家、湖沼学家的注意,并开始了对其成因的初步探索。在 20 世纪 60 年代末,随着全球出现的海洋和淡水水体富营养化问题不断地加剧,联合国环境规划署(UNEP)、世界卫生组织(WHO)、国际经济合作与开发组织(DECD) 等众多国际组织以及世界各国都相继开始了富营养化形成机理及其防治对策的研究,进行了大量的试验、实践与探索。由于富营养化的发生发展包含着一系列生物、化学和物理变化的过程,并与水体化学物理性状、湖泊形态和底质等众多因素有关,其演变过程十分复杂,研究所涉及的学科多种多样,所以至今对富营养化形成机理仍然无法作出科学的解释,研究还停留在探索阶段,有待进一步的深入。

富营养化问题是世界范围内最为严重的水质问题之一,早在 20 世纪 60 ~ 70 年代,许多国家和国际组织就开展了相应的模型研究。湖泊生态模型的发展经历了单层、单室、单成分、零维的简单模型到多层、多室、多成分、三维的复杂模型的发展历程,并逐渐用于湖泊污染控制和湖泊生态系统中。根据其复杂性,湖泊富营养化模型可以分为四种类型:简单的回归模型、简单的营养物平衡模型、水生态系统模型和结构动态富营养化模型。简单的回归模型参数较少,能够提供湖泊、水库水质的大致变化趋势,简单易用,比较适合推广、普及,但是需要大量监测数据,数据质量对模型好坏存在很大影响。简单的营养物平衡模型的典型代表就是磷平衡模型,是研究湖泊、水库中磷的负荷量与水体中磷的浓度,藻类叶绿素 a 浓度和透明度之间的相互关系的数学模型,对于有效的控制湖水磷浓度和防止湖泊富营养化具有重要的意义。20 世纪 60 年代末至 70 年代初,一些学者着手生态系统和富营养化模拟,为富营养化模型的发展奠定了基础。模型包括湖中所有的生物与非生物因子,如鱼类(植食性的和肉食性的)、浮游生物、底栖生物、细菌、大型植物、悬浮物、沉积物以及营养盐等。其后,许多学者对模型进行不断的修改和完善,成为湖泊生态建模研究的典范。结构动态富营养化模型(Structurally Dynamic Eutrophication Model) 起源于 20 世纪 80 年代后期,考虑了湖泊生态系统的可塑性和变化性,使用一套连续变化参数和目标函数来反映生物成分对外界环境变化的适应能力,描述物种组成和物种性质的时空变化,目前已经在多个湖泊和水库得到成功应用。

经过几十年的发展,水质模型从早期的溶解氧平衡模型发展到多组分相互作用的综合水质模型。模拟和预测污染物质进入河流水体后发生迁移、转化、沉淀、吸附及复杂的生化作用,以及对水体及相关环境单元产生影响。随着对污染物污染机理的深入研究,很多科研组织已开发了不少综合水质模型，如 QUAL、WASP、BASINS、DELFT3D、MIKE 等。这些模型的共同特点是与水动力学模型相结合，能够模拟复杂的水环境变化过程，并且具有友好的用户操作界面，形成了一套独立的软件系统。有的软件还支持用户自定义组分及变化过程等，因而在水环境领域有着广泛的应用。不少水质模型中具备了富营养化过程模拟的功能模块，本节将以 MIKE 软件为例介绍这类富营养化模型。

10.4.1 MIKE 模型简介

MIKE 系列的软件是由丹麦水力研究所(Danish Hydraulic Institute，DHI)开发。DHI 是丹麦一所私营研究和技术咨询机构，成立于 1964 年，现名为 DHI WATER ENVIRONMENT HEALTH。该公司开发的主要软件包括河流一维模型 MIKE11、二维模型 MIKE21、三维模型 MIKE3、流域管理模型 MIKE BASIN、海岸线动力模型 LITPACK、地下水模型 MIKE SHE、城市给排水管网模型 MIKE URBAN、污水处理模型 WEST 等。其中 MIKE11/21/3 系列的水动力学模型及其扩展模块应用最广，本书以 MIKE21/3 为例进行介绍。

MIKE21/3 是平面二维和三维的自由表面流模型，在自由表面流数值模拟方面具有强大的功能：

(1) 用户界面友好，属于集成的 Windows 图形界面。

(2) 具有强大的前、后处理功能。在前处理方面，能根据地形资料进行计算网格的划分；在后处理方面具有强大的分析功能，如流场动态演示及动画制作、计算断面流量、实测与计算过程的验证、不同方案的比较等。

(3) 可以进行热启动，当用户因各种原因需暂时中断 MIKE21 模型时，只要在上次计算时设置了热启动文件，再次开始计算时将热启动文件调入便可继续计算，极大地方便了计算时间有限制的用户。

(4) 能进行干、湿节点和干、湿单元的设置，能较方便地进行滩地水流的模拟。

(5) 具有功能强大的卡片设置功能，可以进行多种控制性结构的设置，如桥墩、堰、闸、涵洞等。

(6) 可以定义多种类型的水边界条件，如流量、水位或流速等。

(7) 模块化是的软件功能分类，水动力模块可以作为水质、泥沙等模块基础，其计算出的流场结果可以为水质计算模块所调用，在水质模块的计算中不必重复计算流场，大大提高了计算效率。

(8) 可广泛地应用于与浅水动力有关问题的研究，如潮汐、水流、风暴潮、传热、盐流、水质、富营养化、波浪紊动、湖震、防浪堤布置、船运以及泥沙侵蚀、输移和沉积等，被广泛推荐为河流、湖泊、河口和海岸水流及水环境问题的仿真模拟工具。

(9) 支持并行计算技术，并行计算技术使用共享内存的 OpenMP 协议，可以最大程度的发挥多 CPU 和多内核 CPU 的优势，大大提高了计算速度。

10.4.2 水动力模块[10]

水动力学因子包括流量、水位、流速等，在水环境研究中起“骨架”作用，是水环境计算载体，直接影响到水体中物质、能量的输移转化过程。流场模拟的准确程度直接影响到水环境计算的准确程度。MIKE21/3 的水动力模块可以用于计算水流运动、温度扩散、盐度输移和一般污染物运移过程,因此其控制方程包括水流运动的控制方程和温度、盐度及一般污染物输移的控制方程。

1. 三维控制方程

水流控制方程采用 σ 坐标系下的三维浅水方程。在笛卡儿坐标系下,任一水流运动要素是 (x,y,z,t) 的函数,在 σ 坐标系下任一流动要素是 (x',y',t',σ) 的函数,同时 σ 也是 (x',y',t',σ) 的函数。笛卡儿坐标系与 σ 坐标系的转化关系为

$$\sigma = \frac{z - z_b}{H}, x' = x, y' = y, 0 \leqslant \sigma \leqslant 1 \tag{10-109}$$

$$\frac{\partial}{\partial z} = \frac{1}{H}\frac{\partial}{\partial \sigma} \tag{10-110}$$

$$\frac{\partial}{\partial x} = \frac{\partial}{\partial x'} - \frac{1}{H}\left(-\frac{\partial h}{\partial x} + \sigma\frac{\partial H}{\partial x}\right)\frac{\partial}{\partial \sigma} \tag{10-111}$$

$$\frac{\partial}{\partial y} = \frac{\partial}{\partial y'} - \frac{1}{H}\left(-\frac{\partial h}{\partial y} + \sigma\frac{\partial H}{\partial y}\right)\frac{\partial}{\partial \sigma} \tag{10-112}$$

(1) 连续性方程。

$$\frac{\partial H}{\partial t} + \frac{\partial Hu}{\partial x'} + \frac{\partial Hv}{\partial y'} + \frac{\partial H\omega}{\partial \sigma} = HS \tag{10-113}$$

(2) x,y 轴方向的动量方程。

$$\frac{\partial Hu}{\partial t} + \frac{\partial Hu^2}{\partial x'} + \frac{\partial Hvu}{\partial y'} + \frac{\partial H\omega u}{\partial \sigma} = fvH - gH\frac{\partial \eta}{\partial x'} - \frac{H}{\rho_0}\frac{\partial p_a}{\partial x'} - \frac{Hg}{\rho_0}\int_z^\eta \frac{\partial \rho}{\partial x}\mathrm{d}z - \frac{1}{\rho_0}\left(\frac{\partial S_{xx}}{\partial x'} + \frac{\partial S_{xy}}{\partial y'}\right) + HF_u + \frac{\partial}{\partial \sigma}\left(\frac{v_t}{H}\frac{\partial u}{\partial \sigma}\right) + Hu_sS \tag{10-114}$$

$$\frac{\partial Hv}{\partial t} + \frac{\partial Huv}{\partial x'} + \frac{\partial Hv^2}{\partial y'} + \frac{\partial H\omega v}{\partial \sigma} = fuH - gH\frac{\partial \eta}{\partial y'} - \frac{h}{\rho_0}\frac{\partial p_a}{\partial y'} - \frac{gH}{\rho_0}\int_z^\eta \frac{\partial \rho}{\partial y'}\mathrm{d}z - \frac{1}{\rho_0}\left(\frac{\partial S_{yx}}{\partial x'} + \frac{\partial S_{yy}}{\partial y'}\right) + HF_v + \frac{\partial}{\partial \sigma}\left(\frac{v_t}{H}\frac{\partial v}{\partial \sigma}\right) + Hv_sS \tag{10-115}$$

垂向速度协变量:

$$\omega = \frac{1}{H}\left[w + u\frac{\partial h}{\partial x'} + v\frac{\partial h}{\partial y'} - \sigma\left(\frac{\partial H}{\partial t} + u\frac{\partial H}{\partial x'} + v\frac{\partial H}{\partial y'}\right)\right] \tag{10-116}$$

动量方程(10-109) 和(10-110) 中各项所表示的含义分别为:等号左边第一项为时变加速度项,另外三项为位变加速度项;等号右边第一项为科氏力项,第二项为水位梯度引起加速度项,第三项为大气压力梯度项,第四项为密度差引起的浮力项,第五项为波浪辐射应力项,第六项为水平涡黏性项,第七项为 Bousinesq 近似的垂直应力项,第八项为源项产生的加速度项。根据模拟的水流特征,有些项可以忽略。

方程中的符号表示的意义为：u, v, w 分别为 x, y, z 轴三个方向的速度分量，z_b 为河底高程，H 为水深，$H = \eta + h$，η 是水面相对基准面的高程，向上为正；h 是相对于基准面的水深，向下为正；f 为柯氏力，由式 $f = 2\Omega\sin\varphi$（Ω 为地球旋转角速度，φ 为研究区域的经度）决定；s_{xx}、s_{xy}、s_{yx}、s_{yy} 为辐射应力张量分量；p_a 为大气压强；S 为点源流量，u_s、v_s 分别为点源进入环境水体的流速分量；v_t 为垂向紊动黏度，其余各项意义同前。

垂向涡黏系数 v_t 的常用计算方式有三种，即从流速的对数率分布推算法、Richardson 数法以 k-ε 及法。方法一的计算式如下：

$$v_t = U_\tau H\left(c_1 \frac{\sigma H + z_b + h}{H} + c_2\left(\frac{\sigma H + z_b + h}{H}\right)^2\right) \tag{10-117}$$

式中：$U_t = \max(U_{\tau s}, U_{\tau b})$；$c_1$、$c_2$ 为常数；$U_{\tau s}, U_{\tau b}$ 分别为水面和床面的摩阻流速。

F_u、F_v 分别为 x、y 轴方向的黏性应力项，使用应力梯度来描述，简化为

$$HF_u = \frac{\partial}{\partial x}\left(2HA\frac{\partial u}{\partial x}\right) + \frac{\partial}{\partial x}\left(HA\left(\frac{\partial u}{\partial y} + \frac{\partial v}{\partial x}\right)\right) \tag{10-118}$$

$$HF_v = \frac{\partial}{\partial x}\left(HA\left(\frac{\partial u}{\partial y} + \frac{\partial v}{\partial x}\right)\right) + \frac{\partial}{\partial y}\left(2HA\frac{\partial u}{\partial y}\right) \tag{10-119}$$

式中：A 为水平涡黏度，根据 Smagorinsky 公式确定：

$$A = c_s^2 l^2\left[\left(\frac{\partial u}{\partial x}\right)^2 + \frac{1}{2}\left(\frac{\partial u}{\partial y} + \frac{\partial v}{\partial x}\right)^2 + \left(\frac{\partial v}{\partial x}\right)^2\right] \tag{10-120}$$

式中：c_s 为计算常数，l 为特征长度。

u、v、w 在水面与河底的边界条件定义如下：

在 $\sigma = 1$（水面）处：

$$\omega = 0, \left(\frac{\partial u}{\partial \sigma}, \frac{\partial v}{\partial \sigma}\right) = \frac{H}{\rho_0 v_t}(\tau_{sx}, \tau_{sy}) \tag{10-121}$$

在 $\sigma = 0$（床面）处：

$$\omega = 0, \left(\frac{\partial u}{\partial \sigma}, \frac{\partial v}{\partial \sigma}\right) = \frac{H}{\rho_0 v_t}(\tau_{bx}, \tau_{by}) \tag{10-122}$$

式中：τ_{sx}、τ_{sy} 分别为水面处 x、y 轴方向的风应力；τ_{bx}, τ_{by} 分别为 x、y 轴方向的床面应力。对于床面应力 $\overline{\tau_b} = (\tau_{bx}, \tau_{by})$，由二次摩擦定律来确定，即式（10-123）。

$$\frac{\overline{\tau_b}}{\rho_0} = c_f \bar{u}_b \mid \bar{u}_b \mid \tag{10-123}$$

式中：c_f 为摩擦因数，$\bar{u}_b = (u_b, v_b)$ 为床面流速，摩阻流速和床面应力的关系如式（10-124）。

$$U_{\tau b} = \sqrt{c_f \mid u_b \mid^2} \tag{10-124}$$

三维模型中 $\bar{u}_b$ 为距离床面 Δz_b 处的流速，假设床面与 Δz_b 之间的流速按对数分布，则计算 c_f 值用式（10-125）。

$$c_f = \frac{1}{\left[\frac{1}{\kappa}\ln\left(\frac{\Delta z_b}{z_0}\right)\right]^2} \tag{10-125}$$

式中：$\kappa = 0.4$，为卡门常数；z_0 为床面粗糙长度尺度，计算式见式(10-126)。

$$z_0 = mk_s \tag{10-126}$$

式中：m 近似为 1/30，k_s 为粗糙高度，它与糙率的关系为

$$\frac{1}{n} = \frac{25.4}{k_s^{1/6}} \tag{10-127}$$

(3) 温度控制方程。

$$\frac{\partial HT}{\partial t} + \frac{\partial HuT}{\partial x'} + \frac{\partial HvT}{\partial y'} + \frac{\partial H\omega T}{\partial \sigma} = HF_T + \frac{\partial}{\partial \sigma}\left(\frac{D_v}{H}\frac{\partial T}{\partial \sigma}\right) + H\hat{S} + HT_s S \tag{10-128}$$

式中：T 为温度；$\hat{S}$ 为水面与大气热交换源项；T_s 为点源的温度系数；F_T 为温度扩散项，其表达式为

$$F_T = \frac{\partial}{\partial x}\left(D_h \frac{\partial T}{\partial x}\right) + \frac{\partial}{\partial y}\left(D_h \frac{\partial T}{\partial y}\right) \tag{10-129}$$

式中：D_h、D_v 分别为水平和垂直方向上的扩散系数，可以由水平涡黏度 A 和垂向涡黏度 v_t 计算得到

$$D_h = \frac{A}{\mathrm{Prt}}, \quad D_v = \frac{v_t}{\mathrm{Prt}} \tag{10-130}$$

式中：Prt 为普朗特数。

(4) 盐度控制方程。

$$\frac{\partial Hs}{\partial t} + \frac{\partial Hus}{\partial x'} + \frac{\partial Hvs}{\partial y'} + \frac{\partial H\omega s}{\partial \sigma} = HF_s + \frac{\partial}{\partial \sigma}\left(\frac{D_v}{H}\frac{\partial s}{\partial \sigma}\right) + HS_s S \tag{10-131}$$

式中：s 为盐度；s_s 为点源的盐度系数；F_s 为盐度扩散项，其表达式为

$$F_s = \frac{\partial}{\partial x}\left(D_h \frac{\partial s}{\partial x}\right) + \frac{\partial}{\partial y}\left(D_h \frac{\partial s}{\partial y}\right) \tag{10-132}$$

(5) 一般污染物浓度方程。

对于一般污染物的扩散方程形式为

$$\frac{\partial HC}{\partial t} + \frac{\partial HuC}{\partial x'} + \frac{\partial HvC}{\partial y'} + \frac{\partial H\omega C}{\partial \sigma} = HF_C + \frac{\partial}{\partial \sigma}\left(\frac{D_v}{H}\frac{\partial C}{\partial \sigma}\right) - Hk_p C + HC_s S \tag{10-133}$$

式中：C 为污染物浓度；k_p 为污染物衰减速率(采用一阶反应动力学方程)；C_s 为源项的污染物浓度系数；F_C 为污染物水平扩散项，其表达式为

$$F_C = \frac{\partial}{\partial x}\left(D_h \frac{\partial C}{\partial x}\right) + \frac{\partial}{\partial y}\left(D_h \frac{\partial C}{\partial y}\right) \tag{10-134}$$

2. 二维控制方程

将三维方程中的水平方向上的动量方程和连续性方程在水深 H 上积分，可以得到二维浅水方程的形式。

(1) 连续性方程。

$$\frac{\partial H}{\partial t} + \frac{\partial HU}{\partial x} + \frac{\partial HV}{\partial y} = HS \tag{10-135}$$

(2) x,y 轴方向的动量方程。

$$\frac{\partial HU}{\partial t}+\frac{\partial HU^2}{\partial x}+\frac{\partial HVU}{\partial y}=fvh-gH\frac{\partial \eta}{\partial x}-\frac{H}{\rho_0}\frac{\partial p_a}{\partial x}-\frac{gH^2}{2\rho_0}\frac{\partial \rho}{\partial x}+\frac{\tau_{sx}}{\rho_0}-\frac{\tau_{bx}}{\rho_0}$$
$$-\frac{1}{\rho_0}\left(\frac{\partial S_{xx}}{\partial x}+\frac{\partial S_{xy}}{\partial y}\right)+\frac{\partial}{\partial x}(HT_{xx})+\frac{\partial}{\partial y}(HT_{xy})+Hu_sS \quad (10\text{-}136)$$

$$\frac{\partial HV}{\partial t}+\frac{\partial HUV}{\partial x}+\frac{\partial HV^2}{\partial y}=-fUH-gH\frac{\partial \eta}{\partial y}-\frac{H}{\rho_0}\frac{\partial p_a}{\partial y}-\frac{gH^2}{2\rho_0}\frac{\partial \rho}{\partial y}+\frac{\tau_{sy}}{\rho_0}-\frac{\tau_{by}}{\rho_0}$$
$$-\frac{1}{\rho_0}\left(\frac{\partial s_{yx}}{\partial x}+\frac{\partial s_{yy}}{\partial y}\right)+\frac{\partial}{\partial x}(HT_{xy})+\frac{\partial}{\partial y}(HT_{yy})+Hv_sS \quad (10\text{-}137)$$

式中：U,V 为 x,y 方向上的水深平均流速，其计算式为

$$HU=\int_{-h}^{\eta}u\mathrm{d}z,\quad HV=\int_{-h}^{\eta}v\mathrm{d}z \quad (10\text{-}138)$$

水平应力 T_{ij} 采用水深平均的速度梯度进行计算，即

$$T_{xx}=2A\frac{\partial U}{\partial x},T_{xy}=A\left(\frac{\partial U}{\partial y}+\frac{\partial V}{\partial x}\right),T_{yy}=2A\frac{\partial V}{\partial y} \quad (10\text{-}139)$$

(3) 温度控制方程。

$$\frac{\partial H\bar{T}}{\partial t}+\frac{\partial HU\bar{T}}{\partial x}+\frac{\partial HV\bar{T}}{\partial y}=HF_T+H\hat{S}+HT_sS \quad (10\text{-}140)$$

式中：$\bar{T}$ 为水深平均的温度，其他符号的意义同前。

(4) 盐度控制方程。

$$\frac{\partial H\bar{s}}{\partial t}+\frac{\partial HU\bar{s}}{\partial x}+\frac{\partial HV\bar{s}}{\partial y}=HF_s+Hs_sS \quad (10\text{-}141)$$

式中：$\bar{s}$ 为水深平均的盐度，其他符号的意义同前。

(5) 一般污染物浓度方程。

$$\frac{\partial H\bar{C}}{\partial t}+\frac{\partial HU\bar{C}}{\partial x}+\frac{\partial HV\bar{C}}{\partial y}=HF_C+Hk_p\bar{C}+HC_sS \quad (10\text{-}142)$$

式中：$\bar{C}$ 为水深平均的污染物浓度，其他符号的意义同前。

3. 模型的数值解法

模型的基本方程是由连续性方程、运动方程和物质输运方程组成的偏微分方程组，一般情况下没有解析解，需要采用数值解法进行求解。数值解法的基本思路是将计算区域离散化，将微分关系转化为离散单元的代数关系，然后结合定解条件求解代数方程。不同的数值解法与空间和时间的离散方法有关。在空间离散上，MIKE 提供四种网格供用户使用，即单一矩形差分网格、矩形嵌套网格、正交曲线网格（MIKE 21C）和非结构网格（MIKE21/3 FM），不同网格采用的离散和求解方法不同，这里仅对非结构网格（MIKE21/3 FM）下的离散求解方法进行简要介绍，具体的离散格式请参阅有关文献。

MIKE21 FM 在空间上将计算区域离散成三角形或者四边形单元，采用单元中心的有限体积法进行求解计算。有限体积法在计算流体力学界已得到广泛应用，它又称为有限容积法，以守恒性的方程为出发点，通过对流体运动的有限子区域的积分离散来构造离散方程。

在计算出通过每个控制体边界沿法向输入(出)的流量和通量后,对每个控制体分别进行水量和动量平衡计算,得到计算时段末各控制体平均水深和流速。其中法向通量的计算是通过在沿外法向建立单元水力模型,并求解一维 Riemann 问题而得到,MIKE21 使用 Roe's 近似黎曼解法,来求解 Riemann 问题,为了避免数值震荡,使用了二阶 TVD 限制器。

二维模型可以采用的时间积分格式有一阶显格式欧拉积分和二阶 Runge Kutta 积分两种;三维模型的时间积分采用半隐半显格式,水平项采用一阶显示欧拉法进行积分,垂向采用二阶隐式梯形法。

10.4.3　富营养化模块[11-12]

MIKE 的富营养化模块是生态模型(ECO Lab)的应用模块之一。MIKE 提供多个水质模型和富营养化模型的模板,用以描述水体中的复杂水质和富营养化过程。可以模拟水污染和环境有关的一系列物理、化学和生化过程。使用者可以根据实际的水环境问题选择合适的模板,也可以对模板进行参数修改和过程重定义。

富营养化模块主要研究:浮游植物与大型藻类在水体中的竞争生长;浮游植物所含的碳、氮、磷;浮游动物的生长;营养物循环;氧平衡;底泥中营养物的沉积/释放等。主要模拟 12 个水质状态变量:浮游植物含碳量(PC)、浮游植物含氮量(PN)、浮游植物含磷量(PP)、叶绿素 a(CH)、浮游动物含碳量(ZC)、底质氮(DC)、底质磷(DP)、无机氮(IN)、无机磷(IP)、溶解氧(DO) 以及底栖植被含碳量(BC)。同时还可以根据客户需求,设定衍生变量如总氮、总磷、初级产生量和水体透明度等指标。图 10-11 描述了富营养化模块循环系统的结构(以碳循环为例),表示了各水质指标和过程的相互作用关系。

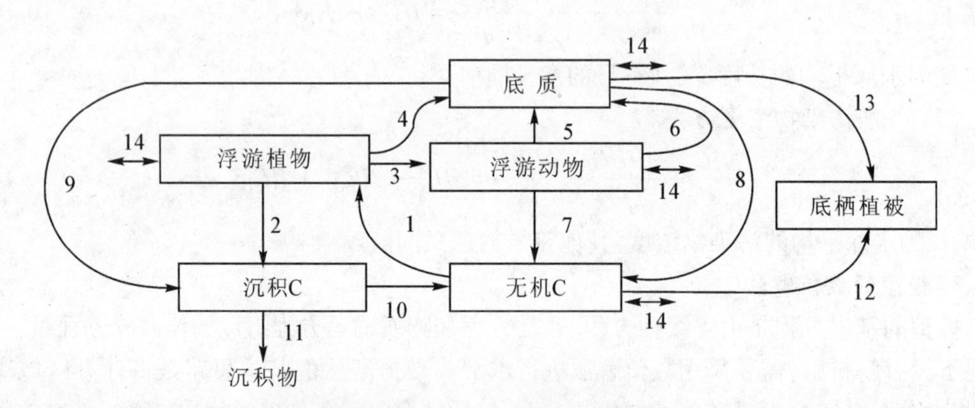

1— 浮游植物生长　2— 浮游植物沉积　3— 浮游动物攫取　4— 浮游植物死亡
5— 浮游动物排泄　6— 浮游动物死亡　7— 浮游动物呼吸　8— 底质矿化
9— 底质沉积　10— 沉积物矿化　11— 沉积物聚积　12— 底栖植被生长
13— 底栖植被死亡　14— 碳在周围水体中的交换

图 10-11　富营养化模块各过程和状态变量描述(以碳循环为例)

对于任一变量随时间和空间的变化均可采用式(10-143) 所示的迁移扩散方程来描述:

$$\frac{\partial HC}{\partial t}+\frac{\partial HuC}{\partial x'}+\frac{\partial HvC}{\partial y'}+\frac{\partial H\omega C}{\partial \sigma}=HF_C+\frac{\partial}{\partial \sigma}\left(\frac{D_v}{H}\frac{\partial C}{\partial \sigma}\right)+HF(C)+HC_sS \quad (10\text{-}143)$$

式中:C 为某一生态学变量的浓度;等式左边第一项为时变项;后边三项为对流项;等式右边前两项分别为水平,竖直方向的扩散项;第三项为生化反应项,代表着各生态变量在水体中进行的物理、化学、生物作用过程以及各生态动力学过程中水质、水文气象,水动力因子之间的动态联系,这一项可认为是某一生态变量浓度对于时间的全导数,即 dC/dt;第四项为源项。

1. 浮游植物状态变量

浮游植物项主要考虑环境条件对浮游植物体内碳、氮、磷含量变化的影响,反映浮游植物的外界环境与浮游植物生命周期的联系。与浮游植物直接相关的状态变量主要有三个,浮游植物碳(PC)、浮游植物氮(PN)、浮游植物磷(PP)。

(1) 浮游植物碳(PC)。

浮游植物碳的生化反应项考虑浮游植物的生长(prpc)、沉降(sepc)、死亡(depc)和浮游动物攫取(grpc)四个过程,见下式。

$$\frac{dPC}{dt}=\text{prpc}-\text{sepc}+\text{sepc}^{n-1}-\text{depc}-\text{grpc} \quad (10\text{-}144)$$

式中:sepc^{n-1} 表示来自上层的沉降,仅在三维模型中出现,下同。

浮游植物的生长与温度、光照、营养盐相关,故藻类生长速率 prpc 的计算公式为

$$\text{prpc}=\mu_{\max}\times f(I)\times f_1(T)\times f_1(N,P)\times \text{FAC}\times \text{RD} \quad (10\text{-}145)$$

式中:$\mu_{\max}$—— 温度为 25℃ 时藻类的最大生长率;

$f(I)$—— 光照影响函数;

$f_1(T)$—— 温度影响函数;

$f_1(N,P)$—— 营养盐影响函数;

$f(U)$—— 流速影响函数;

FAC—— 暗反应修正系数;

RD—— 相对日长,本文设置为每天日照时间与非日照时间之比。

近期的研究认为与水动力条件相关,有的研究者提出在传统的浮游植物生长率计算式的基础上引入流速影响函数 $f(U)$。

以上函数的表达式分别为

$$f(I)=\left[1-e^{\left(-\frac{\alpha\times \text{ipar}}{\mu_{pc}}\right)}\right]$$

式中:α—— 光影响曲线的梯度系数,$E/m^2/d^{-1}$;

μ_{pc}—— 为浮游植物碳(PC)的最大生长率;

ipar—— 每层的平均光照强度,$E/m^2/d$,其计算式如下:

$$\text{ipar}=\frac{-io(e^{-eta\times dz}-1)}{eta\times dz} \quad (10\text{-}146)$$

式中:io 为每层表面接受到的光照强度;eta 为综合消光系数,eta = pla × CH + dla × DC + bla × sla,pla 为叶绿素 a 的消光系数,$(\text{mg chla})^{-1}m^{-1}$,CH 为叶绿素 a 的浓度,dla 为碎屑碳的消光系数,单位为$(\text{mg chla})^{-1}m^{-1}$,DC 为碎屑碳的浓度,bla 为背景消光系数,单位为 m^{-1},sla

为悬浮物(SS) 的消光系数,单位为 m^{-1},dz 为每层的高度。

$$f_1(T)=\begin{cases}1.05^{T-25} & T\leqslant 25℃\\ 0.94^{T-25} & T>25℃\end{cases}\tag{10-147}$$

式中:T—— 水温,单位为 ℃。

$$f_1(N,P)=\frac{2}{1/F(N)+1/F(P)}\tag{10-148}$$

式中:

$$F(N)=\frac{\mathrm{PN/PC}-\mathrm{PN}_{\min}}{\mathrm{PN}_{\max}-\mathrm{PN}_{\min}}\tag{10-149}$$

$$F(P)=\frac{(\mathrm{PP/PC}-\mathrm{PP}_{\min})(\mathrm{KC}+\mathrm{PP}_{\max}-\mathrm{PP}_{\min})}{(\mathrm{PP}_{\max}-\mathrm{PP}_{\min})(\mathrm{KC}+\mathrm{PP/PC}-\mathrm{PP}_{\min})}\tag{10-150}$$

式中:$\mathrm{PN}_{\max}$,$\mathrm{PN}_{\min}$ 分别为藻类体内含氮量的最大最小值,gN/gC;$\mathrm{PN}_{\max}$,$\mathrm{PN}_{\min}$ 分别为藻类体内含磷量的最大、最小值,gP/gC;KC 为浮游植物的磷半饱和浓度,gP/gC。

在营养盐供应充足时浮游植物可以调整自身的浮力来减少其下沉速率。在这种养分胁迫的作用下,当浮游植物体内营养盐较少时,其下沉速率就会增加。由于浮游植物对营养盐的吸收过程和体内同化作用的过程不是同步的,导致了浮游植物体内 PN/PC 和 PP/PC 比率的变化。故浮游植物碳的沉降项(sepc) 计算式如下:

$$\mathrm{sepc}=\begin{cases}\mu_s\times F_2(N,P)\times \mathrm{PC} & h<2\mathrm{m}\\ U_s/h\times F_2(N,P)\times \mathrm{PC} & h\geqslant 2\mathrm{m}\end{cases}\tag{10-151}$$

式中:μ_s 为沉降率系数,d^{-1};U_s 为沉降速率,m/d;h 为水深,m。

$$F_2(N,P)=\frac{1}{2}[\mathrm{PN}_{\max}/(\mathrm{PN/PC})+\mathrm{PP}_{\max}/(\mathrm{PP/PC})]\tag{10-152}$$

本模型认为浮游植物的死亡率随着其体内营养物质的减少而增加。

$$\mathrm{depc}=\mu_d\times F_2(N,P)\times \mathrm{PC}\tag{10-153}$$

式中:μ_d 为藻类在最佳营养状态下的死亡率,d^{-1}。

浮游动物攫取量 grpc 的计算在后面介绍。

(2) 浮游植物氮(PN)。

在此考虑浮游植物对氮的吸收(unpn)、浮游植物沉降(sepp)、死亡(depp) 和浮游动物攫取(grpn) 四个过程,方程表示如下:

$$\frac{\mathrm{d}PN}{\mathrm{d}t}=\mathrm{unpn}-\mathrm{sepn}+\mathrm{sepn}^{n-1}-\mathrm{depn}-\mathrm{grpn}\tag{10-154}$$

式中:由于模型包含对由细胞内密度决定的营养限制生长的模拟,故浮游植物对氮的吸收在限制和非限制条件下是不同的。

在限制条件下($\mathrm{PN}<\mathrm{PN}_{\max}$):

$$\mathrm{unpn}=\min\left[\max\left(V_{kn}\times\frac{\mathrm{IN}}{\mathrm{IN}+\mathrm{KPN}}\times \mathrm{PC},\mathrm{mineralization}+\mathrm{externalsuppply}\right),\mathrm{prpc}\times \mathrm{PN}_{\max}\right]\tag{10-155}$$

式中:V_{kn} 为氮的吸收常数,$d^{-1}(mg/L)^{-1}$;KPN 为浮游植物吸氮的半饱和常数,mg/L。在非

限制条件下($PN < PN_{max}$):

$$unpn = \min\left[V_{kn} \times \frac{IN}{IN + KPN} \times PC, prpc \times PN_{max}\right] \tag{10-156}$$

浮游植物沉降和死亡引起的N变化规律同浮游植物 PC,公式为

$$sepn = sepc \times (PN/PC), depn = depc \times (PN/PC) \tag{10-157}$$

浮游动物攫取引起的N变化规律同浮游植物 PC,公式为

$$grpn = grpc \times (PN/PC) \tag{10-158}$$

(3) 浮游植物磷(PP)。

同浮游植物氮类似,浮游植物磷也有吸收(uppp)、沉降(sepp)、死亡(depp) 浮游动物攫取(grpp) 和四个过程。其质量平衡方程为

$$\frac{dPP}{dt} = unpp - sepp + sepp^{n-1} - depp \tag{10-159}$$

在限制条件下($PP < PP_{max}$):

$$unpn = \min\left[\max\left(V_{kp} \times \frac{IP}{IP + KPP} \times PC, \min eralization + externalsuppply\right), prpc \times PP_{max}\right] \tag{10-160}$$

式中:V_{kp} 为磷的吸收常数,$d^{-1}(mg/L)^{-1}$;KPP 为浮游植物吸磷的半饱和常数,mg/L。在非限制条件下($PP < PP_{max}$):

$$unpn = \min\left[V_{kn} \times \frac{IP}{IP + KPP} \times PC, prpc \times PP_{max}\right] \tag{10-161}$$

其他项的计算与 PN 类似。

$$sepp = sepc \times (PP/PC), depp = depc \times (PP/PC) \tag{10-162}$$

$$grpp = grpc \times (PP/PC) \tag{10-163}$$

2. 叶绿素 a(CH)

叶绿素 a 的浓度是反映浮游植物量的重要标准,是水体富营养化程度的重要指标。叶绿素浓度的变化主要考虑浮游植物生长、沉降和死亡的过程。叶绿素随时间的变化率表达式为

$$\frac{dCH}{dt} = prch - dech - sech + sech^{n-1} \tag{10-164}$$

式中:

$$prch = (CH_{min}/IK) \times \exp(F_3(N,P)) \times prpc \tag{10-165}$$

$$F_3(N,P) = CH_{max} \times \frac{PN/PC - PN_{min}}{PN_{max} - PN_{min}} \tag{10-166}$$

式中:CH_{min} 为最小叶绿素产量的决定系数,$(E/m^2/d)^{-1}$;CH_{max} 为在营养盐充裕的情况下最大叶绿素产量的决定系数,$(E/m^2/d)^{-1}$。

其他项的计算公式为

$$sech = sepc \times (CH/PC), dech = depc \times (CH/PC) \tag{10-167}$$

3. 浮游动物含碳量(ZC)

浮游动物状态变量表示浮游植物的攫取者如翘足类和各种微小的浮游动物等体内的含

碳量，其平衡方程式为

$$\frac{\mathrm{dZC}}{\mathrm{d}t} = \mathrm{przc} - \mathrm{dezc} \tag{10-168}$$

式中：przc 表示浮游动物生长，其计算式为

$$\mathrm{przc} = \mathrm{Vc} \times \mathrm{grpc} \tag{10-169}$$

式中：Vc 表示浮游动物生长效率系数。

dezc 表示浮游动物的死亡，认为与浮游动物密度有关，采用二阶密度影响函数：

$$\mathrm{dezc} = K_{d1} \times \mathrm{ZC} + K_{d2} \times \mathrm{ZC}^2 \tag{10-170}$$

式中：K_{d1} 表示低生物量（浓度小于 $1\mathrm{g/m^3}$）下的生长常数，d^{-1}；K_{d2} 表示高生物量下的生长常数，$\mathrm{d}^{-1}(\mathrm{g/m^3})^{-1}$；

浮游动物攫取量 grpc 与温度、浮游植物含碳量和溶解氧浓度以及浮游动物含碳量有关，其计算公式为

$$\mathrm{grpc} = \mu_2 \times F_2(T) \times \frac{1}{F(\mathrm{PC})} \times F(\mathrm{DO}) \times \mathrm{ZC} \tag{10-171}$$

式中：μ_2 表示 20℃ 时的最大攫取速率常数，d^{-1}。

$$F_2(T) = \theta_z^{(T-10)} \tag{10-172}$$

式中：θ_z 表示影响浮游动物攫取速率的温度系数。

$$F(\mathrm{PC}) = 1 + \exp(K_1 - K_2 \times \mathrm{PC}) \tag{10-173}$$

式中：K_1，K_2 表示浮游动物生物量对攫取速率的影响因子。

$$F(\mathrm{DO}) = \frac{\mathrm{DO}^2}{\mathrm{DO}^2 + \mathrm{KDO}} \tag{10-174}$$

式中：KDO 表示因溶解氧消耗引起的攫取速率下降。

4. 底质状态变量

底质是指浮游植物死亡后悬浮在水体中的部分，它的减少主要由沉淀（Sedimentation）和分解矿化（Mineralization）两个过程引起。底质是浮游植物从死亡到沉降到水底的中间过程，是碳氮磷在浮游植物、水体和底泥之间循环的重要载体。与浮游植物项类似，将其分为底质碳（DC），底质氮（DN）、底质磷（DP）三个状态变量进行描述。

（1）底质碳（DC）

底质碳的变化主要考虑底质的产生、沉降和矿化三个过程，其时变率方程为

$$\begin{aligned}\frac{\mathrm{dDC}}{\mathrm{d}t} &= \mathrm{generation} - \mathrm{sedimentation} - \mathrm{mineralization} \\ &= (1 - V_m) \times \mathrm{depc} - \mathrm{sedc} + \mathrm{sedc}^{n-1} - \mathrm{redc} + \mathrm{dezc}\end{aligned} \tag{10-175}$$

底质的产生源于浮游植物和浮游动物的死亡（depc，dezc），式中 V_m 为死亡浮游植物的瞬时矿化因数；sedc^{n-1} 为来自于上层的沉降。

对于底质碳沉降的模拟与浮游植物碳的沉降类似，分两种情况：

① 水深较浅时（$h < 2\mathrm{m}$）$\mathrm{sedc} = \mu_d \times \mathrm{DC}$；

② 水较深时（$h > 2\mathrm{m}$）$\mathrm{sedc} = U_d/h \times \mathrm{DC}$。

式中：μ_d 为底质的浅水沉降参数，d^{-1}；U_d 为底质的沉降速率，m/d；redc 表示底质碳的矿

化率，它与温度和溶解氧的饱和度有关，具体表达式为

$$redc = \mu_m \times F_3(T) \times F_1(DO) \times DC \tag{10-176}$$

$$F_3(T) = \theta_D^{(T-20)} \tag{10-177}$$

$$F_1(DO) = DO^2/(DO^2 + MDO) \tag{10-178}$$

式中：μ_m 为25℃ 时的最大矿化率，d^{-1}；θ_D 为底质矿化的温度系数；MDO 为水中溶解氧的半饱和浓度。

（2）底质氮（DN）。

$$\begin{aligned}\frac{dDN}{dt} &= generation - sedimentation - mineralization \\ &= (1 - V_m) \times depn - sedn + sedn^{n-1} - redn + dezn \end{aligned} \tag{10-179}$$

式中：sedn = sedc × DN/DC；redn = redc × DN/DC；dezn = dezc × DN/DC；其他符号意义同前。

（3）底质磷（DP）。

$$\begin{aligned}\frac{dDN}{dt} &= generation - sedimentation - mineralization \\ &= (1 - V_m) \times depp - sedp + sedp^{n-1} - redp + dezp \end{aligned} \tag{10-180}$$

式中：sedp = sedc × DP/DC；redp = redc × DP/DC；dezp = dezc × DP/DC；其他符号意义同前。

5. 无机盐状态变量

无机盐在浮游植物、底质和底泥之间的循环过程是富营养化生态动力学模型的重要组成部分。而水体中的无机盐直接影响浮游植物生长繁殖。水体中无机盐浓度随时间的变化率主要考虑浮游植物的吸收，水体中有机物的矿化以及底泥中氮磷的矿化。

（1）无机氮（IN）

水体中的无机氮包括氨氮和硝氮，主要考虑了底质矿化（redn）、浮游动物死亡矿化（rezn）、浮游植物生长吸收（uppn）、底栖植被生长吸收（unbn）和底泥矿化（resn）过程，其时变项为

$$\begin{aligned}\frac{dDN}{dt} &= inputfromnieralization - untake \\ &= redn + rezn + V_m \times depn + resn^* - uppn - unbn \end{aligned} \tag{10-181}$$

式中：上标 * 表示只有底层存在无机盐的释放；resn 为底泥矿化率。此过程仅限于三维模型的最底层，其计算式为

$$resn = K_{SN} \times F_5(T) \times F_2(DO) \times (sedn + sepn) \tag{10-182}$$

$$F_5(T) = \theta_M^{T-20} \tag{10-183}$$

$$F_2(DO) = DO/(DO + MDO) \tag{10-184}$$

式中：K_{SN} 为20℃ 时的比例因数；θ_M 为底泥矿化的温度系数；在缺氧条件下，即 DO < MDO 时，resn = N_{rel}/H，N_{rel} 为厌氧条件下底泥中氮的释放率，$g/m^2/d$。

浮游植物吸收氮的速率 unpn 的介绍见浮游植物氮。

底栖植被生长吸收（unbn）与底栖植物生长速率有关，表达式为

$$\text{unbn} = \text{PNB} \times (\text{prbc}/h) \tag{10-185}$$

式中:PNB 表示底栖植物氮碳比;prbc 表示底栖植物碳产生率,其表达式在底栖植物变量中介绍。

(2) 无机磷(IP)。

无机磷浓度的时变项如下:

$$\frac{\text{dIN}}{\text{dt}} = \text{redp} + \text{rezp} + V_m \times \text{depp} + \text{resp} + \text{resp}^* - \text{uppp} - \text{upbp} \tag{10-186}$$

式中:无机磷的矿化输入也是包括四部分,即底质的矿化(redp)、浮游植物磷的矿化(V_m × depp)、浮游动物磷的矿化(rezp)以及底泥释放(resp)。其中底泥释磷过程也只是仅限于三维模型的最底层,其计算式如下:

$$\text{resp} = K_{\text{SP}} \times F_5(T) \times F_2(\text{DO}) \times (\text{sedp} + \text{sepp}) \tag{10-187}$$

式中:K_{SP} 为20℃时的矿化比例因子;在厌氧条件下,即DO < MDO时,resp = P_{rel}/h,P_{rel} 为厌氧条件下底泥释磷速率常数,g/m²/;其他参数表达式与无机氮类似。

6. 溶解氧(DO)

溶解氧是也是衡量水质好坏的重要指标,发生水华时的重要特征就是藻类过度繁殖、大量聚集,使水体中溶解氧降低,而是水生动物窒息而死,尸体腐烂发出恶臭。水体中溶解氧的浓度随时间的变化主要与初级生产者产氧、矿化和呼吸过程耗氧、大气复氧相关。具体关系表示如下:

$$\begin{aligned}\frac{\text{dDO}}{\text{d}t} &= \text{production} - \text{consumption} + \text{reaeration} \\ &= \text{odpc} - \text{oddc} - \text{odzc} - \text{odsc} - V_m \times V_0 \times \text{depc} + \text{rear}\end{aligned} \tag{10-188}$$

$$\text{odpc} = V_0 \times \text{prpc} \tag{10-189}$$

式中:odpc 为浮游植物产氧率;V_0 为浮游植物产氧过程中的氧碳质量之比;水体中部分浮游生物被立即矿化而未变成碎屑沉淀,此过程的耗氧率为 oddc 和 odzc,计算式为

$$\text{oddc} = V_0 \times \text{redc} \tag{10-190}$$

$$\text{odzc} = V_0 \times \text{rezc} \tag{10-191}$$

死亡的浮游植物矿化耗氧率为 $V_m \times V_0 \times$ depc;底泥需氧与底泥中碳的矿化有关,而后者又与底泥中的有机质(腐殖质及浮游植物)相关联,故

$$\text{resc} = K_{MSN} \times F_5(T) \times F_2(\text{DO}) \times (\text{sepc} + \text{sedc}) \tag{10-192}$$

式中:K_{MSN} 为20℃时氧化条件下的比例因数,底泥中氧气的消耗可写为

$$\text{odsc} = V_0 \times \text{resc} \tag{10-193}$$

大气复氧是水体中溶解氧的一个重要来源:

$$\text{rear} = K_{RA} \times (C_s - \text{DO}) \tag{10-194}$$

式中:T 指水温,℃;K_{RA} 为大气复氧系数,d^{-1};C_s 为溶解氧的饱和浓度,g/m³,不考虑盐度影响,计算式为

$$C_s = 14.652 - 41.0223 \times 10^{-3} T + 79.9 \times 10^{-4} 77.77 \times 10^{-6} T^3 \tag{10-195}$$

7. 底栖植被(BC)

底栖植被指根生在水底的高等植物,考虑其生长和死亡两个过程,计算表达式为

$$\frac{\mathrm{dBC}}{\mathrm{d}t} = \mathrm{production} - \mathrm{loss} = \mathrm{prbc} - \mathrm{slbc} \tag{10-196}$$

底栖植被生长与温度、光照、营养盐浓度有关,其计算式为

$$\frac{\mathrm{dBC}}{\mathrm{d}t} = \mu_B \times F_6(T) \times F_3(I) \times F_4(N,P) \times \mathrm{RD} \times \mathrm{BC} \tag{10-197}$$

式中:μ_B 表示 20℃ 时的净生长率;RD 为相对日照长度。其他项的表达式为

$$F_6(T) = \theta_B^{(T-20)} \tag{10-198}$$

式中:θ_B 为底栖植被生长的温度影响系数。

$$F_3(I) = \begin{cases} \frac{I_B}{I_{KB}}, I_B < I_{KB} \\ 1, \quad I_B > I_{KB} \end{cases} \tag{10-199}$$

式中:I_B 为水底的光照强度,E/m^2/d;I_{KB} 为底栖植被生长的饱和光强,E/m^2/d。

$$F_4(N,P) = \frac{2}{\left(\frac{1}{F_2(N)} + \frac{1}{F_2(P)}\right)} \tag{10-200}$$

$$F_2(N) = \frac{\mathrm{IN}}{\mathrm{IN} + \mathrm{KBN}} \tag{10-201}$$

$$F_2(P) = \frac{\mathrm{IP}}{\mathrm{IP} + \mathrm{KBP}} \tag{10-202}$$

式中:KBN 为底栖植被生长的氮限制公式中的半饱和常数;KBP 为底栖植被生长的磷限制公式中的半饱和常数。

底栖植被死亡考虑温度、底栖植物密度的影响,其计算式为

$$\mathrm{slbc} = \mu_s \times F_7(T) \times (\mathrm{BC} - \mathrm{BABC}) \tag{10-203}$$

$$F_7(T) = \theta_s^{(T-20)} \tag{10-204}$$

式中:μ_s 为底栖植物 20℃ 时死亡率;θ_s 为死亡率的温度影响系数;BABC 为单位面积上的底栖植物最小生物量,g/m^2。

参考文献

[1] 彭泽洲.水环境数学模型及其应用[M].北京:化学工业出版社,2007.

[2] 槐文信.河流海岸环境学[M].武汉:武汉大学出版社,2006.

[3] 雒文生,宋星原.水环境分析及预测[M].武汉:武汉水利电力大学出版社,2000.

[4] 郭劲松,李胜海,龙腾锐.水质模型及其应用研究进展[J].重庆建筑大学学报,2002,24(2):109-115.

[5] 雒文生,周志军.水库垂直二维湍流与水温水质耦合模型[J].水电能源科学,1997,15(3):1-7.

[6] 傅国伟.河流水质数学模型及其模拟计算[M].北京:中国环境科学出版社,1987.

[7] 冯民权.水环境模拟与预测[M].北京:科学出版社,2011.

[8] 汪家权,陈众,武君.河流水质模型及其发展趋势[J].安徽师范大学学报(自然科学版),2004, 27(3):242-247.

[9] 江春波,张庆海,高忠信.河道立面二维非恒定水温及污染物分布预报模型[J].水利学报,2000, 9: 20-24.

[10] MIKE by DHI. Mike 21 Flow Model, Hydrodynamic Module, Scientific Documentation[CP], 2009.

[11] MIKE by DHI. Water Quality WQ Templates-ECO Lab Scientific Description[CP],2009.

[12] MIKE by DHI. DHI Eutrophication Model 2, ECO Lab Template Scientific Description[CP], 2011.

第11章　生态水力学基础

11.1　鱼　　道

11.1.1　简介

1. 鱼道的历史发展和现状

鱼道是一种水工建筑物,建于河流、湖泊出口、水道转弯处、瀑布等处,使得鱼类得以逆流洄游,游过所属的障碍物。常见的鱼道主要修建在中、低水头的水工建筑物中,对高水头的鱼类过坝问题,现在主要采取了鱼闸、机械升鱼、人工孵化场及产卵槽等措施。

在河流系统中,鱼类洄游要完成由顺流和逆流组成的一个周期。洄游顺序取决于洄游鱼类的生命期、洄游的位置和类型。在特定生命期的洄游可能包括顺流和逆流两种运动。其特征是:顺流洄游是早期生命阶段的特点(鱼卵、鱼幼虫、幼鱼等),逆流洄游是晚期生命阶段的特点(未成年鱼、成年鱼、待产卵鱼和已产卵鱼),也有生命周期较长的珍稀鱼类定期洄游产卵。

国外开展鱼道研究的时间较早,已有几百年的历史。国外鱼道的主要过鱼对象一般为鲑鱼和鳟鱼等具有较高经济价值的洄游性鱼类。它们通常生活在纬度较高的地区(如北美、北欧、俄罗斯、日本北部、我国东北的黑龙江和吉林两省的入海河流),在海水里生长,淡水里产卵孵化。这些鱼类个体较大,克服流速的能力很强,对复杂流态的适应性也较好。世界上最早的鱼道,是1883年在英格兰泰斯河的支流上建成的胡里坝鱼道。世界上最长的鱼道,是美国哥伦比亚河支流上的帕尔顿坝鱼道,长达4.8km,爬高59.7m。比较著名的鱼道还有加拿大的鬼门峡鱼道以及英国的汤格兰德坝鱼道等。

我国鱼道的过鱼对象一般为珍稀鱼类、鲤科鱼类、虾蟹等幼苗。20世纪60～70年代,我国先后修建了40多座鱼道,当时的设计理念主要是将鱼道建设视为保护增殖渔产资源的一种措施。20世纪80年代修建葛洲坝时对中华鲟的保护开展了大量的研究,最终采取了人工繁殖和放养的方法解决中华鲟等珍稀鱼类的过坝问题,从此以后我国在大江大河上修建大坝时几乎都不再考虑修建过鱼设施,鱼道研究工作在此后将近20年的时间基本停滞。近年来,随着国家对生态保护重视程度的提高,鱼道的相关研究重新开展,不少水工建筑物在建设之初即开展了鱼道的相关设计研究工作,目标从渔业资源保护上升到了河流生态系统维持和补偿。

鱼道具有重要的生态作用,但我国在与水利工程相配套的过鱼设施的研究和建设起步较晚,发展较缓慢,而且鱼道的建设数量和运行效果都与要求相差甚远。我国当前鱼道建设和运行中面临的主要问题表现在以下几个方面[6]:① 鱼道建设的目标性。鱼道建设最初的目的是为了保护珍稀鱼类,而现在鱼道的建设不但是为鱼类保护,更是为了保持河道水域连通性,补偿大坝阻隔带来的负面影响,设计理念应发生相应的改变。② 鱼道进出口的设计。在鱼道设计往往强调对鱼道内的过鱼参数设计,忽略了鱼道进出口的水力条件对于鱼类的影响,鱼道入口处创造出适合鱼类等水生生物的流态和流速分布是鱼道设计成功与否的关键问题。现在鱼道进口处主要是利用激流将鱼诱入进口,同时添加灯光等辅助性措施。但是现在的问题是大量的鱼类聚集在坝下,不能很好地发现鱼道入口,表明目前鱼道入口的流速与流态设计及其辅助措施不能很好地促使鱼类进入鱼道。③ 鱼道的运行管理。鱼道建成后,要跟进观测过鱼效果,必要的情况下需要调整和优化设计原设计;设置专门的管理岗位,及时维护和定期保养,防止鱼道堵塞或者洪水破坏;加强观察记录,积累水文、气象、过鱼种类和数量的资料;根据不同鱼类及上下游水位情况、确定和调整最佳运行方式。④ 下行鱼道。一个成功的过鱼设施,必然要求既能保证鱼类上溯,又能保证鱼类安全的下行。目前我国鱼类下行主要是通过溢洪道或者水轮机直接下坝,对鱼类造成很大影响。国外鲑鱼和鳟鱼的亲鱼,产后绝大多数死亡,亲鱼没有下坝的问题,而我国的鱼类大多是多次产卵的鱼类,所以我国鱼类的下坝问题比国外更加复杂。如何保证鱼类安全的下坝在我国还没有现成的经验可循,今后还需要进行专题攻关。

2. 鱼道分类

按照结构形式可以将常见的鱼道分为池式鱼道、槽式鱼道、堰式鱼道、潜孔式鱼道、竖缝式鱼道等。

(1) 池式鱼道。由一连串联结上下游的水池组成,各水池间用短渠连接。水池式鱼道接近天然河道情况,但是提水高度有限,受地形限制较大。

(2) 槽式鱼道。该类型鱼道一般为矩形断面的陡槽,为了降低流速和增加水深,在其底部或边墙上装有紧密相邻的消能物或者叶片。这种鱼道最早由 Denil 提出,后统称为 Denil 式鱼道。其特点是坡度陡,长度短,流量小,水流高度紊乱(图 11-1)。

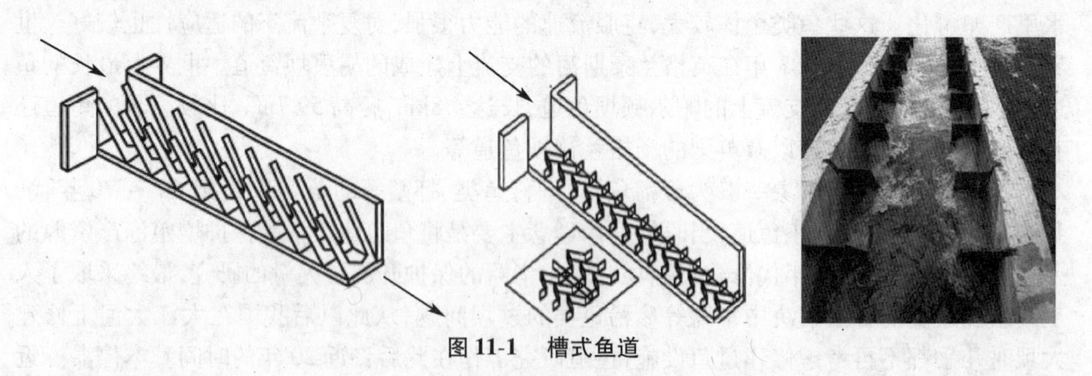

图 11-1　槽式鱼道

(3) 堰式鱼道。堰式鱼道也是一种早期的鱼道,将鱼道由隔板隔开形成一个个的水池,这种堰流式的鱼道主要适用于在表层流动的鱼类和跳跃性的鱼类。有的鱼道在隔板顶层设立孔槽;后来在隔板上钻出一个或者多个孔,供底流和其他鱼类通过,称孔式鱼道。如果流量控制在没有堰顶过流条件,水流仅从底孔流出,称为池孔鱼道。如果流量增加,一部分水体从孔中流过，一部分水体从堰顶流过，称为池孔 - 堰鱼道或池 - 堰 - 孔鱼道(图 11-2)。

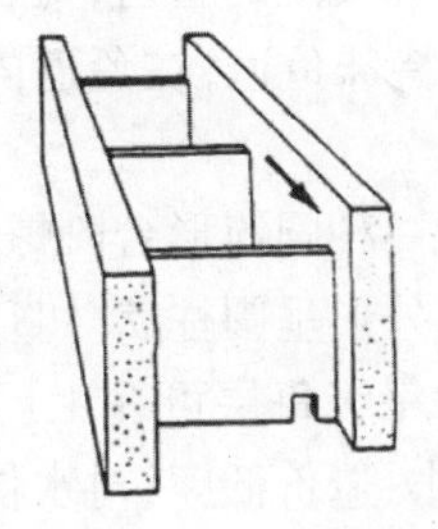

图 11-2　堰式和孔式鱼道

(4) 竖缝式鱼道是用一块平板将水槽大部分拦截，仅留一条竖缝作为过流和过鱼通道。早期的竖缝是鱼道常常采用 Hell 闸门形式。后来逐渐发展出各种类型的隔板布置形式。竖缝式鱼道能适应较大的水位变幅，可以通过不同习性的鱼类游过，结构简单，维修方便，因而目前是国内目前应用最广的鱼道形式(图 11-3)。

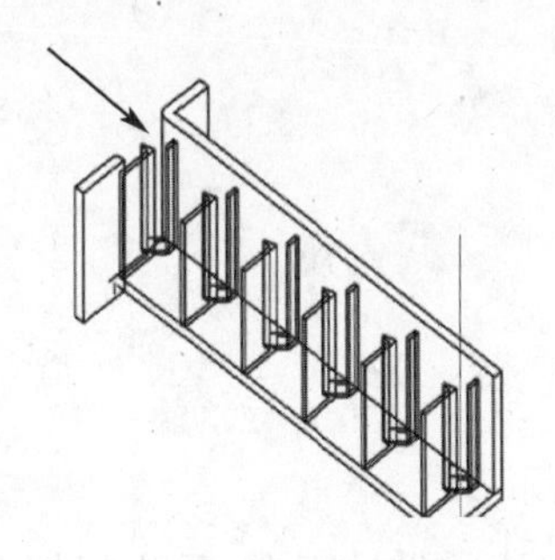

图 11-3　竖缝式鱼道

堰式鱼道和竖缝式鱼道等都是通过设计不同高度下的格挡来均匀分解上下游的水头差，形成一个个的阶梯水池，因此也被统称为阶梯鱼道。目前鱼道大多是指梯级鱼道。

(5) 近自然型鱼道。20 世纪 70 年代，德国人提出了一种近自然型鱼道技术，这种鱼道采用天然漂石构建阶梯水池或过鱼竖缝，尽可能模拟天然河流的水流流态[1](图 11-4)。

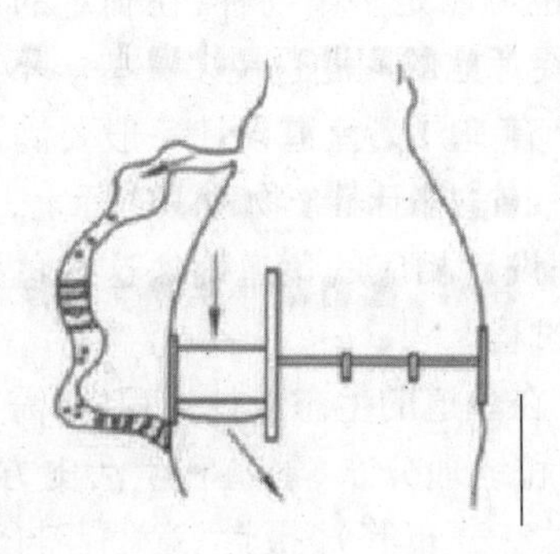

图 11-4　近自然型鱼道

（6）特殊类型鱼道。

也有一些特殊类型的鱼道，为了那些能爬行、黏附和善于穿越缝隙的鱼类（幼鳗、幼蟹、幼鲇）而设计的特殊鱼道，在鱼道内填充刨花、草料、树枝捆等，鱼道内水流流速很小，帮助这些幼苗上溯。

日本设计了一种圆筒形台阶螺旋式鱼道。该鱼道为鲑鱼、鳟鱼等溯河性鱼类溯河通过堤坝时的通道。外形呈圆柱状。直径为6.5m，每层高度为3m，圆六等分设六级台阶，一级比一级高。鱼道的每级每层可在工厂里造好，运到工地后组装。鱼道是圆筒形的，占地面积小，工程量也较小，造价低廉，对水位差大的堤坝尤为适用。

近年来，国外提出一种新型的旋转阀鱼道，在多级设置的水池中利用阀门的旋转控制流速，尾部形成诱鱼水流，阀室内慢速旋转的阀叶将鱼推到阀室入口，使之上溯。该鱼道目前尚在研究阶段，应用较少（图 11-5）。

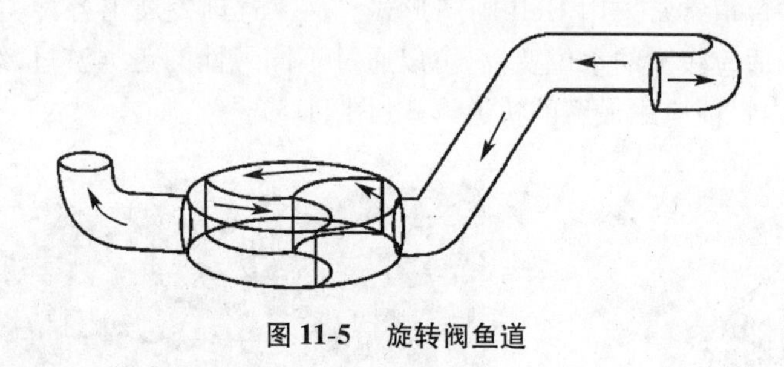

图 11-5　旋转阀鱼道

11.1.2　鱼道的生态设计理念

生态设计的理念是目前世界范围内进行鱼道设计最主流的设计理念，是指根据对象鱼类的生态习性，综合运用工程学的原理进行鱼道的生态设计。鱼道的生态设计综合了鱼类生态学、生物学和工程学的原理，也可称为生物工程学或生态水力学。Johnson 等根据美国西北太平洋地区的鱼道设计和建造的经验总结了一套生态设计理念和方法。认为上溯型鱼道的生态设计理念主要包括如图 11-6 所示的 8 个步骤[3]。

第一步，确定主要的重要鱼种。重要性可以根据物种在当地文化、经济、娱乐、环境以及其他当地关心的方面来确定，既可以是单一的物种，也可以是多个物种，在确定的重要物种较多的情况下，一般情况相对单一物种比较复杂，需要考虑的问题也更多一些。不同的物种之间很可能在生活史、游泳能力等生态特点或习性上有差异。鱼道设计一般要满足不同游泳能力的物种均能通过洄游障碍，单一的设计并不一定适用于多个物种。实际上，如果不同游泳能力的物种都同等的非常重要，有可能需要分别设计相应的鱼道确保这些鱼种均能通过障碍。重要物种的确定影响整个鱼道生态设计的过程。

第二步，了解重要鱼种的生态特点和生活习性。在鱼道的生态设计过程中，需要研究大量的文献。主要的生态特点包括该物种的种群大小和地理分布、繁殖和生活史方式（生活史阶段、每个阶段的大小范围、栖息地喜好、种群的时空分布等）、摄食、竞争者与天敌情况等。对于有溯河洄游习性的鱼类，需要考虑的生活习性包括：溯河洄游的原因，洄游特点

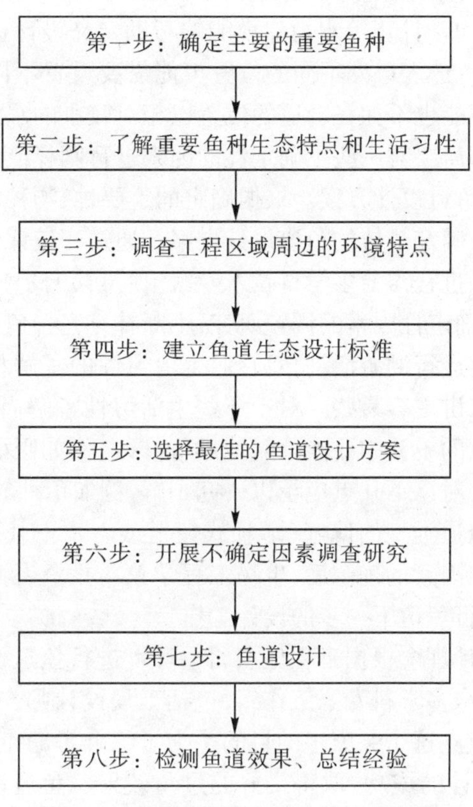

图 11-6 鱼道生态设计理念的 8 个步骤

(季节、昼夜),游泳能力,感知能力,生理状态等。这些特点决定着物种在鱼道建成后形成的水文水力等条件的响应状态,比如相同的水流速度对不同的鱼种来讲,有的可能是吸引流,有的则可能造成流速障碍。水流速度和鱼种的游泳能力同样也很重要。对于高水速下洄游的鱼种鱼道设计与低水速下洄游的鱼种的鱼道设计是不同的。了解针对鱼种的生态特点和生活习性是整个鱼道生态设计工程的焦点。

第三步,调查工程区域周边的环境特点,包括景观特点、上溯通道被阻断的水域特点等。工程区域是指大坝或其他水利工程修建的区域。景观特点是指工程位点上下游几千米内的特点。了解工程区域周围的景观特点和流域特点对鱼道的设计非常重要。例如,流域内的水文特点对了解季节性河流在工程位置上的河水径流量非常重要。为确定工程区的水流状况,还需要用了解工程位点周围局部区域的水文特点。受影响鱼种对于水文环境非常敏感,因此在进行工程区选址的时候要尤其关注水文状况的调查,有时还需要用物理或水文建模的方法来帮助进行鱼道工程的选址,如果选址不合适,鱼道的过鱼效果会受影响。一般来讲,环境特点包括:地理或物理环境特点,地势地貌特点(高程、水覆盖面),河流径流量等水文特点,水质(水温、浑浊度、酸碱度等),植被群落及鱼类群落情况等。

第四步,建立鱼道生态设计标准。这套标准可由相关的管理机构统一制定,也可根据实际情况对具体的工程单独制定。生态设计标准中包括统一设计参数以及其他适用的标准值,这需要投资者与生物力学专家共同完成和制定(见第七步中多学科专家工作组的相关介绍)。物理标度或流体力学计算等水力建模能够帮助定义设计标准。生态设计中的参数并不一定固定不变,例如鱼道入口处不同的位置可能需要设置不同的吸引流。若选址不合适,即便吸引流足够大,可能也不如在合适的位置以相对较小的水流下的过鱼效果好。生态设计标准的建立或更新都需要对一些不确定性的因素进行阐释或假设。

第五步,选择最佳的鱼道设计方案。根据确定的重要种,物种的生态特点和习性以及工程位点周围的环境特点来确定最佳的鱼道设计方案。通过比较评估不同方案的优缺点来选择一个最佳的方案。这一过程需要多学科技术专家组(见第七步) 共同完成。

第六步,开展关键不确定性因素的调查研究,不断补充完善鱼道生态设计理念。已经知道有些物种可以通过鱼道进行溯游活动,对它们生活习性的了解相对于那些生活习性和鱼道适应性不明确的物种来讲更容易些。对于那些生活习性了解尚不够清楚的物种,需要更多的研究并且在对其鱼道的设计中要能及时地进行修改,例如吸引流应该能够灵活地增加以适应鱼种的游泳特点。对以下几点应予以研究了解,例如鱼种的游泳能力,对吸引流的反应,跳跃能力,对不同的鱼道类型的偏好(堰坝式鱼道或者水下孔式鱼道),以及对声、光的反应。完成关键性不确定因素的确定后,生物工程学家与投资者共同评审并补充完善鱼道的生态设计理念,继而进行鱼道下一步的设计工作。

第七步,依据生态设计理念根据工程位点周边环境进行鱼道设计。为了达到最好的效果,在这一步需要组织一个多学科专家工作组,包括工程设计师、生物学工程师、生物学家、预算与经费管理者等。成立这个专家组的目的是为了综合考虑生物学、结构学和水文方面的不同技术,以使鱼道设计的成功,取得最好的过鱼效果。鱼道设计的过程包括鱼道的选址、鱼道功能协调、鱼道设计草图和初步报告。这一部分占整个鱼道设计工作量将近 25% 的比例,鱼道的大小、选址等都应已经在草图中表现。初步的设计报告应包含大坝的背景信息、鱼类资源情况、设计理念和方法、功能特点、鱼道的预期效果以及其他鱼道设计需要的工程位点信息。在这一步还应完成以下内容:确定目标鱼种、水文、尾水情况、水深情况、地势地貌、鱼道特征的描述以及成本的估算。投资者与管理者随后将重新审查报告,管理者要保证工程量应该在预算范围内。初步设计的完成是进行细节设计前关键的一步。之后,机械、结构、电力等方面的专家将继续完成鱼道的设计。

第八步,修建鱼道,并在建成后监测评估其效果,总结经验。在设计过程中,技术专家组应在鱼道的设计过程中设定一些运行标准,以供鱼道建成后对相关运行效果进行评测。根据适应性管理,若运行效果不满意,还可根据事先的预案对鱼道的设计和施工进行修改。在鱼道生态设计中没有先例或预案的情况下,有效的监测评估是保证鱼道过鱼效果的主要办法。对于那些生物习性了解尚不够清楚的鱼种来说,只有凭借鱼道建成后的实际监测才可评判鱼道对该鱼种的适用性如何。具体监测的参数应根据目标鱼种和工程具体情况来选择,但一般可以包括鱼种靠近和进入鱼道入口的效率,鱼道通过率,鱼种在鱼道中通过的范围、通过时间、存活率,大坝的运行效果以及对周边的环境影响。通过鱼类的反应来评判鱼道是否成功,并且在适应性管理方法上不断地总结经验,以不断提高现有的或者以后的鱼道运行效果。

11.1.3 各类鱼道设计中的水力学问题

鱼道的设计包括鱼道的选型与布置、鱼道进出口、鱼道槽身、诱导及辅助设施的设计等,主要设计参数为过鱼对象、过鱼季节、上下游水位、设计流速、鱼道宽度、池室和水深、池室容积、鱼道坡度等。国内外根据不同类型过鱼对象的习性及消能条件,提出了相应的设计标准,可参考相关文献[4] 及鱼道设计规范。

这里介绍几种典型鱼道的结构和鱼道内的水流特征及其过相关的水力计算[5]。

1. 堰式鱼道

堰式鱼道的主要特点是在鱼道内设置多道鱼堰,鱼道过流形态为卷流水舌或为连续水流,两种形式间还存在一个转换状态,典型的鱼道水流特征见图 11-7。对卷流水舌形式的发生通常是下游水位低于临近鱼堰的堰顶,水流以射流形式进入池室内,发生紊动混合,能量被耗散。表层射流水体流过堰顶及池中的回旋流体,其厚度基本不变。如果连续流没有达到充分发展的状态,在堰顶出现局部加速并在其下形成驻波;表层流厚度沿鱼道循环变化。

图 11-7 堰式鱼道内的水流特征

当堰顶连续流充分发展时,可以忽略边壁切应力,则单个池室长度上表层连续水体的受力平衡为

$$d\Delta x\gamma S_0 = \bar{\tau}\Delta x \tag{11-1}$$

式中:d 为连续流层的厚度或者深度;S_0 为鱼道坡度(鱼道底坡与水平面夹角的正弦);Δx 为单个池室的长度;γ 为水体重度;$\bar{\tau}$ 为表层连续流层与池内回旋流体间的紊动切应力,其表达式为

$$\bar{\tau} = c_f \frac{\rho V^2}{2} \tag{11-2}$$

式中:c_f 为流体阻力系数;ρ 为质量密度;V 为表层水流的平均流速。

将式(11-1) 代入式(11-2),并化简后可以得到流量的计算公式为

$$Q^* = \frac{Q}{bd^{3/2}\sqrt{gS_0}} = \sqrt{\frac{2}{c_f}} \tag{11-3}$$

式中:Q^* 为无量纲流量;b 为鱼道宽度。

流动为卷流水舌形态的实验资料表明非淹没或无压流形式鱼堰的流动方程可以写为

$$Q = bC_d \frac{2}{3}\sqrt{2g}h^{3/2} \tag{11-4}$$

式中:C_d 为流量系数;h 为堰顶水头,堰顶厚度一般为 10cm,设计水头 30cm,水头与堰顶厚度比值为 3,这一比值使堰顶类似于尖顶堰,对于鱼道常采用的堰高与堰上水头比值(4 ~ 5),

Kandaswany 等(1957) 得到的 C_d 值为 0.605。方程(11-4) 的无量纲形式为

$$Q_+ = \frac{Q}{b\sqrt{g}h^{2/3}} = \frac{2\sqrt{2}}{3}C_d \tag{11-5}$$

式中:$C_d = 0.605$;$Q_+ = 0.57$。Mikio 的研究表明,当流量增加,满足:

$$\frac{Q}{b\sqrt{g}S_0L^{2/3}} \geqslant 0.25 \tag{11-6}$$

卷流就会转换为连续流,L 为池子(卷流) 长度。

2. 带孔口的堰式鱼道

对于水流未淹没堰顶的池孔鱼道,如果水深 y_0 小于孔洞高度 h_0,那么池孔鱼道相当于竖缝式鱼道;如果 y_0 远大于 h_0,鱼道池孔被淹没,从孔中流出的水流类似淹没射流。如果鱼道内每个池子的坡降都一样,均为鱼道底坡 S_0,可以认为鱼道内产生近似均匀流动,其平衡方程为

$$b_0h_0L\gamma S_0 = (b_0 + h_0)Lc_f\frac{\rho V^2}{2} \tag{11-7}$$

式中:b_0 为孔宽;h_0 为孔高;$c_f\dfrac{\rho V^2}{2}$ 为射流与周围回流间的平均切应力,从式(11-7) 得出射流的平均横断面为 $b_0 \times h_0$。如果不考虑射流的扩展,并且忽略底部及边壁的切应力,式(11-7)可以改写成:

$$Q^* = \frac{Q}{\sqrt{gS_0}b_0^{5/2}} = \sqrt{\frac{2\alpha_*^3}{c_f(1 + \alpha_*)}} \tag{11-8}$$

式中:$\alpha_* = h_0/b_0$。竖缝鱼道的经验表明 c_f 可近似认为是常数,因此对于给定的孔洞方案,无量纲流量也是个常数。这个常数将随方案的不同而不同,因为这个常数与孔洞的布置方式有关(如中心布置、侧边布置等)。Rajaratnam 等(1989) 以一定方案研究得到 $Q^* = 2.2$。

对于水流淹没堰顶形成的池孔 —— 堰鱼道,如果在给定流量下堰顶过流是均匀的表面连续状态,则通过的总流量 Q 是表面流量 Q_{w*} 和孔口流量 Q_{0*} 之和:

$$Q = Q_{w*}bd^{3/2}\sqrt{gS_0} + Q_{0*}\sqrt{gS_0}b_0^{5/2} \tag{11-9}$$

如果堰顶过流为卷流水舌状态,则

$$Q = Q_+b\sqrt{g}h^{5/2} + Q_{0*}\sqrt{gS_0}b_0^{5/2} \tag{11-10}$$

3. Denil 鱼道

典型的 Denil 鱼道的设计如图 11-8 所示,在宽度为 B 的矩形水槽内安装有消能物,这些消能物与槽底成 45° 夹角。鱼道净宽度为 b。在实际安装中,水槽用混凝土制成,消能物从胶木板或者金属板上裁剪。标准设计方案为 B = 0.56m,b = 0.36m,k = 0.13m;消能物纵向间距 a = 0.25m。土木工程师学会(伦敦)1942 年提供的方案为:B = 0.91m,b = 0.53m,k = 0.11m,Ψ = 45°,a = 0.61m。除了间距 a 值偏大,k 值偏小以外,这些方案几乎一样。由于 Denil 鱼道已经得到了广泛的研究,如果要选择一个比较大的 b 值,Denil 鱼道应该在保证几何相似的条件下进行放大。在鱼道长度确保鱼能通过的前提下,Denil 鱼道的底坡 α 可以大到 30%。

Denil 鱼道能够使鱼顺利通过,是因为在槽底及槽壁的消能物之间的回旋流体能给

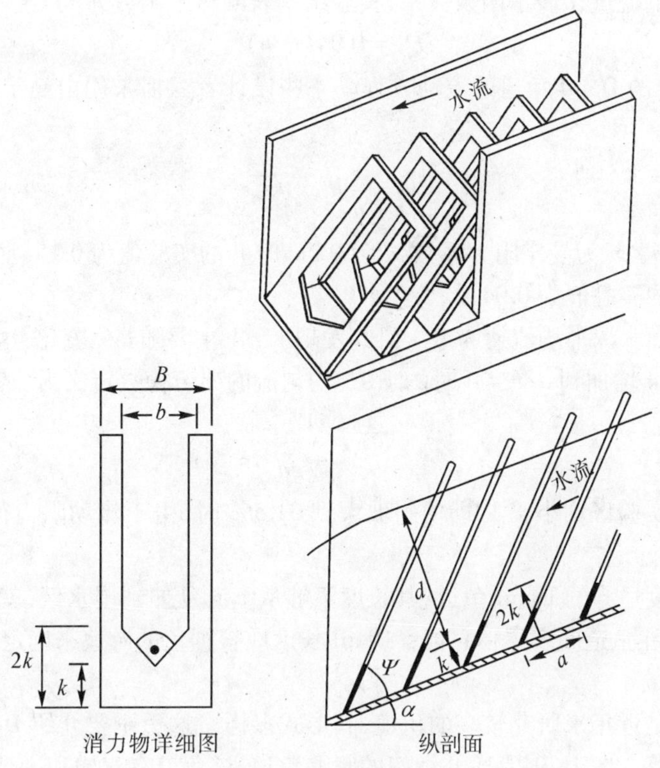

图 11-8　Denil 鱼道

Denil 鱼道往下游的主流水体附加一个减速的切应力(由于动量交换)。鱼道内的水深受下游尾水位的影响,水位过高可能发生 M1 型壅水,水位过低则可能发生 M2 型降水,且在出口形成跌水。以 d 表示鱼道内形成均匀流的深度,d/b 为 Denil 鱼道水力特性的一个重要参数。流量 Q 和均匀流水深 d 的关系为可以用如下方法确定。

在形成均匀流(鱼道内水深沿程不变)的情况下,满足:

$$b\bar{d}\Delta x\gamma S_0 = \bar{\tau}_0(b + 2\bar{d})\Delta x \tag{11-11}$$

式中:b 为流动净宽;$\bar{d}$ 为平均水深,$\bar{d} = d - \dfrac{k}{2}$;$\gamma$ 为水体重度,S_0 为鱼道坡度;$\bar{\tau}_0$ 为主流水体与边墙或回旋流体间的平均切应力,将切应力公式(11-2)代入公式(11-11)得到

$$\frac{Q}{\sqrt{gS_0b^5}} = \sqrt{\frac{2}{c_f}}\frac{\left(\dfrac{\bar{d}}{b}\right)}{\sqrt{\left(2 + \dfrac{b}{\bar{d}}\right)}} \tag{11-12}$$

式中:c_f 的值由流量 Q、坡度 S_0 和平均深度 $\bar{d}$ 的观测数据推算,c_f 主要是 d/b 的函数,这样式(11-12)可以写成:

$$Q^* = \frac{Q}{\sqrt{gS_0b^5}} = f(d/b) \tag{11-13}$$

式中：Q^* 为无量纲流量；f 表示函数关系，实验结果表明这个函数为

$$Q^* = 0.94(d/b)^2 \tag{11-14}$$

式(11-14) 是简单的 Denil 鱼道的流动方程。一些设计者习惯采用由曼宁公式得到的阻力系数：

$$V = \frac{1}{n}R^{2/3}\sqrt{S_0} \tag{11-15}$$

式中：R 为水力半径；n 为曼宁阻力系数，d 为 0.2m 时 n 的实验值为 0.15，水深增大时 n 值减小，d 为 2m 时 n 的实验值为 0.04。

如果中间平面水深平均流速为 V^*，研究发现 V^*/V 主要随 d/b 变化，这个速度比值由在 $d/b = 1.0$ 时的 0.4 增加到 $d/b = 4$ 时的 1.0。均匀流的弗劳德数定义为

$$F^* = \frac{V^*}{\sqrt{gd}} \tag{11-16}$$

式中：F^* 在整个实验区均小于 1，即使斜坡大到 31.5% 时，由于流动阻力很大，水流总是缓流。

如果一个坡度适当的 Denil 鱼道，其长度不够从上游延伸到尾水区，就应该设置一系列的 Denil 鱼道，并在鱼道间安置休息池。Denil 长度应根据鱼的游速来确定。

4. 竖缝式鱼道

竖缝式鱼道是近年来研究较多的鱼道，其形式多样。这里主要介绍 Dell 闸门的竖缝鱼道的相关水力计算。图 11-9 是 Hell 闸门的竖缝鱼道，该鱼道有双槽和一个单槽。竖缝鱼道由一条矩形渠道构成，渠道是斜坡(或梯级渠底)，被分割成许多池子。在渠道内水流通过竖缝从一个池子流向下一个池子。在水流流过槽缝时形成射流，通过射流在水池中的掺混耗散能量。根据相邻水池间的水位差 Δh 设计鱼道，其适宜值与鱼道内爬升鱼类的爆发速度有关。通过每一个门槽的 Δh 通常都一样，等于上下游水位差除以槽缝数。在多数情况下，槽缝宽度为 0.305m，美国和加拿大建造的绝大多数竖缝鱼道常常仿照 Hell 闸门模型。如果要采用未经实验验证的设计，其大小应该根据水力模型试验确定。

Rajaratnam(1986) 以比尺模型对多种方案进行了研究，研究了竖缝鱼道内的水力特征。如果一条竖缝鱼道有很多水池和槽缝，在给定的流量条件下，控制尾水使几乎所有水池内的水深都近乎一致。这样的水流视为均匀流。若尾水位发生变化，也可能形成 M1 型或 M2 型水面曲线。

对于均匀流来说，鱼道内的水流的受力平衡方程为

$$b_0 y_0 \Delta x \gamma S_0 = \bar{\tau}_0 m y_0 \Delta x \tag{11-17}$$

式中：b_0 为池中水流的近似宽度；$\bar{\tau}_0$ 为槽缝水流与池内回流间的切应力，相对 $\bar{\tau}_0$ 来说床底切应力对水流的作用力可以忽略。如果水流一边收到边墙限制，则 $m = 1$，如果两边都受到限制，则 $m = 2$。

将式(11-2) 代入式(11-17)，得到无量纲流量 Q^* 为

$$Q^* = \frac{Q}{\sqrt{gS_0 b_0^5}} = \frac{y_0}{b_0}\sqrt{\frac{2}{mc_f}} \tag{11-18}$$

式中:其他符号的意义同前,如果 c_f 为常数,则 Q^* 是 y_0/b_0 的线性函数。

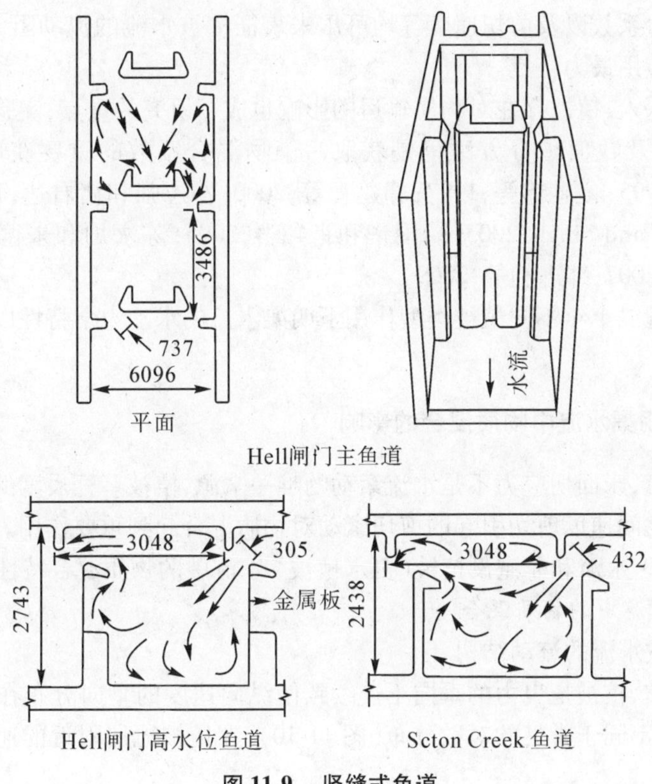

图 11-9　竖缝式鱼道

11.2　有植被明渠水流中的污染物混合输移

11.2.1　简介

水生植被是河、湖以及湿地的重要组成部分,根据其在水体中作用位置的不同可具体分为沉水(淹没)植被、挺水(非淹没)植被和浮水植被三类,另外根据植被自身的性质又可分为刚性植被(如树干、庄稼等)和柔性植被(如水草)。在水流的作用下,植被会产生一定程度的弯曲变形、随流波动;反过来,植被对水流的扰动将改变水流的流动方向,增加流动阻力,抬高局部区域水位,进而改变河道的过流能力。由于能够有效消减局部水流流速,且植被根茎具有很强的吸附固定作用,植被在河道整治工程中得到广泛应用,在稳定河势、守滩固沙方面有很好的效果。同时,由于植物根茎能够有效吸附营养物质,且能够为水生动物提供生境,有助于维持一定的水生物种群数量,其在水生态环境的保护和修复、提高河流湖泊和海滨区的水环境质量方面的作用越来越受到重视。

对植被水流的研究早期以实验研究为主,内容侧重于水流流动结构,如垂线流速分布、水流紊动特性等方面。植被水流研究的另一个重点是对流动阻力的研究。对于大多数植被化河渠,植被粗糙所产生的流动阻力占主导,因此总阻力可用植被引起的水流阻力表示,植被拖曳力系数、曼宁公式中的糙率系数、谢才公式中的谢才系数、达西 - 魏斯巴哈沿程阻力公式中的沿程阻力系数以及剪切速度等均可用来表征植被水流的流动阻力。其中,糙率在明渠水流计算中应用最为广泛。

随着研究的深入,植被存在对物质输运的影响也成了研究的重点,实验室或现场示踪实验、经验公式法以及数值积分方法仍是获取污染物混合系数的重要获取手段(张江山,1991;李玉梁等,1995;蒋忠锦等,1997;郭建青等,2000;邓志强和褚君达,2001;王道增和林卫青,2003;Tayfur and Singh,2005;胡国华和肖翔群,2005;陈永灿和朱德军,2005;梁秀娟等,2006;顾莉等,2007;邹志利等,2009)。

下面将介绍近二十年不同植被类型作用下明渠水流的水动力学特性以及污染物混合特性的研究成果。

11.2.2　植被对明渠水流中物质混合的影响

对于植被水流,床面切应力不是水流紊动的唯一来源,植被茎秆尺度的尾涡紊动以及植被区与无植被区之间速度剪切引起的剪切紊动对物质混合起到重要作用。下面分别介绍淹没植被(沉水植被)水流和非淹没植被(挺水植被)水流中的物质混合特性。

1.淹没植被水流中的物质混合

(1)淹没植被水流的流动结构。

对于淹没植被,植被拖曳力的垂向不连续致使纵向速度的垂向分布在植被冠层附近出现拐点,流速分布不同于常见的对数分布(图 11-10),在植被冠层附近的速度梯度形成剪切

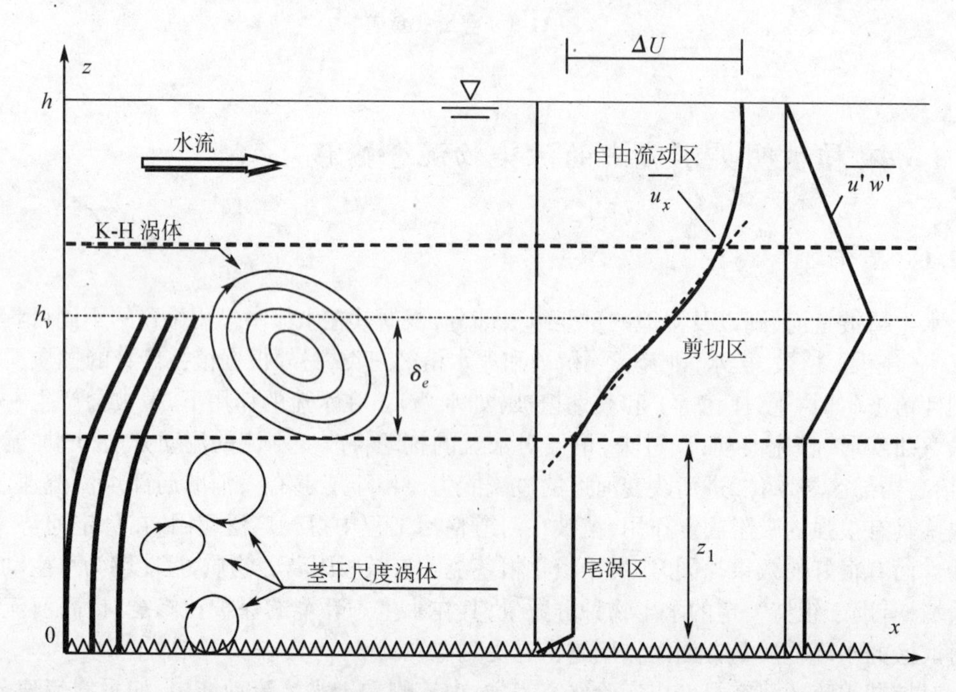

图 11-10　淹没植被水流的流动结构示意图(基于 Raupach 等(1996)的混合长度假定绘制)

层。当植被层与上覆水层间的动量交换足够大时,触发 Kelvin-Helmholtz 涡(K-H 涡) 失稳,在植被区形成了大的相干涡体结构,增加了垂向上水流结构的复杂性(Nepf,1999; Nepf and Vivoni,2000; Ghisalberti and Nepf,2005)。同时,与圆柱绕流相类似,植被茎秆后面形成了茎秆尺度的尾涡。两种尺度涡体的作用范围受到植被淹没深度、水流特性、植被生态学特性等因素的影响,在水体物质和动量输运中起的作用不同,影响效果也不同。

根据实测的雷诺应力分布,可大致确定剪切涡体的作用范围(图 11-10)。Nepf and Ghisalberti(2008) 根据剪切尺度的动能平衡关系,推导出了 K-H 涡的下潜深度公式:

$$\delta_e/h = (0.23 \pm 0.06)/(C_D a h_v) \tag{11-19}$$

式中:δ_e 为 K-H 涡体的下潜深度;C_D 为植被拖曳力系数;a 为植被密度(定义为单位体积上的植被挡水面积,即 $a = nd = d/\Delta L^2$,n 为单位面积上的植被株数,ΔL 为植株间距);h_v 为植被高度。Nepf 等(2007) 通过实测雷诺应力分布来判断 δ_e 的大小,当 $C_D a h_v$ 在 0.2 到 1 之间变化时,上述关系式是合理的。

(2) 淹没植被水流的能量平衡关系。

对淹没植被水流能量平衡关系的分析表明,能量损失主要发生在植被区域,特别是植被顶部附近(即上图中的剪切区) 的能量损失值较大,最大值出现在植被顶部,植被层的上部区域(剪切区),动量和能量的交换较为强烈,而植被层的下部区域(尾涡区),质量和动量的交换较弱。无植被区的水流提供的能量大于非植被区,供损失消耗后剩余的部分将累积起来传递给植被区以平衡该区能量供给和能量损失之间的缺口(图 11-11)。

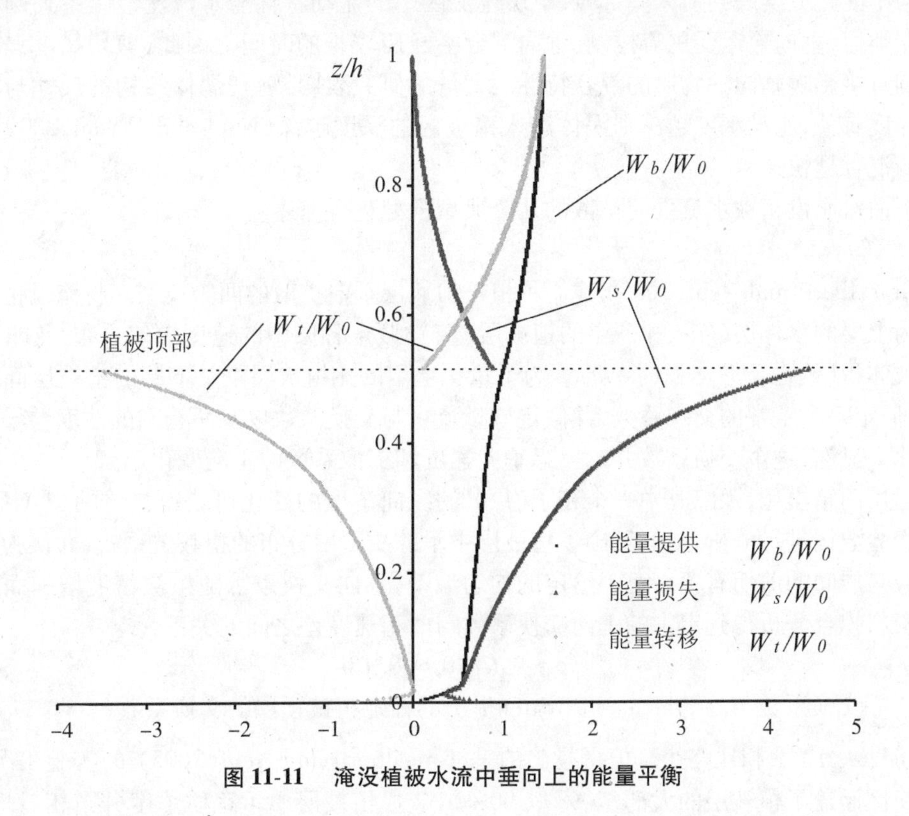

图 11-11　淹没植被水流中垂向上的能量平衡

因此,植被对流动的影响,体现在植被引起的紊动(包括茎秆尺度紊动与剪切尺度紊动),以及植被对紊动的抑制作用和驱动能量传输的作用几个方面,其中植被引起的紊动占主导。

(3) 淹没植被水流中的物质混合特性。

Raupach 等(1996) 首次指出,淹没植被冠层附近的水流结构表现为混合层而非边界层,混合层是一个剪切限定的区域,若将水流在垂向上划分为两个速度近似为常值的区域,并将层间的速度差值定义为$\beta_1 \Delta U$(β_1 为小于 1 的系数),那么在速度剪切的作用下,混合层内形成相干涡体(K-H 涡),涡体运动对植被层与上层水体间的交换起决定性作用。根据K-H 涡体的下潜深度(作用范围),可将植被区域划分为:① 上部的快速交换区(Exchange Zone)($z_1 < z < h_v$,图 11-10) 或剪切区,这个区域的垂向输运受相干涡体结构控制;② 底层的具有微小剪切和少量水体交换的尾流区(Wake Zone)($0 < z < z_1$,图 11-10),这一区域的输运由茎秆尺度的尾流紊动所控制。这两个区域的污染物扩散机理显著不同,在 K-H 涡体的作用下,淹没植被上层植被区的混合扩散特性在剪切作用下增强,而底层植被区则主要受到植被茎秆尺度的紊动作用,尺度小,扩散能力较弱(Nepf and Ghisalberti,2008)。

① 垂向扩散。

相对于无植被存在的河床,植被的存在可改变流动特性并影响垂向输移,导致植被区的垂向扩散减少而冠层上部的垂向扩散增加。混合层中的K-H涡体运动对垂向输移起到决定性作用,当剪切尺度涡体深入底壁时,垂向混合在深度方向上快速进行;相反当植被密集、涡体结构不能充分发展到河床底部时,下层尾流区中的流动特性与水流流经一系列圆柱体的情形相类似,垂向输运受尾流控制,垂向混合会经历较长的时间。因此,剪切尺度涡体的作用范围直接影响垂向的物质的混合特性。大量的研究表明,剪切涡体结构的尺寸与植被的淹没深度有关,淹没深度越深则涡体潜入植被区的深度越深(Nepf and Vivoni,2000),对应的垂向混合越快速。

下面对淹没植被水流垂向扩散的几个典型模型进行综述。

a.两箱模型。

Ghisalberti and Nepf(2005) 建立了植被剪切层垂向扩散的两箱模型。将淹没植被水流假定为上层的水体层(箱) 和下层的植被层(箱),假定各层中的速度均匀分布,忽略下箱中的植被体积(约占下箱体积的 4%)。为了量化上层的无植被层以及下层的植被层间的质量流量,假定一个定常的交换系数,并假定质量流量与交换系数以及两箱间的浓度差异的乘积成正比。显然,这个交换系数并未考虑垂向速度和扩散系数的垂向变化。

运用两箱模型,跟踪其中一个箱子(层) 的纵向浓度的变化可获得具体的交换系数,通过对实验数据进行分析,他们给出了植被层中示踪质浓度分布的指数关系式,并认为垂向交换系数与层间的剪切有关。对于给定的均匀流动,垂向交换系数随植被密度增加而增加。实验资料拟合分析得到定常的垂向交换系数与两箱速度差之间的关系为

$$k_z \approx \Delta U/40 \approx 0.18u_* \tag{11-20}$$

这一交换系数与Bentham and Britter提出的稀疏植被顶层的交换系数$k_z \approx 0.3u_*$($u_* = (-\overline{u'w'}|_{z=h_v})^{0.5}$) 相比略小。值得指出的是,Ghisalberti and Nepf(2005) 的实验工况中,快速交换区涵盖了植被层的大部(70% ~ 90%),造成植被层中示踪质浓度分布相对均匀,两

箱模型适用。随着植被层中植被密度的增加,快速交换区的厚度减小,层内的扩散系数的上下差异会妨碍近似均匀浓度的形成,两箱模型失效。

b.通量梯度模型。

如前所述,两箱模型是描述垂向扩散的有利工具,但因其不能体现扩散特性的垂向变化和传质的结构,在一些需要提供通过剪切层的垂向紊动扩散系数分布的情形下,通量梯度模型更适用。通量梯度模型类似于涡黏性模型,假定紊动扩散系数与涡体尺度以及旋滚速度有关,尽管通量梯度模型对于这种流动并非严格有效,它仍然提供了一种确定垂向输移的简单方法。

根据控制体内流进和流出的质量通量以及垂向上的交换通量间的平衡关系,结合实测的垂向各点的浓度和纵向流速,可近似得到该点处的垂向扩散系数,其中纵向平均浓度的梯度采用两个测量位置的平均浓度梯度近似获得,显然这一近似对于污染物浓度变化缓慢的远区是适合的。涡黏性系数与紊动扩散率之间的关系可用斯密特数加以表达:

$$S_{ct} = \nu_{tz}/D_z \tag{11-21}$$

式中:ν_{tz} 为垂向的涡黏性系数;D_z 为垂向的扩散系数。Ghisalberti and Nepf(2005)的研究结果表明,斯密特数的平均值约为0.47,表明植被剪切层中的质量的传递为动量传递的两倍多,这一数值比边界层流动中观测得到的 $S_{ct}=0.8\pm0.1$ 和平面混合层中观测得到的 $S_{ct}\approx0.54$ 要小。

c.粒子跟踪模型。

海洋和湖泊中的扩散随着示踪剂云团尺寸的增加而增加,因此可认为垂向扩散系数会随着距示踪剂排放源的距离增加而增加。剪切层以下,垂向扩散受尾流的控制。为了评价扩散系数的纵向依赖性,Ghisalberti and Nepf(2005)利用拉格朗日粒子跟踪模型研究了淹没植被水流中的垂向扩散。在初始时刻,在上游水面位置上投放大量的粒子,粒子在水流平均流速的作用下随流扩散,并在垂向上随机运动,通过跟踪不同时刻粒子在下游的位置,得到示踪粒子的垂向浓度分布,将模拟的垂向浓度分布与实测值相比较,两者吻合最好的扩散系数作为所求的垂向扩散系数。由于存在随流输移,故忽略纵向扩散的作用。在扩散系数各向异性的条件下,粒子追踪模型经常会高估扩散系数较小区域的示踪质浓度。

② 纵向分散。

淹没植被水流的纵向混合取决于速度场的空间变异性,而植被层与上覆水间的动量交换是速度空间变化的主要原因。基于这一点,Murphy 等(2007)采用两区混合模型给出了淹没植被水流纵向分散系数的表达式,认为纵向混合一方面由植被和上覆水间的非充分动量交换引起,另一方面由上覆水中的分散以及植被层上部的速度剪切所引起。他们对剪切层深入到河床(即不存在尾流区)的情形的实验研究表明,当淹没度(水深/植被高度)大于2时,无量纲的纵向分散系数 $D_x/(hu_*)$ 随水深变化近似为常数,约为5.0。Shucksmith 等(2010)在实验室水槽内种植活体植被,实验研究了活体淹没植被对纵向分散的影响,认为由于垂向上快速区和慢速区的分层作用,淹没植被的纵向分散大于非淹没的情形,且随着淹没度的增加,分散系数近似呈线性增加。根据示踪实验的分析结果,他们给出了纵向分散系数与植被高度和冠层顶部摩阻流速间的准数关系,当淹没度大于2时,$D_x/(hu_*)$ 约为5;当淹没度小于2时,该数值在2.7～5之间。

下面将代表性的几个模型做一简述。

a.纵向分散的两区模型(Murphy 等,2007)。

Murphy 等(2007) 提出了淹没植被水流纵向分散的两区模型,两区模型考虑了三个过程:一是植被冠层上部的大尺度剪切分散。二是植被层与上层水体间的非充分交换;三是植被层中的茎秆尺度的分散。对于小的相对淹没深度的情况($h/h_v < 3$),第二个过程占主导。随着h/h_v增加,大尺度的剪切逐渐占主导,当$h/h_v \to \infty$ 的时候,纵向流速的垂向分布为对数分布。对于稀疏的植被($C_D a h_v$ 小),植被层与上层水体的交换由 K-H 涡体控制,对于密集的植被($C_D a h_v$ 大),这种交换由植被层中的紊动扩散控制。对于后者,由于交换更慢,对应的分散系数更大。

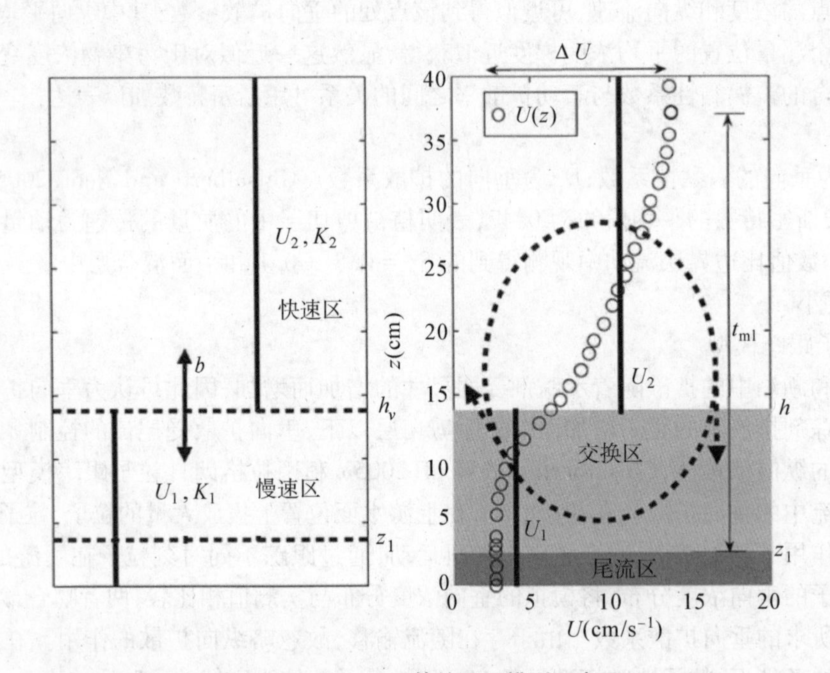

图 11-12　Murphy 等的两区模型示意图

假定植被层和无植被层(以 $z = h_v$ 为界) 的平均流速为 U_1 和 U_2(图 11-12),对应的纵向分散系数为 K_1 和 K_2,两层间的标量输运由交换系数 b(对应的量纲为$[T^{-1}]$) 确定。这种方法类似于短暂存储或是死区模型,这两种模型常被用来解释天然河道中浓度分布的偏态现象,正是这些现象使得人们广泛认识到在纵向混合特性的研究过程中,必须考虑死水区或是慢速区的影响,由此出现了大量的多层模型,这些模型在各区采用耦合的对流扩散方程描述物质的输运过程,有代表性的如 Chikwendu(1986) 提出的 N 个独立的速度区的离散系数的表达式。对于两区模型,Chikwendu 的表达式可简化成

$$K_x = \frac{\left(\frac{h_v}{h_v}\right)^2 \left(\frac{h - h_v}{h}\right)^2 (U_2 - U_1)^2}{b} + \frac{h_v}{h}K_1 + \frac{h - h_v}{h}K_2 \qquad (11\text{-}22)$$

上述方程体现了淹没植被水流中物质混合的三个过程,方程(11-22) 右边第一项为快

速区($h_v < z < h$)和慢速区($0 < z < h_v$)间的非充分交换,即慢速区的交换相对于快速区被抑制,进而增加了纵向上的物质扩散。而方程右边第二和第三项分别体现了植被层和上层自由流动层的分散。

根据White等(2003)的研究,K-H涡体的下潜深度与植被拖曳力系数成反比,并给出了对应的关系式:

$$\delta_e = (h_v - z_1) \approx 0.2(C_D a)^{-1} \tag{11-23}$$

式中:a为单位体积水体内的植被挡水面积,因此植被区中的植被的体积组分可定义为ad,d为植被的平均茎秆直径。

式(11-23)中交换系数b由穿过各层的时间尺度T加以界定:

$$b^{-1} \approx T = \frac{z_1^2}{D_w} + \frac{\delta_e}{k} \tag{11-24}$$

式中:D_w为尾流区的扩散系数,式(11-24)右边第一项为通过尾流区的紊动扩散的时间,k值体现了交换区中的涡体驱动的扫掠作用。考虑到K-H涡体对于层间交换起到了决定性作用,故方程中第一项可以忽略。

方程(11-22)中的第三项K_2体现了快速区中由于速度剪切引起的纵向分散。在植被冠层以上($z > h_v$),纵向流速分布符合对数分布,因此,可认为在冠层以上区域K_2可用Elder的经验公式加以描述,即:

$$K_2 = u_*(h - h_v) \tag{11-25}$$

对于这个区域,等价的河床应力为$\rho u_*^2 = -\rho\,\overline{u'w'}_{z=h_v}$,其中$u_* = \sqrt{gS(h - h_v)}$。式中$K_2$只反映了垂向剪切的贡献,可能会低估横向剪切明显的情形。对于挺水植被,$D_x = K_1$。

b.涡体驱动的交换。

Ghisalberti and Nepf(2005)的实验研究表明,涡体驱动引起的交换可由一个交换速度$k = \Delta U/40$加以描述,即

$$b = \frac{\Delta U}{40h_v} \tag{11-26}$$

同时,假定层间平均流速的差值为$\beta\Delta U$,其中β为小于1的系数。

$$(U_2 - U_1) = \beta_1 \Delta U \tag{11-27}$$

考虑到$\overline{u'w'} \sim (\Delta U)^2$,假定$\Delta U/u_* = \beta_2$,由此,可以得出:

$$K_x = 40\beta_1{}^2\beta_2\left(\frac{h_v}{h}\right)^2\left(\frac{h - h_v}{h}\right)^2 h_v u_* + Y\frac{(h - h_v)^2}{h}u_* \tag{11-28}$$

式中:$u_* = \sqrt{gS(h - h_v)}$,定义$\beta = 40\beta_1^2\beta_2$,同时两边同除以$u_{*h}h$,$u_{*h} = \sqrt{gsh}$,则上式可写为

$$\frac{K_x}{u_{*h}h} = \beta\left(\frac{h_v}{h}\right)^3\left(\frac{h - h_v}{h}\right)^{5/2} + Y\left(\frac{h - h_v}{h}\right)^{5/2} \tag{11-29}$$

图(11-13)反映了当$h/h_v < 3$时,快速区和慢速区间的非充分交换引起的分散占主导,随着h/h_v增加,大尺度剪切分散逐渐占主导,并在$h/h_v \to \infty$时,达到对数边界层的界限。

c.扩散受限的交换。

对于密集的植被,$z_1/h \approx 1$,涡体的下潜深度有限。在这种条件下,植被层中的扩散控制

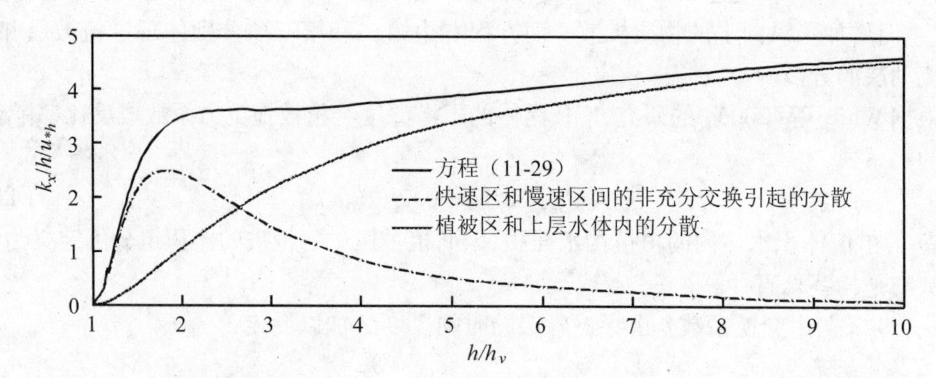

图 11-13　扩散驱动交换区的无量纲离散系数(β = 110, Υ = 5.9) 以及快速区和慢速区间非充分交换的作用和植被区与上层水体内的分散的作用

了植被与上层水体间的交换作用,当 $z_1 = h$ 时,方程(11-24) 简化为

$$b \cong \frac{D_w}{h^2} \tag{11-30}$$

假定尾流区的扩散系数 D_w 近似等于挺水植被水流中的观测值,并采用野外植被水流中实测的关系式(Lightbody and Nepf,2006):

$$D_w = 0.17U_1 d \tag{11-31}$$

将方程(11-31) 代入方程(11-22),并采用上节中的类似假定,得到

$$\frac{K_x}{u_{*h}h} = \frac{1}{0.17}\left(\frac{U_2 - U_1}{u_{*h}h}\right)^2 \left(\frac{h_v}{h}\right)^3 \left(\frac{h - h_v}{h}\right)^2 \left(\frac{h_v}{d}\right) \frac{u_{*h}}{U_1} + 5.9\left(\frac{h - h_v}{h}\right)^{2.5} \tag{11-32}$$

因为当 $ad \geqslant 0.01$(Nepf,1999) 时,恒定流条件下深度平均的力的平衡条件可以写为

$$\rho g S h \approx \frac{1}{2}\rho C_D a h_v U_1^2 \tag{11-33}$$

由 $u_{*h} = \sqrt{gSh}$,方程(11-33) 的左边部分可简化为

$$\frac{u_{*h}}{U_1} = \left(\frac{C_D a h_v}{2}\right)^{1/2} \tag{11-34}$$

将方程(11-34) 代入方程(11-32),即得

$$\frac{K_x}{u_{*h}h} = \zeta\left(\frac{h_v}{h}\right)^3 \left(\frac{h - h_v}{h}\right)^2 \left(\frac{h_v}{d}\right)(C_D a h_v)^{1/2} + 5.9\left(\frac{h - h_v}{h}\right)^{2.5} \tag{11-35}$$

式中:$\zeta = 4.2[(U_2 - U_1)/u_{*h}]^2$,通过实验确定。

从图 11-14 中可以看出,当 $h/h_v < 6$ 时,扩散受限的交换作用占主导,随着 h/h_v 增加,大尺度剪切分散逐渐占主导。总体而言,扩散受限交换的无量纲分散系数大于涡体驱动的分散系数。这是由于扩散受限的区域,植被区内水体停留的时间相对较长,因此具有较大的分散系数。当植被稀疏时,植被区与上层水体间的交换由 K-H 涡体决定;当植被密集时,植被区内的紊动扩散对这种交换起到主导作用。

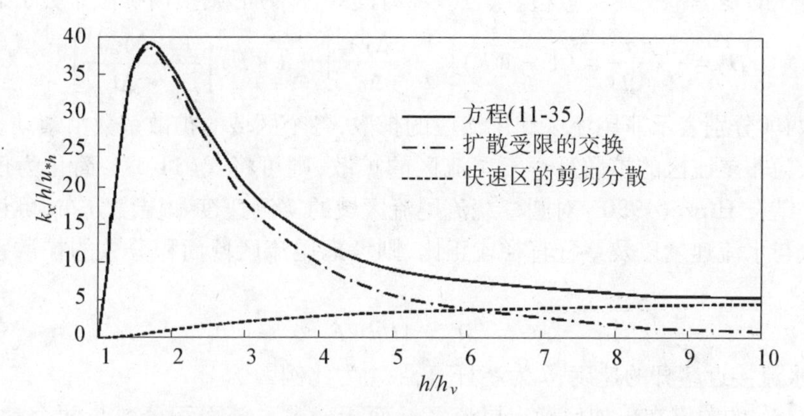

图 11-14　扩散驱动交换区的无量纲离散系数(d/h_v = 0.05, C_D = 1, ad = 0.1, ζ = 39.58)以及扩散限制的作用和快速区剪切分散的作用

2.非淹没植被水流中的物质混合

相对于淹没植被,挺水植被在垂向的不均匀性减弱,削弱了水流在垂向和横向的速度剪切,从而减少了剪切分散的影响。对于非淹没植被水流中的横向混合,Nepf 等(1997)在示踪实验和理论分析的基础上,建立了水体质点在茎秆空隙中的随机运动(random walk)模型。该模型采用尾流区占据的面积分数近似描述水体控制体位于尾流区的概率,该参数一旦确定即可从概率统计的角度确定横向混合系数。由于植被后的多重尾流现象,该参数一般难以准确确定,因此 Nepf(1999)在分析了植被密度和植被拖曳力对混合特性的影响后又提出了一个模型,分别考虑紊动扩散(在低雷诺数条件下予以忽略)以及机械扩散(水体质点在茎秆的作用下的横向扩散)引起的横向混合,并给出了各自混合系数的表达式。Serra 等(2004)通过示踪实验定量研究了人工湿地浅水区中物质的横向扩散特性,建立了以植被茎秆直径、植被间距,以及水流速度和拖曳力系数共同表达的横向混合系数关系式。与 Nepf 等(1997,1999)提出的模型相比较,此表达式形式上更加简单。下面对他们的成果分别进行简述。

(1)横向扩散的随机运动模型(random walk model)。

分子和紊动扩散均可用随机运动模型加以描述。随机运动模型中,单个粒子的运动被描述成一系列的或与布朗运动(分子扩散)或与紊动涡体(紊动扩散)有关的随机过程。对于给定的时间步长 Δt,与紊动扩散有关的运动步长定义为 $\Delta y = v_{rms}\Delta t$,式中速度项表征当地的紊动强度,对于各向同性紊动场,运动步长是各向同性的。而对于植被水流,茎秆尾涡引起了紊动,使得紊动场不再满足各向同性的条件。因此,尾涡区内外的步长不一样,需引入变化的步长以计及空间的变化。采用概率函数描述粒子在植被水流中的运动,认为以给定步长位于尾涡中的概率与尾涡所占的面积分数 WF 相等。由此可以给出各个粒子的运动步长的概率。当经过 N 步后,N 足够大时,粒子运动的横向位置符合高斯分布,其方差为

$$\sigma_y^2 = (1 - WF)\frac{t\,(\Delta y)^2}{\Delta t} + (WF)\frac{t\,(\Delta y_w)^2}{\Delta t} \tag{11-36}$$

因为模型描述的是一个费克扩散过程，方差随时间线性增加，则横向扩散系数可表示为

$$D_y = \frac{1}{2}\frac{\mathrm{d}\sigma^2}{\mathrm{d}t} = (1 - WF)\left[\frac{1}{2}\frac{(\Delta y)^2}{\Delta t}\right] + (WF)\left[\frac{1}{2}\frac{(\Delta y_w)^2}{\Delta t}\right] \tag{11-37}$$

式中：右边两项分别表示非尾流区和尾流区的扩散，各个区域的扩散系数由紊动长度尺度定义。一般认为非尾流区的扩散远小于尾流区的扩散，则可将式(11-37)简化为仅考虑尾流区的扩散。结合 Hinze(1980) 对圆柱绕流尾流区域的实测速度和温度分布，可认为尾流区的扩散系数与水流速度以及茎秆直径成正比，则考虑尾流区域面积分数的扩散系数可表示为

$$D_y = AUdWF \tag{11-38}$$

式中：U 为水流接近茎秆的速度；d 为茎秆直径；A 为比例因子。

式(11-38) 的关键在于如何确定尾流区域面积分数。该面积分数与两个参数有关，一是尾流比 M，定义为单株植株紊流尾流区面积与茎秆面积的比值；另一个是茎秆的面积密度 P，定义为茎秆所占据的底壁部分的面积分数。考虑直径为 d 的植被，其茎干背后的尾流区的宽度约为 $2d$，而长度约为 $20d$，由此得到 M 近似为 40。密度小的时候，面积分数等于上述两参数的乘积 MP，而密度较大时，则会出现尾流的重叠，从而实际的面积分数小于上述两者的乘积。根据这一关系，Nepf 等(1997) 给出了不同 M 值下 WF 随 P 的变化曲线可供查用。

式(11-38) 可进一步写为

$$D_y = A\nu\, Re_d WF \tag{11-39}$$

式中：Re_d 为茎秆雷诺数，$Re_d = Ud/\nu$，ν 为水体的运动黏性系数。通过与实验资料对比，Nepf 等(1997) 认为，对于横向扩散，A 接近于 1；而对于垂向扩散，A 接近于 0.25，表明尾流区的紊动扩散是各向异性的，横向扩散约为垂向扩散的 4 倍。

(2) Nepf 等对随机运动模型的改进。

Nepf 等(1997) 提出的流体在茎秆空隙间的随机运动模型确定挺水植被扩散特性的难点在于尾流分数，即单一水体控制体位于尾流区的概率的确定。为了避免这一困难，Nepf(1999) 对上述模型进行了改进，假定污染物的横向扩散在两种机理下发生：紊动扩散(在低雷诺数条件下予以忽略) 以及机械扩散即水体质点在茎秆扰动的作用下横向分布。基于植被密度和植被拖曳力提出了一个改进模型，从而避免了对尾流分数的确定问题。

单一柱体的拖曳力系数受到尾涡结构的影响，即拖曳力系数与雷诺数有关。均匀流中，对单一圆柱，尽管在雷诺数为 50 时，就有交替方向涡体出现，尾流可保持到雷诺数为 200 的情形。当雷诺数大于 200 后，涡体失稳形成紊动。圆柱上游的横向剪切会延缓涡体交替脱落，而涡体脱落是尾涡失稳的前兆，紊动尾涡的转变也会随即延迟。对于植被丛，涡体交替脱落现象在雷诺数为 150 ~ 200 时被观测到，这种延迟可归功于上游尾涡引起的剪切所致。然而，随着植被密度减小，临界雷诺数会回到单一圆柱的值($Re = 200$)。对于植被丛，层流到紊流的临界雷诺数为 200。因此，尾涡结构对于定义尾流(层流和紊流) 对于紊动能和扩散的作用有十分重要的意义。

拖曳力系数同时也是植被密度的函数。当植被间距减小的时候，拖曳力系数会随之减小。挺水植被水流中，即使是植被稀疏的情形，在大部分水深上，茎秆尾涡内的产生的紊动

将超过河床剪切形成的紊动。基于此,紊动能平衡简化为尾涡产生项 P_w 和黏性耗散项 ε 之间的平衡,即 $P_w \sim \varepsilon$。

假定所有的通过茎秆拖曳力获取的能量体现为紊动能,紊动产生项可定义为:$P_w = F_T U = \frac{1}{2}\overline{C_D} a U^3$,显然这一假定在雷诺数小于 200 时有效,即黏性拖曳力耗散水流能量而不产生紊动。随着黏性阻力的组分增加,P_w 逐渐减小。

假定紊动的长度尺度为茎秆尺度 d,则耗散率定义为

$$\varepsilon \sim k_e^{3/2} d^{-1} \tag{11-40}$$

式中:k_e 是为单位质量水体的紊动能。由此,紊动强度可以表示为

$$\frac{\sqrt{k_e}}{U} = \alpha_1 [\overline{C_D} a d]^{1/3} \tag{11-41}$$

式中:α_1 为 0.8;a 为植被的面积密度。紊动强度随拖曳力系数以及植被密度增加而增加。考虑到拖曳力系数随植被密度的增加而减小,故紊动强度可认为仅为 ad 的函数。

圆柱阵列中的总扩散由两个过程决定:即紊动扩散和机械扩散。假定紊动扩散系数与 $\sqrt{k_e}d$ 成正比,则紊动扩散系数可写为

$$D_t = \alpha_2 \sqrt{k_e} d \tag{11-42}$$

紊动的特征长度尺度取为圆柱直径。通过方程(11-41),可将速度尺度 $\sqrt{k_e}$ 以及紊动扩散系数和拖曳力联系到一起。水平方向和垂直方向的比例因子 α_2 的大小不同。考虑到扩散特性的各向异性,水平方向和垂直方向的 α_2 不同。

机械扩散 D_m 在多孔介质流动中十分普遍,反映了孔隙间弯曲导致的流动路径变化所引起的流体质点的分散。这一点可以延伸到植被水流,茎秆的阻流作用形成了类似的流动路径的变化。简单起见,认为在纵向上水流主要受随流扩散的作用。在每个时间间隔 Δt 内,水体质点在平均流速 U 的作用下,向下游移动 $U\Delta t$ 的距离,同时,水体质点碰到植被的概率为 $a\Delta x$,当水体质点碰到植被后,水流会向左或右移动 $\Delta y = \beta d$,式中 β 为近似为 1 的比例因子。经过足够长的 N 步后,单一质点的横向位置符合高斯分布,其方差为

$$\sigma^2 = [a\Delta x](\beta d)^2 t/\Delta t = \beta^2 [ad] U d t \tag{11-43a}$$

对于大量的质点,该模型描述了 Fickian 扩散过程,质点分布的方差随时间线性增加,于是有效的机械扩散系数可以写成:

$$D_m = \frac{1}{2}\frac{\mathrm{d}\sigma^2}{\mathrm{d}t} = \frac{1}{2}\beta^2 [ad] U d \tag{11-43b}$$

则考虑紊动扩散和机械扩散的总的横向扩散系数即为

$$\frac{D_y}{Ud} = \alpha [\overline{C_D} a d]^{1/3} + \left[\frac{\beta^2}{2}\right] ad \tag{11-44}$$

式中:α 系数综合了 α_1 和 α_2 的作用。

(3)Serra 等的进一步改进。

Serra 等(2004) 在亚利桑那州的 Tres Rios 人工湿地中开展了实验研究,以确定湿地系统中物质的横向扩散对控制系统参数的依赖性。实验水流为浅水流动,雷诺数位于[10,

100]，植被概化为随机分布的具有中到高的固体植被分数。植被背后的水流特性受茎秆雷诺数的控制。拖曳力可写成平均速度 U 与尾涡速度减量 ΔU 以及尾涡宽度 b 的乘积，即

$$F_D \propto \rho(U\Delta U)b \tag{11-45}$$

根据拖曳力的表达式，拖曳力系数可表示为

$$C_D \propto (\Delta U/U)(b/d) \tag{11-46}$$

茎秆阻流引起的横向速度 V 假定为

$$V \propto \frac{\Delta Ub}{\Delta L} \propto \frac{C_D Ud}{\Delta L} \tag{11-47}$$

式中：ΔL 为植株间的距离。一般认为，横向扩散系数与横向速度以及流动的横向尺度有关，尾涡为茎秆尺度，因此，横向扩散系数被定义为

$$D_y = \beta C_D U \frac{d^2}{\Delta L} \quad 或 \quad \frac{D_y}{Ud}\frac{\Delta L}{d} = \beta C_D \tag{11-48}$$

式中：β 为一个无量纲常数。拖曳力系数常被视作与植被所占的组分分数 SPF、雷诺数以及 h/D_v（h 为水深）有关，Serra 等通过实验确定了拖曳力系数随 SPF 以及雷诺数的关系，认为在低雷诺数（$Re < 100$）时，C_D 与雷诺数和植被组分系数SPF弱相关，而对于大的雷诺数（$Re > 200$），C_D 近似为常数，并据此拟合出了横向扩散系数的表达式：

$$\frac{D_y}{Ud} \propto \left(\frac{d^2}{\Delta L^2}\right)^p \tag{11-49}$$

通过实验数据拟合，得出 $p = 1.1$。而根据 Nepf 等的模型，得出的 $p = 1$。

3.浮水植被水流流动及混合特性

相对于淹没植被水流和非淹没植被水流，浮水植被水流受到的关注较少。已有的研究多侧重于流动结构方面，认为浮水植被水流受到底壁摩阻、上层植被层与下层自由水体交界面上的速度剪切以及自由表面的共同作用，水流在垂向上重新分配，其结果是植被下层水体的水流速度增加而植被层中的水流速度减小（Plew 等，2006；朱红钧和赵振兴，2007；何宁等，2009；王洁琼等，2011），纵向流速的垂向分布不同于常见的对数分布型（图 11-15）。

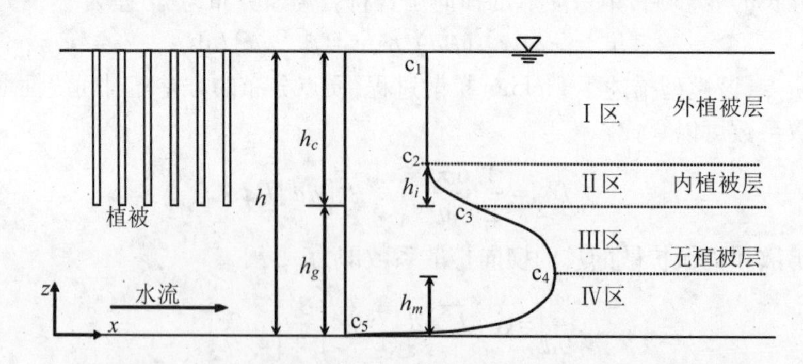

图 11-15　浮水植被水流纵向流速沿垂向分布及分区示意图

Plew（2011）对浮水植被水流的阻流特性开展了实验研究，根据实测的纵向速度的垂向分布，将整个垂向区域划分为底部边界层、植被剪切层以及内植被层三个区，建立了上层植

被区的动量方程,求解得到了上层植被区的水深平均的纵向流速,并据此给出了同时考虑植被拖曳力和床面阻力的总的拖曳力系数模型。根据实验数据,分析得出总的拖曳力系数随植被拖曳力的增加而增加,随底层无植被区深度的增加而减小。

槐文信等(2012)根据 Plew(2011)的实测资料,将流动区域划分为底部无植被区、外植被区和内植被区,无植被区进一步划分为底部边界层和植被剪切层,并对各层水体分别进行了受力分析,建立了浮水植被水流纵向流速沿垂向分布的分析解模型,计算值与实测值吻合较好(图 11-16)。

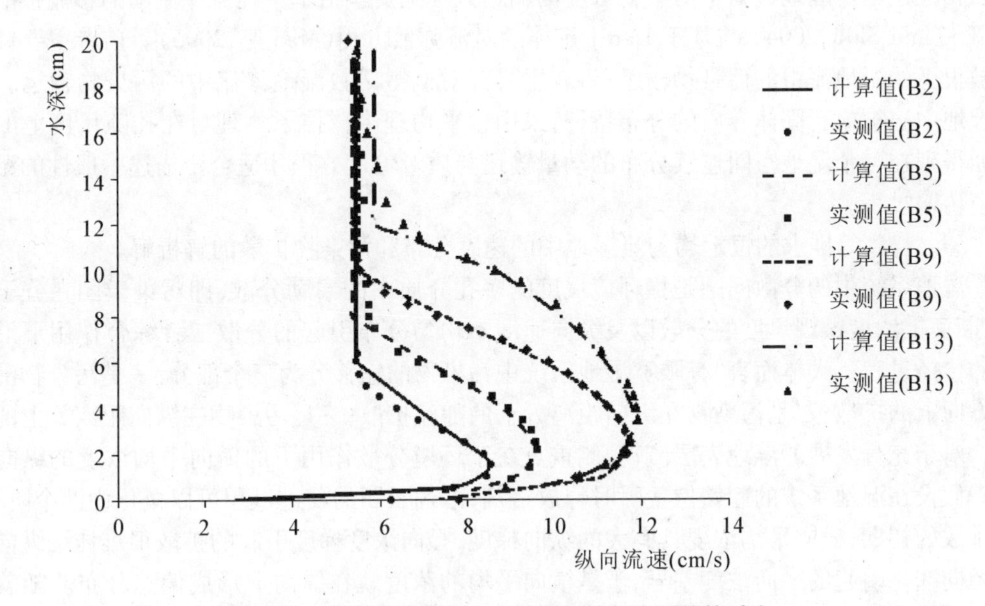

图 11-16　纵向速度垂向分布的预报值与实测值的对比

目前对浮水植被水流的混合特性方面的研究较少。

4.恒定均匀流湿地中的污染物扩散模型

湿地被誉为"地球之肾",具有净化水体、涵养水土、蓄洪防旱、调节气候、防风护堤、促淤造陆、提供物资、缓解温室效应、阻止盐水入侵、维护生物多样性等诸多功能,是人类赖以生存的基本生态支持系统。沼泽、草甸、泥炭地、河流、河口、湖泊、河流三角洲、海岸带等均属于湿地范畴。湿地是介于陆地和水体之间带有静止或流动水体的生态系统,具有半水半陆的过渡性生态环境及过渡性水文水动力学特性,这种典型的湿地水文物理过程是湿地生物和化学过程的驱动力,它决定了湿地物质的传输方式、维系着湿地生态功能的发挥。湿地中大量生长的根系发达的水生植物水体与之间的相互作用使得湿地水流呈现较为复杂的特性。植物茎杆的阻滞作用使得湿地表面流动呈现出一定的不连续性,水流流速一般较小;另外植物茎杆占据了相当一部分水体体积,使得湿地表层水流具有很高的孔隙率(90% 甚至更高)。因此湿地表面水流具有流速小、流动阻力大,兼有明渠水流和多孔介质出流的特点,流动特性复杂。

目前,用于模拟湿地流动的模型主要包括两大类:一类是基于 Darcy 定律的地下水渗流或者土壤渗流的控制方程(Langergraber 2008;Brovelli 等,2007; Giraldi,2009);另一类是简单考虑植被摩擦效应的纯流体动量输运方程(Somes 等,1999; Persson,2002; Koskiaho,2003; 范立维等,2007; 曾利和陈国谦,2008)。然而,Darcy 定律仅适用于以平均粒径(在胶结多孔介质中以基本通道长度)作为特征长度的雷诺数不超过 1 ~ 10 的范围(Bear,1972),而湿地流动中以介质粒径或植被直径作为相应特征长度的雷诺数经常超出该范围(Kadlec,1989),致使该类湿地流动模型失效。基于植被摩擦修正的纯流体动量输运方程虽然在一定程度上考虑了植被对湿地流动的阻碍作用,但并不能合理反映水体与植被或者固体介质的强相互作用。湿地流动中污染物浓度的输运方程主要包括基于纯流体流动的移流扩散方程(Lee and Shih,2004) 与基于 Darcy 定律的对流弥散方程(Mao 等,2006)。前者主要针对植被很少的湿地流中的污染物输运,后者主要针对低雷诺数湿地渗流中的污染物输运。基于湿地中植被或者固体介质的分布特征,采用相平均理论抹掉了物理量在孔隙尺度上的脉动而得到在整个湿地空间连续分布的动量输运与质量输运方程才适合于描述一般性的湿地环境传输过程。

(1) 曾利等推求的恒定均匀流湿地中的速度分布和污染物扩散的解析解。

湿地系统中的分散问题是指环境尺度的多孔介质中的泰勒分散,即污染云团在分子扩散、断面上浓度微观尺度的分散以及纵向速度不均匀分布引起的分散三者综合作用下沿纵向的传播过程。大体而言,有限宽湿地系统中污染物的输移分为三个部分:一是污染物沿宽度方向上的扩散;二是污染物在纵向距离 L 上的随流扩散;三是污染物在纵向距离 L 上的分散。对于充分发展的湿地表层流动,侧重点在于环境分散作用下的横向平均浓度的纵向输运。假设在湿地系统的起始位置瞬时释放溶剂,溶剂云团的演进过程可以概化为两个阶段,在排放的初期,横向平均浓度具有大的纵向梯度,径向浓度梯度引起的扩散很难抹平纵向速度径向变化引起的径向浓度差异,于是横向平均的浓度就在纵向上形成偏态分布。随着时间的推移,平均浓度的纵向梯度减小,最终横向浓度的差异可由横向分散所平衡,横向平均浓度的纵向分布趋向于正态分布,此乃第二个阶段。根据泰勒分析:对于溶质的长时间演化,在以断面平均速度移动的动坐标系上观察,断面平均浓度所满足的方程在形式上与一维扩散方程相同,而形式上的扩散系数不再等于分子扩散系数或湍动扩散系数(Taylor,1953,1954)。

Chen 及其课题组成员从多孔介质内的流体动力学基本理论出发,构建了湿地流动中环境弥散的物理模型。通过求解速度分布,并应用 Aris 的浓度矩法,建立了湿地流动中环境弥散度分析的基本方法体系,给出了表征污染物整体分布特性的任意阶浓度矩的解析解,并以此为基础确定了任意断面形状下湿地环境弥散度的分析解。对泰勒分析法进行拓展,构建污染物长时间演化的环境弥散模型,确定了湿地流动中污染物的长距离演化特征,并推导了湿地流动中断面平均浓度演化的解析解,并以此为基础确定污染团的沿程长度与持续时间。后来他们进一步将模型运用到植被不均匀分布的两区湿地,以及潮汐作用下的湿地系统,并在模型中加进了湿地降解项。

下面对他们的研究成果进行简单介绍。

① 数学模型。

对于湿地流动,综合考虑多孔介质中渗流的 Darcy 定律模型与纯流体流动的动量输运

模型,建立相平均尺度上的动量和质量输运方程:

$$\rho\left(\frac{\partial U}{\partial t}+\nabla\cdot\frac{UU}{\varphi}\right)=-\nabla p-\mu FU+k\mu\nabla^2U+k\nabla\cdot(L\cdot\nabla U) \tag{11-50}$$

$$\phi\frac{\partial C}{\partial t}+\nabla\cdot(UC)=\nabla\cdot(k\lambda\phi\nabla C)+k\nabla(K\cdot\nabla C) \tag{11-51}$$

式中:ρ 为水体密度;U 为速度;t 为时间;ϕ 为孔隙率,反映湿地中植被与介质分布的疏密程度;p 为包含重力影响的表观压强;μ 为动力黏性系数;F 为植被作用引起的黏性阻力的剪切因子,反映植被与介质对流动的摩擦阻碍;k 为植被作用引起的水流微通道的弯曲度,反映孔隙尺度上植被与介质的几何形态对动量和质量输运的作用;L 为动量弥散度张量,反映孔隙尺度上速度差异对相平均尺度上流动的作用;C 为浓度;λ 为质量扩散系数;K 为质量弥散度张量,反映空隙尺度上浓度差异对相平均尺度上质量输运的作用。类似于茎秆尺度上黏性和动量输运以及质量传输的扩散系数,动量弥散度和质量弥散度分别由茎秆尺度的速度脉动和浓度脉动引起,且仅适用于对相平均尺度特征量的描述。对于孔隙率为 1 的极端情形,$F=0,k=1,L=0,K=0$,则上述方程即为 Navier-Stokes 方程和纯流体中的移流扩散方程;而当孔隙率趋于 0 时,上述方程则分别趋于潜流人工湿地环境输运研究中所使用的 DARCY 定律与对流弥散方程。

对于笛卡儿坐标系下,水流方向为 x 轴方向,L 可表述为 $L=L_{xx}e_xe_x+L_{yy}e_ye_y+L_{zz}e_ze_z$,$K$ 可以表示为 $K=k_{xx}e_xe_x+k_{yy}e_ye_y+k_{zz}e_ze_z$,其中 L_{xx},L_{yy} 和 L_{zz} 为动量分散因子,而 k_{xx},k_{yy} 和 k_{zz} 为质量分散因子,e_x,e_y 和 e_z 分别为 x,y,z 的基向量。通过湿地的表层流动的动量方程的表达式,是单相流体与 N-S 方程和平面绕流的达西定律,加上一项考虑动量分散的二阶衍生项。同样的,质量输运受到对流、扩散以及质量分散的共同影响。

对于定常的表面压强梯度,方程(11-50) 可简化为

$$k(\mu+L_{yy})\frac{\mathrm{d}^2u}{\mathrm{d}y^2}=\mu Fu+\frac{\mathrm{d}p}{\mathrm{d}x} \tag{11-52}$$

岸壁处的无滑移边界条件为

$$u(y)\big|_{y=0}=u(y)\big|_{y=W}=0 \tag{11-53}$$

式中:u 为纵向流速;W 为湿地宽度。

引入无量纲参数:

$$\eta=\frac{y}{W},\psi=\frac{u}{u_c} \tag{11-54}$$

式中:$u_c=-\dfrac{\mathrm{d}p}{\mathrm{d}x}\dfrac{W^2}{(\mu+L_{yy})}$。

则方程(11-52) 和方程(11-53) 可写为

$$\frac{\mathrm{d}^2\psi}{\mathrm{d}\eta^2}-\frac{\alpha^2}{k}\psi+\frac{1}{k}=0 \tag{11-55}$$

$$\psi(\eta)\big|_{\eta=0}=\psi(\eta)\big|_{\eta=1}=0 \tag{11-56}$$

式中:$\alpha=\sqrt{\dfrac{\mu FW^2}{L_{yy}+\mu}}$,体现了黏性应力、植被拖曳力以及横向动量扩散的综合影响。

对式(11-55)和(11-56)进行求解,即可得出纵向速度沿横向的分布:

$$\psi(\eta)=\frac{1}{\alpha^2}\left[1+\frac{\sinh\frac{\alpha(\eta-1)}{\sqrt{k}}-\sinh\frac{\alpha\eta}{\sqrt{k}}}{\sinh\frac{\alpha}{\sqrt{k}}}\right] \tag{11-57}$$

进而可以得到平均速度:

$$\bar{\psi}=\frac{\alpha\sinh\frac{\alpha}{\sqrt{k}}-2\cosh\frac{\alpha}{\sqrt{k}}+2\sqrt{k}}{\alpha^3\sinh\frac{\alpha}{\sqrt{k}}} \tag{11-58}$$

② 浓度矩分析。

考虑纵向速度为 $u(r,t)$ 的单向湿地流动中的环境弥散问题:

$$\phi\frac{\partial C}{\partial t}+u\frac{\partial C}{\partial x}=\kappa(\lambda\phi+K_{xx})\frac{\partial^2 C}{\partial x^2}+\hat{\nabla}\cdot(\boldsymbol{W}\cdot\hat{\nabla}C) \tag{11-59}$$

对应的初始和边界条件为

$$\begin{gathered}\boldsymbol{n}\cdot(\boldsymbol{W}\cdot\hat{\nabla}C)\big|_{\Gamma}=0\\ C(x,\boldsymbol{r},t)\big|_{x=\pm\infty}=0\\ C(x,\boldsymbol{r},t)\big|_{t=0}=C_0(x,\boldsymbol{r})\end{gathered} \tag{11-60}$$

式中:K_{xx} 为纵向质量弥散度;在水面效应主导、岸壁效应主导以及水面 - 岸壁效应作用的湿地流动中,$\hat{\nabla}$分别代表 $e_z\frac{\partial}{\partial z},e_y\frac{\partial}{\partial y},e_y\frac{\partial}{\partial y}+e_z\frac{\partial}{\partial z}$;$\boldsymbol{W}$分别表示$\kappa(\lambda\phi+K_{zz})e_ze_z,\kappa(\lambda\phi+K_{yy})e_ye_y$,$\kappa(\lambda\phi+K_{yy})e_ye_y+\kappa(\lambda\phi+K_{zz})e_ze_z$;$\boldsymbol{r}$ 分别代表 ze_z,ye_y,ye_y+ze_z;$\boldsymbol{n}$ 为湿地边界的单位外法线向量;Γ 为湿地边界(包括自由水面)。

对于有限量污染物释放,污染物浓度按指数型式衰减,因此浓度分布满足以下关系:

$$x_1^pC(x_1,\boldsymbol{r},t)\big|_{x_1=\pm\infty}=\frac{\partial C}{\partial x_1}\bigg|_{x_1=\pm\infty}=x_1^p\frac{\partial^pC}{\partial x_1{}^p}\bigg|_{x_1=\pm\infty}=0\quad(p=1,2,\cdots,n) \tag{11-61}$$

定义湿地流动中污染物浓度的 p 阶矩为

$$m_p^*(\boldsymbol{r},t)\equiv\int_{-\infty}^{+\infty}C(x_1,\boldsymbol{r},t)x_1^p\mathrm{d}x_1 \tag{11-62}$$

通过对上述方程进行变形,可以得到:

$$\phi\frac{\partial m_p^*}{\partial t}=\hat{\nabla}\cdot(\boldsymbol{W}\cdot\hat{\nabla}m_p^*)+pu'm_{p-1}^*+p(p-1)m_{p-2}^* \tag{11-63}$$

$$\begin{gathered}\boldsymbol{n}\cdot(\boldsymbol{W}\cdot\hat{\nabla}m_p^*)\big|_{\Gamma}=0\\ m_p^*(\boldsymbol{r},t)\big|_{t=0}=m_p^*(\boldsymbol{r})\end{gathered}$$

当p分别取0,1,2时,可得到零阶、一阶、二阶浓度矩的控制方程,求解可得零阶、一阶和二阶浓度矩的形式解(具体求解过程可参见曾利的博士论文),进一步可分析污染云团的扩展特性。

在此模型的基础上,曾利等后又对横向上植被分布不均匀的浅水湿地进行了研究,并建立了两区湿地的环境分散模型,给出了有植被的宽度方向上两区浅水湿地纵向速度的横向分布,以及横向平均浓度分布的表达式(Environmental Dispersion in a Two-zone Wetland)。后来又在方程中加入了考虑生物降解的项,将生物降解和水力分散综合起来加以考虑(L. Zeng,G.Q. Chen,Ecological degradation and hydraulic dispersion of contaminant in wetland,Ecological Modelling 222(2011):293-300),得到了充分发展恒定流动中的速度分布,并给出了深度平均的浓度分布。

(2) 湿地水流的停留时间。

国内外学者的研究表明,湿地的水处理效果极大程度上受到水流流态和水力停留时间分布(Residence Time Distribution,RTD) 的影响[13-14]。长的停留时间保证了污染物颗粒沉降以及生化反应的充分发生,设计最优的湿地系统应能保证水体的停留时间大致相同(即“推流”状态) 以达到比较好的处理效果,然而实际运行中,湿地水流受到湿地边界形状、底部微观地形、植被分布以及进出流条件等因素的影响将呈现出不均匀性,其中植被的分布又是停留时间的决定性因素[15],植被的多样性导致了水体停留时间的不同,同时由于湿地水流流速小,局部存在静水区,这些特殊水流条件均会对水体停留时间产生影响。

水力停留时间是指水流在湿地中的平均停留时间,也即水流在湿地中的平均反应时间,是湿地设计的重要参数之一。停留时间分布的不同是造成湿地处理效果差异的主要原因。湿地工程设计中,停留时间多由湿地中的有效水体体积(系统总体积与湿地介质孔隙率的乘积) 除以入流流量,但是这样得出的理论停留时间与示踪实验得出的停留时间之间往往存在较大的差异。造成这一现象的原因,一方面是由于植株阻流、固体物质沉积以及生物膜的形成使得水流流动呈现不均匀性;另一方面由于湿地中水流流速较小、底坡缓,湿地中多存在有滞水区,因此按理想的推流模型得出的停留时间与实际停留时间之间有明显差异。

示踪实验被广泛应用于湿地系统研究中,通过在湿地进口处释放一定浓度的示踪剂(常用的示踪剂包括氯化钠、氯化钾、荧光剂以及同位素等),在出口处记录示踪剂浓度随时间的变化曲线(即示踪剂响应曲线),进而分析确定湿地中水体的停留时间。

① 名义水力停留时间。

对于表面流湿地,名义停留时间 t_n 定义为

$$t_n = \frac{V_n}{Q} = \frac{(LWh)_n}{Q} \tag{11-64}$$

式中:L 为湿地长度,m;W 为湿地宽度,m;h 为湿地水深,m;V_n 为名义湿地体积,即湿地中由自由表面,湿地底壁和侧壁围合而成的体积;Q 为水流流量,m^3/d。

对于潜流型湿地,名义停留时间 t_n 定义为

$$t_n = \frac{V_n}{Q} = \frac{\varepsilon\ (LWh)_n}{Q} \tag{11-65}$$

式中:ε 为基质的孔隙率。

通过与示踪响应曲线对比,无量纲的时间 θ 常被用来代替名义水力停留时间,

$$\theta = \frac{t}{t_n} \tag{11-66}$$

式中:t 为示踪剂在湿地中的运行时间,以天计。

② 湿地系统中的水流运动。

湿地中的水流运动可概化为活塞流(又称推流,Plug Flow,PF)和连续搅拌反应釜(Continuously-stirred Tank Reactor,CSTR)两种理想的模型,活塞流反应器内无内部混合存在,连续搅拌反应釜则代表一种理想的混合,即水体进入反应釜后即快速混合。

在真实的湿地系统中,水流不再是理想状态,即不局限于推流系统或是连续搅拌反应釜系统,一方面湿地中的植被分布不均匀会造成水流的短路现象;另一方面植被根茎的扰流作用会改变局部区域的水体交换特性,另外湿地表面水流在风力作用下会产生风驱混合,湿地系统中的深潭浅滩会进一步加剧短路现象。这些非理想的水流状态会造成水体质点在湿地中的停留时间的差异,为了描述这种湿地系统中的真实流态,科研工作者们建立了不同的水流模型来描述真湿地中的水流运动,其中运用最广泛即反应釜串模型(Tanks in series,TIS),该模型将湿地视为一系列的连续搅拌反应釜,下面对该模型进行介绍(图 11-17)。

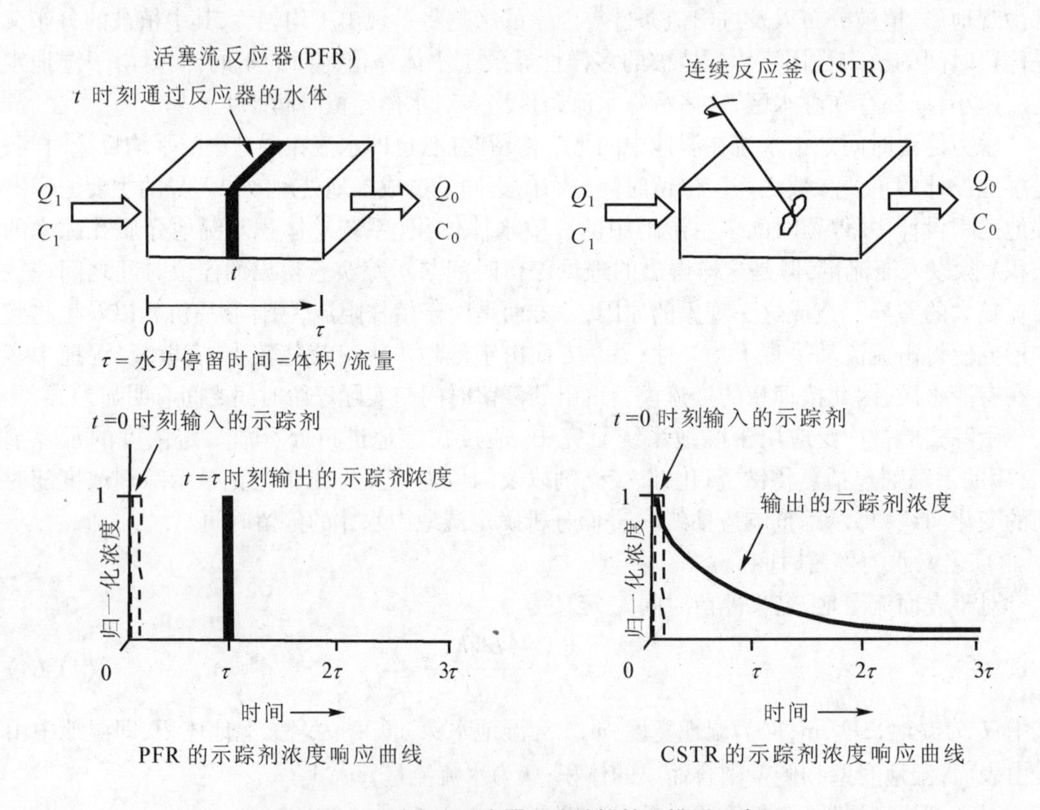

图 11-17　活塞流反应器和连续搅拌釜模型示意图

(摘自 Kadlec & Scott,Treatment wetlands)

TIS 水流模型在理想反应器 PF 和 CSTR 间架起了桥梁。TIS 模型中,湿地系统由数量为 N 的 CSTR 反应器串联起来,水流流经第一个反应釜,混合,再进入第二个反应釜。反应釜的数量是描述反应物质和不反应物质运动的重要参数,当 $N=1$ 时,TIS 模型简化为 CSTR 理想反应器,当反应釜数量增加时,水流渐渐趋近于活塞流。当有无限个反应釜时,内部混合为 0,则 TIS 模型概化为理想的活塞流模型。显然,由 TIS 模型生成的示踪质响应曲线是 N 的函数。在实际应用中,N 是一个数学拟合的参数,不能反映湿地的物理构造,如一个湿地有 3 个反应池并不代表 TIS 模型中 $N = 3$。反之 $N = 3$,也不代表湿地有 3 个反应池。

③ 停留时间。

如前所述,在湿地进口处施加一定剂量的示踪剂,则在出口处采集流出水体中的示踪剂浓度,即可得到示踪剂响应曲线,示踪剂的停留时间 τ 即可由示踪响应曲线求得

$$\tau = \frac{1}{M_0}\int_0^\infty tQC\mathrm{d}t \tag{11-67}$$

式中:$C(t)$—— 出口处的示踪剂浓度,mg/L;

M_0—— 流出水流中所含的示踪剂质量,g;

τ—— 示踪剂停留时间,d;

t—— 时间,d;

Q—— 平均流量,m^3/d。

④ 停留时间分布。

停留时间的概率密度分布函数为

$$f(t) = \frac{QC(t)}{\int_0^\infty QC(t)\mathrm{d}t} \tag{11-68}$$

若是恒定流,则

$$f(t) = \frac{C(t)}{\int_0^\infty C(t)\mathrm{d}t} \tag{11-69}$$

对于由 N 个连续搅拌反应釜组成 TIS 模型,Levenspiel(1972) 证明了其概率密度分布函数可写为

$$f(t) = \frac{N^N t^{N-1}}{\tau^N(N-1)!}\exp\left(\frac{-Nt}{\tau}\right) \tag{11-70}$$

⑤ 矩分析。

概率密度分布函数定义了描述湿地系统特性的两个关键参数,一是真实的停留时间,二是混合引起的浓度脉冲的传播(脉冲的方差)。关于原点的 n 阶矩定义为

$$M_n = \int_0^\infty t^n f(t)\mathrm{d}t \tag{11-71}$$

0 阶矩反映了 DTD 函数的组分特性,由于 $f(t)\mathrm{d}t$ 项表征了在 t 到 $t + \Delta t$ 时段示踪剂的组分,所有组分的和应为 1,即

$$\int_0^\infty f(t)\mathrm{d}t = 1 \tag{11-72}$$

1 阶矩为示踪剂的停留时间 τ,该值定义了出口处示踪剂浓度分布的形心。

$$\int_0^\infty tf(t)\mathrm{d}t = \tau \tag{11-73}$$

第二个可由停留时间分布到处的参数是方差(σ^2)。

$$\int_0^\infty (t-\tau)f(t)\mathrm{d}t = \sigma^2 \tag{11-74}$$

式中：σ^2 为概率密度分布函数的方差，d^2。

另外，停留时间的概率密度分布函数采用 Γ 函数加以表达：

$$f(t)=\frac{N^N t^{N-1}}{\tau^N \Gamma(N)}\exp\left(\frac{-Nt}{\tau}\right) \tag{11-75}$$

式中：$\Gamma(N)=\int_0^\infty \exp(-x)x^{N-1}dx$

若 N 为整数，则上式变为

$$f(t)=\frac{N^N t^{N-1}}{\tau^N (N-1)!}\exp\left(\frac{-Nt}{\tau}\right) \tag{11-76}$$

式中：参数为 N 和 τ。

参数可采用矩法和 Gamma 分布拟合的方法加以确定，比较而言，第一种方法可以较好的模拟出口处示踪质浓度随时间分布函数的拖尾部分，而 Gamma（SSQE，最小二乘拟合）可以较好的模拟其峰值部分。

将上述模型进一步延伸，TIS 模型中加上延迟时间 t_D，则 GAMMA 拟合变成：

$$f(t)=\begin{cases}\frac{1}{t_i(N-1)!}\left(\frac{t-t_D}{t_i}\right)^{N-1}\exp\left(\frac{t-t_D}{\tau}\right)\\0\end{cases} \tag{11-77}$$

参考文献

[1] 孙双科，张国强.环境友好的近自然型鱼道[J].中国水利水电科学研究院学报，2012，10(1)：41-47.

[2] 王桂华，夏自强，吴瑶，等.鱼道规划设计与建设的生态学方法研究[J].水利与建筑工程学报，2007，5(4)：7-12.

[3] Gary E.JOHNSON William S.RAINEY.上溯型鱼道生态设计在中国澎溪河汉丰坝的应用[J].重庆师范大学学报(自然科学版)，29(3)：16-23.

[4] 董哲仁，孙东亚.生态水利工程原理与技术[M].北京：中国水利水电出版社，2007.

[5] Mikio Hino 主编.水质及其控制[M].王敦春，梁瑞驹译.北京：中国水利水电出版社，1996.

[6] 陈凯麒，常仲农，曹晓红，等.我国鱼道的建设现状与展望[J].水利学报，2012，43(2)：182-188.

[7] Chen S，Kuo Y and Li Y. Flow characteristics within different configurations of submerged flexible vegetation[J]. Journal of Hydrology. 2011，398(1)：124-134.

[8] Fischer H B，LIST E J，KOH R，et al. Mixing in inland and coastal water(内陆及近海水域中的混合)[M]，清华大学水力学教研组译，余常昭审核. 北京：水利电力出版社，1987.

[9] Ghisalberti M and Nepf H. Flow and transport in channels with submerged

vegetation[J].Acta Geophysica,2008,56(3): 753-777.

[10] Ghisalberti M and Nepf H. Mass transport in vegetated shear flows[J]. Environmental Fluid Mechanics,2005,5:527-551.

[11] Ghisalberti M and Nepf H. Shallow flows over a permeable medium: the hydrodynamics of submerged aquatic canopies[J]. Transport in Porous Media. 2009,78: 385-402.

[12] Ghisalberti M,Nepf H M. Mixing layers and coherent structures in vegetated aquatic flow[J]. Journal of geophysical Research. 2002,107(C2): 1-11.

[13] Kadlec R H,Scott D Treatment wetlands(2nd edition)[M]. CRC Press,Taylor & Francis Group,6000 Broken sound parkway NW,Suite 300,Boca Raton. 963-1000.

[14] Kusin F M,Jarvis A P and Gandy C J.Hydraulic residence time and iron removal in a wetland receiving ferruginous mine water over a 4 year period from commissioning[J].Water Science and Technology,2010,62(8): 1937-1946.

[15] Lightbody A F,Nepf H M and Bays J S. Modeling the hydraulic effect of transverse deep zones on the performance of short-circuiting constructed treatment wetlands[J]. Ecological Engineering,2009,35: 754-768.

[16] Lightbody A and Nepf H. Prediction of near-field shear dispersion in an emergent canopy with heterogeneous morphology[J].Env. Fluid Mech,2006b(6): 477-488.

[17] Lightbody A and Nepf H.Prediction of velocity profiles and longitudinal dispersion in emergent salt marsh vegetation,Limnol[J].Oceanogr. 2006a 51(1): 218-228.

[18] Murphy E,Ghisalberti M and Nepf H. Model and laboratory study of dispersion in flows with submerged vegetation[J].Water Resour. Res. 2007,43,W05438,doi: 10. 1029/2006WR005229.

[19] Nepf H M. Drag,turbulence,and diffusion in flow through emergent vegetation[J]. Water Resources Research,1999,35(2): 479-489.

[20] Nepf H M,Sullivan J A and Zavistoski R A. A model for diffusion within emergent vegetation[J]. Limnology and Oceanography,1997a,42(8): 1735-45.

[21] Nepf H M,Vivoni E R. Flow structure in depth-limited,vegetated flow[J]. Journal of Geophysical Research. 2000,105(C12) : 28547-557.

[22] Nepf H and Ghisalberti M. Flow and transport in channels with submerged vegetation[J]. Acta Geophysica,2008,56(3): 753-777.

[23] Nepf H M,Mugnier C G and Zavistoski R A.The effects of vegetation on longitudinal dispersion[J].Estuarine Coastal Shelf Sci.,1997b,44: 675-684.

[24] Nezu I and Onitsuka K. Turbulent structures in partly vegetated open-channel flows with LDA and PIV measurements[J]. Journal of Hydraulic Research,2001,39(6): 629-642.

[25] Nezu I and Sanjou M. Turburence structure and coherent motion in vegetated canopy open-channel flows[J]. Journal of Hydro-environment Research,2008,2: 62-90.

[26] Plew D R,Spigel R H,Stevens C L,et al. Stratified flow interactions with a

suspended canopy[J].Environmental. Fluid Mechanics,2006(6): 519-539.

[27] Plew D R. Depth-averaged drag coefficient for modeling flow through suspended canopies[J]. Journal of Hydraulic Engineering,2011,137(2): 234-247.

[28] Rutherford J C.River Mixing[M].U. K.:John Wiley,Chichester,1994.

[29] Serra T,Fernando H,Rodrguez R V. Effects of emergent vegetation on lateral diffusion in wetlands[J].Water Research,2004,38(1): 139-147.

[30] Tanino Y,Nepf H M. Laboratory investigation of lateral dispersion within dense arrays of randomly distributed cylinders at transitional Reynolds number[J].Physics of Fluids. 2009,21:1-10.

[31] Tayfur G and Singh V P. Predicting longitudinal dispersion coefficient in natural streams by artificial neural network[J].Journal of Hydraulic Engineering,2005,131(11): 991-1000.

[32] Taylor G I.(1954). The dispersion of matter in turbulent flow through a pipe,Proc. R. Soc. London,Ser. A,223: 446-468.

[33] Vermaas D A,Uijttewaal W S J and Hoitink A J F. Lateral transfer of streamwise momentum caused by a roughness transition across a shallow channel[OL]. Water Resources Research,2011,(47),W02530,doi:10. 1029/2010WR010138.

[34] White B L and NEPF H M. Scalar transport in random cylinder arrays at moderate Reynolds number[J].Journal of Fluid Mechanics,2003,487: 43-79.

[35] White B L and Nepf H M. Shear instability and coherent structures in shallow flow adjacent to a porous layer[J]. Journal of Fluid Mechanics,2007,593: 1-32.

[36] Zeng L,Chen G Q. Ecological degradation and hydraulic dispersion of contaminant in wetland[J]. Ecol. Model. 2009b,222:293-300.

[37] Zeng L,Chen G Q. Notes on modelling of environmental transport in wetland. Commun[J]. Nonlinear Sci.Numer. Simul. 2009a,14:1334-1345.

[38] Zeng L,Chen G Q,Tang H S,et al. Environmental dispersion in wetland flow. Commun[J]. Nonlinear Sci.Numer. Simul.,2010,222:456-474.

[39] Zhang X Y and Nepf H M. Exchange flow between open water and floating vegetation[J]. Environ Fluid Mech,2011,11:531-546.

[40] 陈永灿,朱德军. 梯形断面明渠中纵向离散系数研究[J].水科学进展,2005,16(4): 511-517.

[41] 崔保山,杨志峰. 湿地学[M]. 北京:北京师范大学出版社,2006.

[42] 邓志强,褚君达. 河流纵向离散系数研究[J].水科学进展,2001,12(2): 137-142.

[43] 顾莉,华祖林,何伟,等. 河流污染物纵向离散系数确定的演算优化法[J].水利学报,2007,38(12): 1421-25.

[44] 郭建青,王洪胜,李云峰. 确定河流纵向离散系数的相关系数极值法[J].水科学进展,2000,11(4): 387-391.

[45] 何宁,赵振兴,秦颖荣.水浮莲型生态河道水流特性试验研究[J].人民黄河,2009,

31(9):44-45.

[46] 胡国华,肖翔群. 黄河多泥沙河段扩散系数的示踪实验研究[J].水动力学研究与进展,2005,11(6): 773-779.

[47] 蒋忠锦,王继徽,张玉清. 天然河流和湖泊岸流污染带横向混合系数计算[J].湖南大学学报,1997,24(1):29-32.

[48] 李玉梁,卞振举,陈嘉范. 珠江广州河段纵向离散特性研究[J].水科学进展,1995,6(1)10-15.

[49] 梁秀娟,肖长来,梁煦枫,等. 室内模拟试验确定河流纵向扩散系数研究[J].水资源保护,2006,22(5): 32-35.

[50] 慕金波 侯克复. 河流横向混合系数的室内试验[J]. 环境科学,1991,12(5): 34-37.

[51] 王道增, 林卫青. 苏州河纵向离散系数的分析研究[J]. 上海环境科学,2003,22(1): 12-151.

[52] 王洁琼,槐文信,李志伟. 水浮莲型生态河道水流纵向流速垂线分布规律[J].武汉大学学报(工学版),2011,44(4): 439-444.

[53] 张江山. 瞬时源示踪实验确定河流纵向离散系数和横向混合系数的线性回归法[J]. 环境科学,1991,12(6): 40-43.

[54] 赵文谦. 环境水力学[M]. 成都: 四川科技大学出版社,1986.

[55] 周云,张永良,马伍权. 天然河流横向混合系数的研究[J]. 水利学报,1988(6): 54-60.

[56] 朱红钧,赵振兴.有漂移植物河道水流的紊动特性研究[J].中国农村水利水电,2007(10):18-25.

[57] 朱志贤,黄毓英,罗福堂,等. 天然河流混合参数的预估方法[J].辐射防护,1985,5(2): 88-98.

[58] 邹志利,李亮,孙鹤泉,等. 沿岸流中混合系数的实验研究[J].海洋学报,2009,31(3): 137-147.